MATHÉMAT &

APPLICATIONS

T0281075

Directeurs de la collection:
J. M. Ghidaglia et P. Lascaux

22

Springer

Paris
Berlin
Heidelberg
New York
Barcelone
Budapest
Hong Kong
Londres
Milan
Santa Clara
Singapour
Tokyo

MATHEMATIQUES & APPLICATIONS
Comité de Lecture / Editorial Board

Directeurs de la collection:
J. M. GHIDAGLIA et P. LASCAUX

Instructions aux auteurs:

Les textes ou projets peuvent être soumis directement à l'un des membres du comité de lecture avec copie à J. M. GHIDAGLIA ou P. LASCAUX. Les manuscrits devront être remis à l'Éditeur *in fine* prêts à être reproduits par procédé photographique.

Gérard Gagneux   Monique Madaune-Tort

Analyse mathématique de modèles non linéaires de l'ingénierie pétrolière

Préface de Charles-Michel Marle

Springer

Gérard Gagneux
Monique Madaune-Tort
Université de Pau et des Pays de l'Adour
Laboratoire de Mathématiques Appliquées
Avenue de l'Université
64000 Pau, France

Mathematics Subject Classification:
35F25 35F30 35K60 35K65 35K85 76S05 76T05 35L65

ISBN 3-540-60588-6 Springer-Verlag Berlin Heidelberg New York

SPIN: 10129377   46/3143 - 5 4 3 2 1 0 - Imprimé sur papier non acide

PREFACE

Un gisement d'hydrocarbures est en général constitué par une roche, poreuse et perméable, dont les pores contiennent des fluides : les hydrocarbures que l'on veut extraire, et aussi de l'eau. L'exploitation du gisement se fait par injection d'un fluide (souvent de l'eau), qui doit déplacer les hydrocarbures vers les puits de production, tout en limitant l'abaissement de pression causé par l'extraction. Il y a donc, dans le gisement, écoulement simultané de plusieurs phases fluides étroitement imbriquées les unes dans les autres (le nombre de phases présentes pouvant varier au cours de l'exploitation), souvent avec échange de constituants entre phases, et déplacement d'interfaces à l'intérieur des pores de la roche. Les phénomènes mis en jeu par l'exploitation sont à l'évidence d'une grande complexité.

Pour conduire l'exploitation d'un gisement et prévoir son évolution, l'industrie pétrolière fait un large usage de simulations numériques.

Ces simulations sont généralement basées sur la modélisation mathématique du gisement en exploitation par un système d'équations aux dérivées partielles non linéaires , qui est supposé décrire les phénomènes évoqués ci-dessus. Il s'agit en fait d'une description approximative et macroscopique, à une échelle grande auprès de la dimension des pores, mais petite auprès des dimensions du gisement. Si certaines équations du système expriment des lois fondamentales, comme la conservation de la masse de chaque constituant, d'autres ont un caractère plus empirique : c'est le cas, par exemple, des équations dites des perméabilités relatives. En raison du caractère approché et partiellement empirique des équations utilisées, on ne peut pas invoquer de grands principes physiques pour affirmer *a priori* la validité et la cohérence du système d'équations utilisé.

L'étude mathématique de ce système, seule capable d'en confirmer la cohérence et d'établir l'existence et, dans certains cas, l'unicité, d'une solution physiquement acceptable, revêt donc une très grande importance. C'est précisément l'objet du présent livre, qui analyse de manière détaillée quelques-uns des modèles mathématiques les plus fréquemment employés dans l'industrie.

La parution, il y a près de dix ans, de l'ouvrage de G. Chavent et J. Jaffré "Mathematical models and finite elements for reservoir simulation" (North Holland, 1986), avait contribué à mieux faire connaître à la communauté scientifique les problèmes mathématiques de l'exploitation des gisements d'hydrocarbures. Ces auteurs avaient introduit le concept nouveau de pression globale, et établi un premier théorème d'existence de la solution, pour le système qui décrit l'écoulement de deux phases fluides incompressibles sans échange de constituant. De nombreux travaux ont depuis été effectués dans ce domaine. Dans le présent ouvrage, les auteurs qui, avec leurs élèves, ont grandement contribué à cet effort de recherche, présentent une bonne partie des progrès réalisés.

Reprenant le concept de pression globale, les auteurs prouvent notamment l'existence (et, dans certains cas, l'unicité) de la solution du système qui décrit l'écoulement de trois phases fluides compressibles.

Ils présentent une étude mathématique générale des systèmes d'équations de diffusion-convection, en s'attachant tout particulièrement à l'interprétation physique des résultats, en termes de propriétés qualitatives de la solution. Pour la description de l'écoulement de deux phases fluides incompressibles, ils étudient enfin le passage du cas où la capillarité est prise en compte, au cas où elle est négligée. Le système d'équations, de type parabolique et du second ordre lorsque la capillarité existe, devient hyperbolique du premier ordre lorsqu'elle est négligée. La notion de solution entropique permet aux auteurs d'établir un théorème précis de comparaison des solutions de ces deux types de systèmes.

L'ouvrage, basé sur plusieurs années d'enseignement de troisième cycle, est accessible aux étudiants comme aux chercheurs confirmés. Le lecteur y trouvera, avec une présentation d'ensemble du domaine, des résultats récents qui, auparavant, ne figuraient que dans des thèses ou des articles scientifiques spécialisés. Ces résultats pourront aider les ingénieurs à concevoir des modèles mathématiques de simulation de gisements et à mieux les utiliser.

Mais l'exploitation des gisements fait appel à des procédés de plus en plus élaborés, dont la modélisation mathématique est de plus en plus complexe.

D'autre part, des systèmes d'équations du même type se rencontrent dans d'autres domaines : par exemple,
l'exploitation des nappes aquifères et la prévention ou le traitement de leur pollution.

C'est pourquoi, plus encore que les résultats, ce sont les méthodes utilisées dans cet ouvrage qui intéresseront les chercheurs. Ceux-ci apprécieront la présentation claire et complète des outils d'analyse fonctionnelle employés. Nul doute que ces méthodes seront, dans un proche avenir, appliquées avec succès à bien d'autres problèmes.

Paris, avril 1995,

C.-M. MARLE

INTRODUCTION

Cet ouvrage est une contribution à l'étude analytique de systèmes d'équations aux dérivées partielles d'évolution non linéaires issues de modélisations classiques de l'ingénierie pétrolière dans le cadre de la Mécanique des milieux continus. Il s'agit principalement de modèles d'écoulements diphasiques incompressibles et d'écoulements triphasiques compressibles en milieu poreux se référant au modèle "black oil standard isotherme" en usage dans l'industrie, mais dont le champ d'application déborde largement le cadre de l'exploitation des hydrocarbures.

Les phénomènes physiques intervenant dans les **milieux poreux** sont essentiellement de deux types et l'appréciation de leurs importances relatives joue un rôle-clé sur la nature des équations retenues (équations d'évolution de diffusion non linéaires dégénérant lorsque certains seuils sont atteints et présentant un terme de convection non linéaire ou équations hyperboliques du premier ordre non linéaires).

On distingue, lors de l'élaboration d'un modèle mathématique :

• les phénomènes de **transport convectif** rencontrés lorsqu'un fluide injecté dans le milieu déplace celui qui imprégnait initialement les pores, ce qui constitue le principe de base de la récupération secondaire des hydrocarbures au moyen de drainages assistés par injection de gaz ou d'eau ou par expansion naturelle d'un aquifère.

• les phénomènes **capillaires de diffusion** traduisant une certaine affinité entre deux fluides; l'interface de tels fluides est le siège d'une tension superficielle qui induit une différence de pression dite pression capillaire de part et d'autre de cette interface et provoque des transferts de matière sous forme de particules.

Le lecteur averti de la complexité mathématique des équations aux dérivées partielles **fortement couplées** régissant ces phénomènes (lois de conservation de masse pour chaque constituant chimique présent *a priori* dans plusieurs phases, associées à diverses lois d'état) se convainc d'emblée qu'une telle étude n'est qu'une étape vers une meilleure compréhension dans l'analyse des systèmes d'équations de continuité, sans prétention à l'exhaustivité mais incitant à des recherches nouvelles qui approfondissent ou revisitent la question et permettent une meilleure maîtrise de la simulation numérique.

Pour la commodité du lecteur, on rappelle ici sommairement le principe de la **récupération secondaire des hydrocarbures**.

On sait que lors de la **première phase de l'exploitation d'un gisement**, l'écoulement du pétrole brut vers la surface est dû à l'énergie emmagasinée dans les gaz sous pression ou dans le système hydraulique naturel. Pour pallier le déclin de production consécutif à la décompression du site et bien avant l'épuisement normal du gisement, on procède à des injections d'eau dans la formation productive: l'eau, injectée par des pompes à hautes pressions à travers des puits spécialement forés à cette intention, permet ainsi le déplacement du pétrole brut vers des puits de production judicieusement répartis; il n'est pas douteux que le choix des sites d'implantation des puits de production donne lieu à un problème de contrôle optimal d'une grande difficulté. Pour des raisons d'ordre mécanique qu'on ne peut développer ici, on améliore le rôle de piston du fluide déplaçant en rendant l'eau plus visqueuse qu'à l'état naturel par addition de **polymères hydro-solubles** : cette **eau** ainsi "**épaissie**" balaie un volume plus grand de la roche-réservoir, en ayant moins tendance à emprunter les voies de cheminement les plus faciles, c'est-à-dire les zones de plus grande perméabilité qui coïncident avec les zones à faible concentration d'huile.

On se limite dans cette étude à la modélisation des procédés de récupération secondaire qui n'apportent pas de modifications majeures des caractéristiques physico-chimiques des fluides présents, en excluant les procédés thermiques, chimiques et les méthodes avec fluides miscibles; le but des techniques d'injection d'eau est donc de maintenir la pression du réservoir lorsque l'énergie d'expansion des fluides et de la roche devient insuffisante pour assurer un débit de production satisfaisant.

Lors de l'établissement d'un projet d'exploitation pétrolière et du contrôle de sa mise en oeuvre, l'utilisateur souhaite procéder à des simulations numériques en adoptant un modèle de référence, apte à décrire les écoulements polyphasiques en milieu poreux; la difficulté propre à toute modélisation est de se résoudre à de nécessaires hypothèses simplificatrices face à la réelle complexité des situations rencontrées sans que la présentation simplifiée n'occulte ou ne dénature les caractéristiques fondamentales du phénomène physique étudié; en ingénierie pétrolière, le modèle dit "black oil pseudo-compositionnel standard" isotherme illustre ce compromis d'idées, lorsqu'il s'agit de simuler la production secondaire d'un gisement soumis à des injections d'eau (technique du water-flooding), en prenant en compte la présence éventuelle d'une phase gazeuse occupée par un composant léger et volatil de l'huile ; il s'agit de décrire un écoulement **triphasique tridimensionnel, compressible immiscible** en modélisant les éventuelles libérations et dissolutions du gaz dans l'huile (drainage par **expansion de gaz dissous**, libérés graduellement lorsque la pression du pétrole brut devient inférieure à la **pression de bulle**).

Les **deux difficultés caractéristiques** de cette situation résident dans le fait que :

i) **la variance du système thermodynamique** n'est pas fixée *a priori*, car il n'y a pas **identité permanente** entre les divers constituants chimiques et les phases.

ii) lorsque l'on veut représenter des **écoulements compressibles**, on resserre fortement le **couplage** entre les équations d'évolution, d'inconnues principales les **saturations**, et l'équation de la **pression**. L'éventuelle prise en compte de la compressibilité de la roche accentue cette difficulté.

Le gisement pétrolifère ne contient, dans le cadre le plus général de cette représentation simplifiée, que trois constituants (il conviendrait pour certains d'entre eux de parler plus précisément de **"pseudo-constituants"** chimiques pour tenir compte du fait qu'on introduit des **composants "fictifs"** supposés représenter **globalement** des associations de divers composants chimiques de même nature, mais de caractéristiques physiques distinctes) :

- **l'eau**, présente initialement dans le gisement ou introduite artificiellement (pour développer un processus de drainage forcé) ou naturellement par la poussée de la nappe aquifère, se rencontre dans la seule phase aqueuse ; les éventuelles vapeurs d'eau ne sont pas prises en compte dans cette modélisation.

- un **composant lourd de l'huile**, uniquement présent dans la phase huile, la vaporisation d'huile dans le gaz étant négligée.

- un **composant léger, volatil**, de l'huile, éventuellement présent, selon l'état de la pression et de la température, soit dans la seule phase huile (cas d'une huile sous-saturée) soit à la fois dans la phase huile et dans la phase gazeuse (cas d'une huile saturée). La phase gazeuse, lorsqu'elle est présente, ne contient donc que le pseudo-constituant léger de l'huile.

Dans une telle représentation, **il n'y a pas identité entre phases et constituants**, la phase huile contenant *a priori* du gaz dissous et le composant lourd dans des proportions qu'il importe de maîtriser. Dès lors, la règle des phases, due à Gibbs, qui fixe la variance V d'un système en équilibre thermodynamique (*i.e.* le nombre de variables thermodynamiques - pression, température, concentration des différents constituants dans chaque phase - que l'on peut choisir indépendamment) par l'expression $V = C+2-\varphi$, où C est le nombre de constituants indépendants et φ le nombre de phases, indique qu'à un instant donné, dans une région où les trois phases sont effectivement présentes, la connaissance de la pression (puisque la température est constante) détermine l'état du système:

les inconnues retenues sont alors S_g , S_w , saturations réduites des phases gazeuse et aqueuse et P, la pression de la phase huile ; lorsque, temporairement et localement, la phase gaz disparaît, un nouveau paramètre doit être introduit, en l'occurrence X_0^h, la fraction molaire du pseudo-constituant lourd dans la phase huile, ce qui permet de connaître la composition de cette même phase.

La loi de Gibbs introduit donc *a priori* un **problème à frontière libre**, qui tient compte de l'apparition, la non-apparition et la disparition de la phase gazeuse et donne lieu à une modélisation multi-phase, avec des équations dont l'expression dépend à chaque instant, en chaque point du gisement, de l'état du système.

A cet égard, l'étude analytique particulière, et cependant non triviale, de l'écoulement diphasique eau-huile présente de fait de notables simplifications, la variance étant constante et égale à 2 .

Les deux inconnues retenues sont alors la **saturation** d'une phase et une grandeur dimensionnée à une **pression**.

L'étude expérimentale des **écoulements polyphasiques** en milieu poreux, la description des phénomènes des points de vue microscopique et macroscopique ont donné lieu à de nombreux travaux, conduits en particulier par S.E. Buckley et M.C. Leverett [52], M.C. Leverett [128] et H. Welge [169]. La détermination des équations aux dérivées partielles qui régissent ces phénomènes, l'expression des lois de comportement et l'élaboration de divers modèles de gisements sont développées de manière détaillée dans les ouvrages de A. Houpeurt [113], C.-M. Marle [140], G. Chavent et J. Jaffre [62], S.N. Antontsev, A.V. Kazhikhov et V.N. Monakhov [16], G. Ciligot-Travain [67], ainsi que dans diverses monographies de la Revue de l'Institut du Pétrole [39] ou actes de conférences de la S.P.E. (Society of Petroleum Engineers) [68], [70].

L'enjeu économique a suscité et légitime de très nombreuses recherches sur l'**approximation numérique** des grandeurs physiques intervenant lors de la **simulation** de l'**exploitation** d'un gisement, sans garantie dans de nombreuses situations, que le problème analytique considéré soit **mathématiquement bien posé**, faute de résultats théoriques généraux .

Parmi les travaux d'analyse numérique sur les modèles pétroliers, on peut citer, outre les ouvrages mentionnés plus haut, ceux de G. Chavent, G. Cohen, J. Jaffre et P. Lemonnier [61], G. Chavent et B. Cockburn [60], G. Chavent et G. Salzano [63], P. Joly ([117], chapitre III), O. Pironneau ([148], chapitre III), B. Amaziane [8], J.M. Sanchez [156], A.E. Berger, H. Brézis et J.C.W. Roger [35], Y. Brenier [45], A.Y. LeRoux [127], A. Chalabi et J.P. Vila [58], J.P. Vila [165], A. Pfertzel [147], R. Eymard [86], R. Eymard et T. Gallouët [87], R. Eymard, T. Gallouët et P. Joly [88], E. Godlewski et P.A. Raviart [109], R. Glowinski, J.L. Lions et R. Trémolières [108], P.A. Raviart [151], B.J. Lucier [134], A. Bourgeade, Ph. Le Floch et P.A. Raviart [41], C. Jensen-Zundel [171], J.O. Langseth, A. Tveito et R. Winther [124], D. Trujillo [163], R.E. Ewing et coauteurs (*The mathematics of reservoir simulation, in* Frontiers in applied mathematics, SIAM, Philadelphia, 1983), *etc...*

Dans ce contexte, l'objet de cet ouvrage est l'**étude théorique**, encore partielle, de divers modèles des gisements pétrolifères; en cela, on s'attachera à donner une interprétation physique concrète des résultats mathématiques qui seront développés et à mettre en relief les outils et les méthodes d'analyse fonctionnelle appliquée qui seront mis en oeuvre.

L'objectif premier recherché est d'établir l'existence, dans chaque cas, d'une **solution physiquement admissible**, si possible unique en son genre au prix éventuel d'un **critère discriminant d'entropie** usuel lors de **chocs** (*i.e.*, de discontinuités en un sens à préciser dans le cadre de la notion d'**approximative continuité** résultant du concept de $\mathcal{L}^n$−limite approximative) en Mécanique des fluides.

Le plan de l'ouvrage est le suivant :

le **premier chapitre** rappelle la difficulté rédhibitoire d'une modélisation élaborée à partir de l'observation à l'échelle du pore : se limitant aux simples déplacements de deux fluides visqueux incompressibles non miscibles, newtoniens et isothermes, on serait conduit à un "système de systèmes" de Navier-Stokes sur des ouverts non cylindriques *a priori* inconnus, couplés par des conditions de raccord sur les interfaces (frontières libres) : ces conditions doivent prendre en compte la différence de pression régnant de part et d'autre des surfaces de contact entre deux fluides et dépendant essentiellement de la courbure de l'interface. On présente alors les équations fondamentales des écoulements polyphasiques en milieu poreux par la transcription des équations de continuité associées aux lois macroscopiques de comportement. Une analyse est donnée, classifiant les différents problèmes-modèles selon les situations usuellement prises en compte par l'utilisateur.

Le **chapitre 2** s'ouvre sur l'analyse de l'exemple fondamental des écoulements eau-huile (modèle "dead oil" isotherme), formellement décrits par le **système** de Cauchy suivant :

trouver le couple (u, p) vérifiant les équations scalaires :

$$(\mathcal{S}) \quad \begin{cases} \dfrac{\partial u}{\partial t} - \Delta \varphi(u) - \mathbf{div} \ (\ d\,(u)\,\psi\,(u)\,\nabla p \ ) = 0, \quad u\,(0) = u_0 \ , \\[3mm] \mathbf{div} \ (\ d\,(u)\,\nabla p \ ) = 0 \ \text{ dans un cylindre } Q = \,]0, T[\, \times \Omega, \end{cases}$$

associées à des conditions de bord mêlées et unilatérales selon un certain partitionnement de la frontière parabolique de Q.

Une caractéristique essentielle d'un tel système est d'introduire une fonction φ de classe $\mathcal{C}^1$, de dérivée nulle pour des valeurs isolées, *i.e.*, le terme de diffusion **dégénère** au sens de J.L. Lions [131] lorsque l'inconnue u atteint certains seuils (en général, les valeurs **extrémales** admissibles).

A partir de la situation des écoulements eau-huile, on examine le cas plus complexe des écoulements **triphasiques compressibles**.

Les résultats d'existence obtenus découlent de l'application de méthodes de point fixe dans le cadre hilbertien séparable, associées à des techniques de viscosité artificielle, de monotonie et de compacité.

Pour une donnée initiale sans régularité particulière, l'unicité des solutions faibles est établie dans le cas des déplacements unidirectionnels par l'adaptation de techniques propres au traitement des équations hyperboliques non linéaires du premier ordre. Dans le cas multidimensionnel, des résultats partiels sont obtenus à partir d'estimations L^q, $q > 2$, du gradient de pression ∇p, par un argument de perturbation de l'équation de Poisson, selon les idées de N.G. Meyers [141] et de J. Nečas ([143], chap. 3).

Un obstacle à l'obtention de résultats généraux d'unicité pour les solutions du système provient de la difficulté d'obtenir des propriétés de régularité assez fines sur le gradient de pression, régi par une équation elliptique à coefficients *a priori* discontinus. Un modèle de substitution est proposé pour obvier à cet inconvénient.

Le **chapitre 3** est entièrement consacré à une étude analytique approfondie des équations dégénérées de diffusion-convection sur des ouverts bornés $]0, T[\times \Omega$, du type autonome :

$$(\mathcal{E}) \qquad \frac{\partial u}{\partial t} - \Delta \varphi(u) + \mathbf{div} \ (\ g(u) \nabla p \ ) = 0, \quad u(0) = u_0,$$

p étant stationnaire et harmonique dans Ω, pour de larges classes de fonctions-paramètres φ et g. En particulier, on dégage des hypothèses suffisantes et acceptables qui assurent que le problème est bien posé au sens où l'on dispose d'un résultat d'existence et d'unicité.

On s'attache en outre à mettre en évidence certaines **propriétés descriptives** des solutions : effets locaux de propagation à **vitesse finie** en raison de la dégénérescence de l'opérateur non linéaire de diffusion, existence de l'**instant de percée** du fluide mouillant déplaçant (break-through time), évaluation de la dimension de Hausdorff de l'onde de choc, monotonie, état asymptotique et régularité des solutions, conséquences pratiques de l'existence d'un semi-groupe de T-contractions dans $L^1(\Omega)$, etc... L'équation $(\mathcal{E})$ qui trouve son origine dans les situations où le système $(\mathcal{S})$ peut être découplé (déplacements monodimensionnels, fonction d supposée constante, etc...) se rencontre dans de nombreuses situations physiques, dès lors qu'un processus évolutif met en jeu, à la fois, des phénomènes de diffusion et de transport convectif (*i.e.*, des **transferts de matière** sous la double forme de déplacements de particules et d'ensembles de volume fini).

On sait que les équations paraboliques non linéaires dégénérées ont fait l'objet de très nombreux travaux théoriques, dûs notamment à J.L. Lions [131], H.-W. Alt et L. Di Benedetto [5], D.G. Aronson [19], D.G. Aronson et Ph. Bénilan [20], Ph. Bénilan [30], [31], Ph. Bénilan et R. Gariepy [32], Ph. Bénilan et H. Touré [33], H. Brézis [46], H. Brézis et M.G. Crandall [50], L.A. Cafarelli et A. Friedman [53], J.I. Diaz-Diaz [74], J.I. Diaz-Diaz et R. Kersner [75], [76], J.I. Diaz-Diaz et L. Véron [78], J.A. Dubinski [80], B.H. Gilding [105], B.H. Gilding et L.A. Peletier [106], S. Kamin [118], O.A. Oleinik [144], O.A. Oleinik , A.S. Kalashnikov et C. Yui-Lin' [145], L.A. Peletier [146], P.A. Raviart [151], E.S. Sabinina [154], P.E. Sacks [155], *etc...*

Ces résultats seront utilisés dans la perspective particulière des applications en modélisation de l'ingénierie pétrolière.

Le **chapitre 4** présente une étude de l'influence de la diffusion capillaire sur la solution u de l'équation ($\mathcal{E}$) considérée au chapitre précédent. La fonction φ est désormais remplacée par $\kappa\varphi$, $\kappa \in \,]0, 1]$ et le comportement, lorsque $\kappa \to 0^+$, des solutions alors obtenues est examiné. Il en découle des résultats de comparaison des modèles de diffusion-convection étudiés au chapitre 3 et des modèles de transport associés à l'équation ($\mathcal{E}$) lorsque les effets de diffusion sont complètement négligés, soit à des équations du type :

$$\frac{\partial u}{\partial t} + \mathbf{div}\, (\, g\,(u)\,\nabla p \,) = 0, \quad u\,(0) = u_0,$$

p étant choisi comme au chapitre 3 .

Cette étude est précédée d'une présentation des problèmes hyperboliques non linéaires du premier ordre et de la notion de solution à variation bornée sur des ouverts bornés pour des conditions de bord de type Dirichlet. Des propriétés sur les espaces de fonctions bornées dont les dérivées distributions premières sont des mesures sommables sur des ouverts bornés (notion de trace, propriétés de compacité...) importantes pour cette étude sont rappelées en début de chapitre.

L'exposé se limite dans le contexte de cet ouvrage aux **lois** de conservation **scalaires** et à la notion de **solution entropique** utilisée par C. Bardos, A.-Y. LeRoux et J.-C. Nédelec [28] pour la définition de solutions sur des ouverts bornés, à la suite des travaux de S.N. Kruskov [119] dans le cas du problème de Cauchy. L'étude théorique de ces lois a intéressé de nombreux auteurs parmi lesquels on peut citer principalement dans la situation du problème de Cauchy ou d'ouverts semi-bornés :
O.A. Oleinik [144], P.D. Lax [125], A.I. Vol'pert [166], D. Hopf et J. Smoller [112], S.N. Kruskov [119], A.-Y. LeRoux [127], C. Bardos, A.-Y. LeRoux et J.-C. Nédelec [28], Ph. LeFloch et J.-C. Nédelec [126], E. Godlewski et P.A. Raviart [109], R.J. DiPerna et P.L. Lions [79], F. Demengel et D. Serre [73], J.I. Diaz-Diaz et L. Véron [77], M.J. Jasor [115], L. Lévi [129] .

L'approximation numérique et l'étude des systèmes hyperboliques qui ne sont pas envisagées ici, ont été développées dans de très nombreux ouvrages. On peut renvoyer le lecteur intéressé par ces aspects, par exemple, aux travaux suivants: A. Bourgeade, Ph. LeFloch et P.A. Raviart [41], Y. Brenier [45], A. Chalabi et J.-P. Vila [58], G. Q. Chen [65], F. Coquel et Ph. LeFloch [69], C.M. Dafermos [71], D. Euvrard [83], R. Eymard et T. Gallouët [87], M. Gisclon et D. Serre [107], J.O. Langseth, A. Tveito et R. Winther [124], A.-Y. LeRoux [127], H.A. Levine et M.H. Protter [130], B.J. Lucier [134], D. Serre [159], L. Tartar [162], J.-P. Vila [165], Ph. LeFloch et J.G. Liu [126] et à l'ouvrage de E. Godlewski et P.A. Raviart [109].

Par ses diverses caractéristiques géologiques et la grande variété des composants chimiques qu'il contient, chaque gisement pétrolifère se présente comme un cas singulier qu'il serait vain de vouloir enfermer dans une théorie générale, globale et exhaustive.

Les modèles présentés ici sont des représentations mathématiques simplifiées et commodes de la réalité, permettant de disposer, pour la simulation numérique, d'un outil de référence, à vocation industrielle, utile lors de l'établissement d'un projet d'exploitation pétrolière ou du contrôle de sa mise en application. Leur utilisation systématique ne doit pas faire oublier la très grande complexité du mécanisme sous-jacent des phénomènes physico-chimiques mis en jeu à l'échelle microscopique.

Cependant, outre leur intérêt spécifique pour l'ingénierie pétrolière, ces **divers** modèles **non linéaires de la diffusion-convection** ou du seul **transport** présentent l'avantage heuristique de permettre au lecteur de mesurer que par des adaptations faciles ou des modifications limitées du cadre fonctionnel et des lois d'état, les méthodes d'Analyse fonctionnelle non linéaire appliquée à la **Mécanique des fluides** développées dans cet ouvrage se généralisent à d'autres domaines de recherche.

A titre d'exemples, citons les modèles théoriques en **pédologie** (humidité des sols, techniques d'irrigation, diffusion et transport des effluents d'origine agricole, industrielle ou accidentelle, pollution de l'environnement, gestion de l'eau, salinisation des terres agricoles, *etc...*), modélisations des écosystèmes hydriques, contamination et salinisation des nappes phréatiques au contact d'un dôme de sel, problèmes des digues et de la salinité superficielle ou profonde en océanographie, étude des systèmes subissant **des changements de phases** (stockage de l'énergie par chaleur latente, cryogénie industrielle), **transferts thermiques** dans des **systèmes dispersés**, *etc...* Diverses remarques dans cet ouvrage fourniront des commentaires et des références bibliographiques sur de tels développements dans le cadre de la Mécanique des milieux continus. Dans ces différents champs d'application, en testant la cohérence d'un modèle et en aidant à la maîtrise d'un traitement numérique fiable, l'analyse mathématique contribue à l'amélioration des modélisations dès lors qu'elle offre à l'ingénieur ou au physicien un outil propre à évaluer la pertinence des hypothèses phénoménologiques ou expérimentales introduites.

TABLE DES MATIERES

PRINCIPALES NOTATIONS

Ω : ouvert de $\mathbb{R}^n$, supposé en général borné et lipschitzien.

Γ ou $\partial\Omega$: frontière topologique de Ω.

$x = (x_1, x_2, ..., x_n)$: point générique de $\mathbb{R}^n$.

Q : $]0,T[\times \Omega$, $t \in]0,T[$, t variable de temps.

$\omega \subset\subset \Omega$: $\overline{\omega}$ est compact et $\overline{\omega} \subset \Omega$ (inclusion forte de l'ouvert ω).

f^+, f^- : $\max(f,0)$, $\max(-f,0)$.

Lip_f ou $\mathrm{Lip}(f)$: constante de Lipschitz de f.

$\mathcal{L}^n$: mesure de Lebesgue de $\mathbb{R}^n$.

$\mathcal{H}^s$: mesure s-dimensionnelle de Hausdorff sur $\mathbb{R}^n$, $0 \le s \le n$.

$\mathcal{H}^{n-1}\lfloor\Gamma$: restriction de $\mathcal{H}^{n-1}$ à Γ ; $\mathcal{H}^s$–p.p. : $\mathcal{H}^s$–presque partout.

$\dim_{\mathcal{H}}(A)$: dimension de Hausdorff de A.

$\mathcal{D}(\Omega)$: espace des fonctions $\mathcal{C}^\infty$ à support compact dans Ω.

$\mathcal{D}'(\Omega)$, $\mathcal{D}'(Q)$, $\mathcal{D}'(\mathbb{R}^n)$: espace des distributions sur Ω, Q, $\mathbb{R}^n$.

$\mathcal{M}(\Omega)$, $\mathcal{M}(Q)$: espace des mesures de Radon sommables sur Ω, Q.

$L^p(\Omega)$: espace des classes de fonctions f, $\mathcal{L}^n$–mesurables sur Ω, telles que $|f|^p$
soit $\mathcal{L}^n$–intégrable sur Ω, $1 \le p < +\infty$.

$L^\infty(\Omega)$: espace des classes de fonctions f , $\mathcal{L}^n$–mesurables sur Ω , telles qu'il
existe une constante C vérifiant :
$|f| \le C$, $\mathcal{L}^n$–presque partout dans Ω.

$L^p_{loc}(\Omega)$: $\{f : \Omega \to \mathbb{R}, \ f \in L^p(\omega) \ \text{pour tout ouvert } \omega \subset\subset \Omega\}$.

$D_k f$ ou $\dfrac{\partial f}{\partial x_k}$ ou $f_{,k}$: dérivée partielle de f : $\Omega \to \mathbb{R}$ par rapport à la variable
x_k (a priori, au sens de $\mathcal{D}'(\Omega)$).

$D^\alpha f$: dérivée partielle d'ordre $|\alpha|$ de f : $\Omega \to \mathbb{R}$,
$D^\alpha f = (D_1)^{\alpha_1} \cdot (D_2)^{\alpha_2} ... (D_n)^{\alpha_n} f$, où $\alpha = (\alpha_1, \alpha_2, ..., \alpha_n)$.

$W^{m,p}(\Omega)$: $\{f \in L^p(\Omega), \ D^\alpha f \in L^p(\Omega) \ \text{pour tout } \alpha \in N^n, \ |\alpha| \le m\}$.

$W^{s,p}(\Omega)$: espace de Sobolev d'ordre s, $0 < s < 1$. $\quad H^m(\Omega)$: $W^{m,2}(\Omega)$.

$H^m_o(\Omega)$: adhérence de $\mathcal{D}(\Omega)$ dans $H^m(\Omega)$.

$H^{-m}(\Omega)$: espace dual de $H^m_o(\Omega)$, i.e., $\mathcal{L}(H^m_o(\Omega), \mathbb{R})$.

$\overline{BV}(\Omega)$: $\left\{f \in L^1_{loc}(\Omega) \ , \dfrac{\partial f}{\partial x_i} \in \mathcal{M}(\Omega) \ , \ i \in \{1, 2, .., n\}\right\}$.

$H^s(\Omega)$: espace de Sobolev d'ordre non entier s.

$H^s(\Gamma)$: analogue du précédent sur Γ.

$\mathcal{D}'(]0,T[; X)$: $\mathcal{L}(\mathcal{D}(]0,T[) ; X)$, espace des distributions sur $]0,T[$, à valeur
dans l'espace de Banach X.

$X \otimes Y$: produit tensoriel de deux espaces vectoriels X et Y.

N.B. : pour $\tau \in \mathbb{R}$, $sign(\tau) = 1$ si $\tau > 0$, -1 si $\tau < 0$ et $sign(0) = 0$.

CHAPITRE 1

MODELISATIONS DES ECOULEMENTS POLYPHASIQUES EN MILIEU POREUX

1.1. Difficulté d'une approche par une description corpusculaire

1.1.1. Equations locales couplées de Navier-Stokes

Une roche poreuse est un milieu solide présentant un réseau interne de canaux microscopiques (les pores) aléatoirement distribués et supposés ici pratiquement tous interconnectés ; on rencontre des milieux poreux non consolidés (cas des sols) ou des milieux poreux consolidés du type des grès.

Le taux du volume libre à la circulation de fluides, matérialisé par les pores interconnectés, est appelé la **porosité Φ** du milieu. Cette grandeur adimensionnée liée à la texture locale du matériau, peut être affectée par les éventuelles variations de la géométrie (formes des cavités rétentives et de leurs interconnexions) lors d'écoulements de fluides modifiant, par exemple, les conditions de pression interne.

Cependant, une roche poreuse n'est pas nécessairement perméable; elle devient imperméable (cas de l'argile) lorsque les pores sont trop fins pour permettre le passage d'un fluide donné ; en hydrologie, la grandeur physique qui prend en compte ce phénomène est la **perméabilité de Darcy**, présentant une relative analogie avec la conductivité d'un réseau de résistances, fonction monotone continue de la porosité et nulle en deçà d'une valeur critique de la porosité.

Une des difficultés propres à l'élaboration d'un modèle théorique des gisements pétrolifères tient à la nécessité de prendre en compte simultanément des caractéristiques physiques diverses exprimées par des mesures physiques dans un **rapport très grand** (pores de l'ordre du millimètre ou du micron, gisements étendus, de dimension de l'ordre de cent kilomètres dans une direction). Le modèle doit traduire sur une période assez longue (une trentaine d'années) l'évolution d'un système physique tridimensionnel de grande taille dont les détails microscopiques sont extrêmement complexes (on pourra à ce propos se reporter à l'ouvrage récent, très détaillé, de J.F. Gouyet [110], "Physique et structures fractales", au chapitre 3 notamment).

Le point de départ d'un modèle théorique pourrait être l'examen local à **l'échelle microscopique**. Représentant le gisement par un ouvert borné et connexe Ω de $\mathbb{R}^3$, rapporté à un repère orthonormé $(0x_1, 0x_2, 0x_3)$, on observe la situation à l'échelle du pore, au voisinage d'un point x_o de Ω, par exemple, à l'intérieur d'une boule euclidienne B, de centre x_o et de rayon r assez petit, en vue de mettre en évidence la nature des phénomènes physiques en jeu.

On suppose pour fixer les idées que deux fluides non miscibles (eau et huile) sont simultanément présents pendant la durée de l'observation, la variance thermodynamique étant maintenue fixe par hypothèse et la température étant prise constante par simplification. Notant ϖ_o la région supposée indéformable occupée dans B par la roche-magasin, on introduit à l'instant t, $t \in]0, T]$, la partition formelle :

$$B \setminus \varpi_o = \left(\bigcup_{i=1}^{I(t)} \omega_i^{(w)}(t) \right) \cup \left(\bigcup_{j=1}^{J(t)} \omega_j^{(o)}(t) \right) \cup M(t),$$

$\omega_i^{(w)}(t)$ (resp. $\omega_j^{(o)}(t)$) désignant à l'instant t une région connexe occupée par l'eau (resp. l'huile) et $M(t)$ représentant la réunion des interfaces eau-huile (**ménisques**).

Par un second effet de zoom, on considère plus spécifiquement la situation particulière de deux régions $\omega_i^{(w)}(t)$ et $\omega_j^{(o)}(t)$ contiguës et on omet désormais les indices i et j.

Les équations qui régissent les écoulements isothermes s'obtiennent classiquement en transcrivant, pour chacun des deux constituants immiscibles, le principe de **conservation de la masse** (équation de continuité) et de conservation de la **quantité de mouvement** (loi fondamentale de la dynamique), pour un modèle non thermique.

Pour $\alpha \in \{w, o\}$, on note $\mathbf{V}^{(\alpha)}$ le vecteur vitesse du fluide α, $P^{(\alpha)}$ la pression dans ce fluide et ρ_α sa masse volumique.

Considérant que les deux fluides sont incompressibles et homogènes, on obtient les équations suivantes, la dérivation étant prise *a priori* au sens des distributions:

(1.1) $\mathbf{div}\, \mathbf{V}^{(\alpha)} = 0$ dans $\omega^{(\alpha)}(t)$, $t \in]0, T[$, $\alpha \in \{w, o\}$.

Les équations du mouvement s'écrivent, par l'intermédiaire du tenseur $\overset{\approx}{\sigma}^{(\alpha)}$ des contraintes de Cauchy :

$$\rho^{(\alpha)} \frac{d}{dt} \mathbf{V}^{(\alpha)} = \mathbf{div}\, \overset{\approx}{\sigma}^{(\alpha)} + \rho^{(\alpha)} \mathbf{g} ,$$

$\mathbf{g}$ désignant le vecteur accélération de la pesanteur et $\frac{d}{dt}$ représentant ici la **dérivée particulaire**, *i.e.*, au sens de la dérivation par rapport au temps en suivant toute particule fluide dans son mouvement.

On considère que chaque fluide est en écoulement visqueux (*i.e.* on prend en compte la présence d'une résistance lors du déplacement d'un fluide par l'autre) et que chaque fluide est **newtonien** (*cf.* par exemple, G. Duvaut [81], troisième partie, paragraphe VIII). La loi de comportement s'écrit, par l'intermédiaire du tenseur des vitesses de déformation :

$$\sigma_{ij}^{(\alpha)} = -P^{(\alpha)}\delta_{ij} + \mu^{(\alpha)} \left(\frac{\partial \mathbf{V}_i^{(\alpha)}}{\partial x_j} + \frac{\partial \mathbf{V}_j^{(\alpha)}}{\partial x_i} \right) \,,$$

$\mu^{(\alpha)}$ désignant le coefficient de viscosité dynamique du fluide α.

En reportant cette expression du tenseur des contraintes dans les équations du mouvement et **tenant** alors **compte de la condition d'incompressibilité** (1.1), on obtient la relation vectorielle dans les domaines déformables $\omega^{(\alpha)}(t)$, $t \in \,]0, T[$, $\alpha \in \{o, w\}$:

$$(1.2) \qquad \rho^{(\alpha)} \left(\frac{\partial \mathbf{V}^{(\alpha)}}{\partial t} + \nabla_x \mathbf{V}^{(\alpha)}.\mathbf{V}^{(\alpha)} \right) - \mu^{(\alpha)} \mathbf{\Delta} \mathbf{V}^{(\alpha)} + \nabla_x P^{(\alpha)} = \rho^{(\alpha)} \mathbf{g} \,.$$

On reconnaît dans l'ensemble des relations (1.1) et (1.2), pour α fixé, les classiques équations de Navier-Stokes. Ces divers systèmes d'équations aux dérivées partielles sont couplés par la prise en compte des conditions de raccord sur l'interface mouvante

$$\gamma(t) = \partial \omega^{(o)}(t) \cap \partial \omega^{(w)}(t)$$

(*a priori* inconnue) des deux fluides et sur la paroi.

De manière générale, les conditions aux limites sont :

- sur $\partial \omega^{(\alpha)}(t) \cap \partial \varpi_o$, *i.e.* au contact d'une paroi solide supposée immobile, on indique une condition d'**adhérence** traduite par :

$$\mathbf{V}^{(\alpha)} = 0 \,, \text{ pour } \alpha \in \{o, w\} \,.$$

- sur $\gamma(t)$, on exprime une condition de raccord continu du champ de vitesse, *i.e.*,

$$\mathbf{V}^{(o)} = \mathbf{V}^{(w)} \,,$$

et l'on traduit le fait que la différence locale entre les densités surfaciques de forces exercées par chacun des deux fluides, de part et d'autre de l'interface, est équilibrée par l'effet des **forces capillaires**, en raison de l'existence d'une **tension interfaciale T**, selon la relation suivante qui prend en compte la **courbure moyenne** de la surface $\gamma(t)$, inconnue *a priori* :

$$\underset{\approx}{\sigma}^{(o)} . \mathbf{n}_t - \underset{\approx}{\sigma}^{(w)} . \mathbf{n}_t = \mathbf{T} \left(\frac{1}{R} + \frac{1}{R'} \right) \mathbf{n}_t \,,$$

$\mathbf{n}_t$ désignant le vecteur normal unitaire le long de $\gamma(t)$, dirigé vers l'extérieur de $\omega^{(o)}(t)$, R et R' représentent les rayons de courbure principaux de $\gamma(t)$, comptés positivement.

- au contact de l'interface des deux fluides et de la paroi, *i.e.* sur $\gamma(t) \cap \partial \varpi_o$, on doit tenir compte que dans l'ensemble " paroi solide - fluides non miscibles", l'eau est le **fluide mouillant**, au sens où elle a tendance à avancer le long de la paroi, à la manière d'une stratégie de reconnaissance à l'avant du front, dans un modèle de déplacement de l'huile par l'eau. En l'absence de produits adjuvants tensio-actifs propres à modifier la mouillance, la mouillabilité est caractérisée par la donnée de l'angle, dit **angle de mouillage**, aigu lorsqu'il est mesuré dans $\omega^{(w)}(t)$, que fait l'interface $\gamma(t)$ avec la paroi $\partial \varpi_o$.

Enfin, on doit tenir compte pour fermer ce "système de systèmes" de Navier-Stokes des conditions extérieures imposées, portant sur les débits d'injection ou d'extraction, sur les conditions de pression, sur les diverses caractéristiques physiques ou technologiques de la frontière Γ de l'ouvert Ω (imperméabilité de certaines zones, modélisation d'un effet de puits, *etc...*) et des conditions initiales du champ des vitesses.

On se rend donc bien compte que **l'observation microlocale** fait apparaître l'interaction de plusieurs phénomènes bien connus des physiciens mais donnant lieu à une description mathématique complexe. Il s'agit essentiellement **d'équations aux dérivées partielles non linéaires couplées** sur des ouverts **non cylindriques** et présentant des **frontières libres**. Certes, (*cf.* sur ce point G. Duvaut [81], §. VIII, p. 185), lorsque les **nombres de Reynolds sont grands** (l'exemple fourni à titre indicatif par O. Pironneau dans [148], p. 26, pour le domaine pétrolier, est $\mathcal{R}_e = 2.\,10^8$), les équations (1.2) peuvent être réduites aux équations d'Euler (*cf.* [148], pp. 136-137) et lorsque, localement, le champ de vitesses $\mathbf{V}^{(\alpha)}$ peut être considéré peu différent d'un champ uniforme, d'autres simplifications réduisent le système aux équations linéaires d'Oseen.

Cependant, on mesure que l'abord d'un modèle théorique de la description globale du gisement (ou d'un bloc de grande taille par rapport aux diamètres des pores) par la juxtaposition des situations observées à l'échelle microscopique conduit à des difficultés de résolution rédhibitoires. Dès lors, on est amené à considérer le massif poreux comme un **milieu continu**, *i.e.* un système physique présentant à la fois des états liquides, gazeux ou solides, déformable ou non, considéré d'un point de vue **macroscopique** (par opposition à une description **corpusculaire**) et caractérisé par divers coefficients qui en précisent les **propriétés moyennes locales** : leurs valeurs sont définies en tout point, et dépendent généralement continûment de la position du point dans Ω.

Dans son ouvrage de 1972 ([140], p. 28), C.M. Marle décrit l'intérêt qu'il y aurait à "*bâtir la théorie des écoulements dans les milieux poreux [...] à partir des*

*lois élémentaires de l'écoulement visqueux dans un pore et des lois de la capil-
larité. Puis, par des méthodes statistiques, on en déduirait les lois qui régissent en
moyenne les écoulements dans un milieu comportant un grand nombre de pores.
Malheureusement*, ajoute cet auteur, *une telle théorie n'existe pas encore"*.

Il semble que le propos n'ait rien perdu de son actualité et donc, par nécessité
et par commodité, on recourt à une **description globale** dans le cadre de la
Mécanique des milieux continus et, plus précisément, de la Mécanique des fluides
en milieu poreux.

Notons cependant que l'étude micrométrique des écoulements polyphasiques
en milieu poreux a donné lieu à des développements multiples ; citons, à titre
d'exemple et sans les analyser dans le détail, deux directions de recherche,
outre les contributions concourant à une meilleure connaissance des phénomènes
de mouillabilité, de capillarité et d'interfaces (existence de films dynamiques,
paramètres géométriques, hydrodynamiques, chimiques - *cf.* Comptes Rendus du
26e Congrès National d'analyse numérique, 1994, pp. D1-D13) :

1) l'étude des **structures fractales** rencontrées dans les milieux poreux et
des conséquences induites par ces géométries particulières. Dans ce contexte,
l'approche théorique des déplacements forcés en milieu poreux par la théorie
de la **percolation** s'emploie à mieux faire comprendre la statistique de ces
systèmes physiques (notion de **seuil de percolation,** percolation d'invasion,
piégeage). On renvoie à l'ouvrage de J.F. Gouyet ([110], chap. 3) pour une
analyse fine. L'évaluation de la **dimension fractale** d'ensembles inertiels ou
attracteurs pour des modèles de convection naturelle, dissipatifs, en milieu
poreux ou d'écoulements de fluides visqueux incompressibles, fait l'objet des
travaux de P. Fabrie [89], J.M. Ghidaglia [103] et M. Saad [153], (*cf.* aussi les
bibliographies correspondantes).

2) **l'homogénéisation**, qui tend essentiellement à rendre compte des effets
globaux en étudiant l'état limite d'une situation connue à l'état microscopique
et reproduite ε−périodiquement. Pour une présentation générale, on se référera
aux ouvrages de E. Sanchez-Palencia [157], A. Bensoussan, J.L. Lions et G.
Papanicolaou [34] et pour l'application plus centrée sur les problèmes de filtration en milieu poreux, on se reportera aux travaux de A. Bourgeat [42], A.
Bourgeat, M. Quintard et S. Whitaker [44], G. Allaire [3], [4], B. Amaziane
[8]. Dans le cadre des techniques de l'homogénéisation associées à la recherche
d'estimations dans les espaces de Sobolev, signalons l'étude sur l'existence d'une
taille critique pour une fissure dans un milieu poreux, par A. Bourgeat, H. El
Amri et R. Tapiero [43]. La description des **effets "mémoire"** en théorie de
l'homogénéisation, lors de l'analyse de l'état moyen macroscopique limite, est
donnée par L. Tartar [161] et N. Antonic' [11].

1.1.2. Vers une approche macroscopique

A l'analyse microscopique, la mesure de la porosité du gisement s'identifie avec les valeurs 0 ou 1 prise par la fonction indicatrice de l'**espace intergranulaire**. Dans une représentation macroscopique de la porosité, on doit rechercher une fonction définie en tout point et qui rende compte d'une notion de **porosité locale moyenne**. Pour cela, l'art du métrologue consiste de façon expérimentale, sur un échantillon, à considérer en un point générique x intérieur du gisement Ω, une boule centrée en x, de rayon r, entièrement contenue dans Ω, et d'y mesurer $\Phi(x, r)$, le rapport du volume des pores interconnectés entre eux sur le volume total ; puis, prenant r assez petit pour disposer d'une **mesure à caractère local** et cependant suffisamment grand pour que l'**effet de moyenne** puisse jouer, l'expérimentateur, en faisant varier r, détermine (si le milieu n'est pas trop désordonné) une valeur moyenne significative de la fonction $\Phi_x : r \rightarrow \Phi(x, r)$, que l'on notera désormais $\Phi(x)$, valeur de la porosité au point x.

De la même façon, dans un système polyphasique, on détermine à tout instant, en tout point du gisement, **la saturation** S_i de la phase i, $i \in \{1, 2, .., p\}$ en considérant le rapport du volume occupé par la phase i sur le volume total occupé par l'ensemble des phases. Ainsi, à titre d'exemple, notant ρ_i la masse volumique de la phase i supposée homogène et composée du seul constituant i, on observe que la masse du composant i dans le volume élémentaire dv s'exprime localement, au premier ordre, par l'élément différentiel $\rho_i(t, x) \Phi(x) S_i(t, x) dv$ au voisinage du point x de Ω, à l'instant t, dans le cas simplifié où la porosité n'est pas modifiée au cours du temps par les écoulements.

Dès lors, bien que les justifications théoriques rigoureuses fassent défaut en régime d'écoulements diphasiques ou triphasiques, l'idée centrale qui prévaut pour une description macroscopique est de considérer que, pour un milieu poreux donné,

i) il existe (loi macroscopique de Laplace) une relation entre les différences de **pression capillaire** et les **saturations.**

ii) on peut introduire, pour une phase générique i, une notion de **perméabilité relative k_{r_i} en présence des autres phases**, sans dimension, **dépendant des saturations.**

En l'occurrence, l'expérimentateur au laboratoire a la charge de dresser des courbes et surfaces représentatives de la pression capillaire et des perméabilités relatives, corrigées par la prise en compte des conditions thermodynamiques et géologiques réelles *in situ*. On pourra se reporter à l'ouvrage de C.-M. Marle ([140], chapitre 2 notamment) pour une analyse critique éclairante de ces lois phénoménologiques.

1.2. Eléments de Mécanique des fluides en milieu poreux

1.2.1. Expression des lois de conservation de masse

On décrit ici préalablement les données physiques du problème, en notant $\mathcal{L}^3$ la mesure de Lebesgue tridimensionnelle.

Conformément à la description détaillée à l'introduction, la situation la plus générale considérée *a priori* ici met en jeu trois constituants (l'eau, le composant lourd de l'huile et le composant léger volatil) dans un système au plus triphasique (phases eau, huile et gaz). La phase gazeuse, lorsqu'elle est présente du fait des conditions thermodynamiques localement favorables à la formation d'une huile saturée, ne contient que le composant léger, de sorte qu'il n'y a pas correspondance biunivoque permanente entre les concepts de phases et de constituants. Le cas des écoulements diphasiques fait l'objet d'une étude particulière au §. 1.3.2. et à la remarque 1.3.

Soient Ω un domaine borné de $\mathbb{R}^3$, figurant la roche-réservoir de frontière Γ régulière, de vecteur normal unitaire extérieur $\mathbf{n}$, $[0, T]$ l'intervalle du temps fini d'étude du phénomène physique et soit $Q =]0, T[\times \Omega$. On considère la partition de Γ obtenue en distinguant trois régions relativement ouvertes Γ_e, Γ_s et Γ_l telles que :

$$(1.3) \qquad \Gamma = \Gamma_e \cup \Gamma_s \cup \Gamma_l \cup \partial \Gamma_l , \quad \overline{\Gamma_s} \cap \overline{\Gamma_e} = \emptyset ,$$

où l'on note :

Γ_e la partie de la frontière de $d\Gamma$-mesure superficielle induite par $\mathcal{L}^3$ strictement positive, par laquelle l'eau est injectée à travers les puits d'injection ou les zones de contact avec la nappe aquifère active. La quantité d'eau injectée est mesurée par l'intermédiaire de la fonction f (vitesse de filtration), supposée stationnaire, en pratique estimée ou identifiée selon les modèles particuliers de l'utilisateur. On étudiera le phénomène en régime **isotherme** (*cf.* remarque 1.2. pour des généralisations) dans le cadre des techniques de récupération assistée en régime forcé, *i.e.* le débit d'eau injectée à travers Γ_e est supposé strictement positif, avec plus précisément :

$$(1.4) \qquad f \in L^2(\Gamma_e) , \quad f \geq 0 \; d\Gamma\text{--p.p. sur } \Gamma_e , \quad \int_{\Gamma_e} f \, d\Gamma > 0 .$$

Dans la pratique, Γ_e se présente comme la réunion finie de surfaces $\Gamma_{e,k}$, figurant une région de Γ en contact avec l'aquifère ou siège d'un puits d'injection.

Γ_l est la partie imperméable de la frontière délimitée par les courbes $\partial\Gamma_l$, a priori régulières.

Γ_s est la partie de la frontière, de $d\Gamma$-mesure non nulle, soumise à une pression extérieure P_{ext} où est récupérée l'huile ; Γ_s se présente comme la réunion finie de surfaces $\Gamma_{s,j}$, région où est implanté le j-ième puits de production.

On note Φ la porosité de la roche, supposée hétérogène et très faiblement compressible. Dès lors, on adopte une loi de comportement en fonction de la pression P du type :

$$(1.5) \qquad \Phi(x, P) = \Phi_o(x)\left[1 + c_r(P - P_o)\right] \text{ pour } x \in \Omega ,$$

où c_r est le coefficient de compressibilité de la roche, supposé constant et Φ_o est la porosité à la pression de référence P_o.

On suppose que :

$$\exists \alpha > 0,\ 0 < \alpha \le \Phi(x, P) \le 1 ,\ \ c_r(P - P_o) \ll 1,$$

pour tout $x \in \Omega$, pour tout P admissible .

La matrice de diffusivité, notée $\underset{=}{\mathbf{k}}(x)$, est prise, uniformément par rapport à la variable géométrique x, symétrique, définie positive, pour généraliser les résultats obtenus à un milieu poreux sans homogénéité ni isotropie particulières.

Plus précisément, on suppose tous les coefficients k_{ij} $\mathcal{L}^3-$mesurables et essentiellement bornés sur Ω, avec, $\mathcal{L}^3-$presque partout dans Ω :

$$(1.6) \qquad \begin{cases} \forall (i,j) \in \{1,2,3\}^2, \quad k_{ij} = k_{ji} , \\ \exists k_o > 0 ,\ \forall \xi \in \mathbb{R}^3 ,\ \left(\underset{=}{\mathbf{k}}(x)\xi, \xi\right) \ge k_o |\xi|^2 , \end{cases}$$

où l'on a introduit le produit scalaire usuel et la norme euclidienne de $\mathbb{R}^3$. On sera en outre amené à considérer une décomposition de Cholesky (cf. [117] par exemple) du type :

$$(1.7) \qquad \underset{=}{\mathbf{k}}(x) = \underset{=}{\mathbf{L}}^T(x) \cdot \underset{=}{\mathbf{L}}(x), \text{ pour } \mathcal{L}^3-\text{presque tout } x \in \Omega .$$

Les coefficients k_{ij} présentent en pratique des discontinuités.

Dès lors, on est en mesure de transcrire les trois **équations de conservation de masse** en milieu poreux.

Désignant par S_p la saturation réduite de la phase p, p prenant les valeurs w, o, g, pour représenter les phases **eau, huile et gaz**, on écrit la conservation de la masse pour chacun des constituants c, $c = w, h, l$ (**eau, pseudo-constituants lourd et léger**) en considérant que les pores du milieu sont entièrement occupés.

On obtient le **système** des trois **équations de continuité** :

$$(1.8) \quad \begin{cases} \dfrac{\partial}{\partial t}\left(\sum_p \Phi\, S_p\, \rho_p\, \omega_p^c \right) + \mathbf{div}\left(\sum_p \rho_p\, \omega_p^c\, \mathbf{Q}_p \right) = 0\,, \\[2ex] \text{avec} : S_w + S_o + S_g = 1 \ \text{dans}\ Q\,, \\[2ex] \text{et, par notation,}\ \mathbf{Q}_p = \Phi\, S_p\, \mathbf{V}_p\,, \end{cases}$$

où l'on a noté, pour la phase p, ρ_p la masse volumique, $\mathbf{V}_p$ le vecteur vitesse, $\mathbf{Q}_p$ le vecteur vitesse de filtration et ω_p^c la fraction massique du constituant c.

Le vecteur $\mathbf{Q}_p$ est donné par la loi de Darcy-Muskat généralisée, en fonction de la pression de référence P, selon la formule :

$$(1.9) \qquad \mathbf{Q}_p = -\,\underline{\underline{\mathbf{k}}}\,(x)\left\{ \frac{k_{r_p}}{\mu_p}\left(\nabla\left(P - P_{c_p} \right) - \rho_p\, \mathbf{g} \right) \right\}\,,$$

où l'on désigne, en la phase p, par k_{r_p} la perméabilité relative en présence des autres phases (à valeur dans $[0,1]$), μ_p la viscosité dynamique, P_{c_p} la pression capillaire de la phase p, $\mathbf{g}$ représentant le vecteur accélération de la pesanteur. Dans le système polyphasique, l'expression $\left(P - P_{c_p} \right)$ traduit la pression de la phase p.

Cette formule linéaire est une transcription simplifiée de la réalité dans la mesure où la vitesse de filtration d'une phase dépend aussi du gradient des pressions des autres phases (*cf.* sur ce point les remarques sur la loi de Darcy par J.L. Auriault et E. Sanchez-Palencia [24]).

Notant X_p^c la fraction molaire du constituant c dans la phase p, on dispose en outre des **relations d'équilibre** suivantes dans le **cadre strictement triphasique**, *i.e.*, très précisément, en la **présence effective** simultanément des trois phases (**huile saturée**) :

$$(1.10) \quad \begin{cases} X_g^w = 0, & X_o^w = 0, & X_w^w = 1, \\ X_g^h = 0, & X_w^h = 0, & X_o^h + X_o^l = 1, \quad X_g^l = 1, \\ K^l(P)\,X_o^l = 1, & X_w^l = 0, \end{cases}$$

où la **constante d'équilibre** K^l, tabulée en fonction de la pression P, à une température donnée, par l'utilisateur (*cf.* [70] par exemple) est peu sensible aux petites variations de pression.

K^l vérifie, à toute pression P admissible, la condition :

$$\exists \beta > 0 \, , K^l(P) \geq \beta > 1,$$

et plus précisément, pour les applications numériques, on peut exprimer K^l à la température θ par une expression du type :

$$K^l(P, \theta) = (\frac{a_o}{P} + a_1 P + a_2) \exp . \frac{a_3 + a_4/P}{\theta - a_5} \, ,$$

pour des coefficients ajustés.

De plus, on dispose de la relation suivante entre les fractions massiques et molaires:

(1.11)
$$\omega_p^c = \frac{X_p^c \, M^c}{\sum_{c'} X_p^{c'} \, M^{c'}} \, , \text{ avec } c' = w, h, l,$$

où M^c désigne la masse molaire du constituant c.

Remarque 1.1. Dans le cas où l'on considère une phase unique hétérogène, en pédologie ou dans les modèles de salinisation de nappes phréatiques, composée de n constituants chimiques et saturant les pores, on doit tenir compte, d'après l'observation expérimentale, des phénomènes de **diffusion-dispersion moléculaire** :

l'existence de gradients de concentration est cause de déplacements de matière (*cf.* P. Bia et M. Combarnous [39] pour l'examen approfondi de ces phénomènes). En conséquence, l'expression des lois de conservation de masse dans ce cas doit être corrigée (de façon empirique, semble-t-il, et sans justification par le calcul théorique à partir de la dérivation d'une intégrale définie sur un domaine que l'on suit dans son mouvement) de la façon suivante. L'indice i, $i \in \{1, 2, .., n\}$ désignant le i-ème constituant chimique du mélange, on note ω_i la fraction massique du i-ème composant et ρ la masse volumique de la **phase** fluide, dépendant des quantités ω_i, selon en général, une loi du type suivant, pour des poids α_i convenables :

$$\rho = \rho_o \, \exp \left(\sum_{i=1}^n \alpha_i \, \omega_i \right).$$

On tient compte de la **loi de Fick**, en transcrivant l'équation de conservation du composant i sous la forme, **V** étant le vecteur-vitesse de la phase hétérogène:

$$\frac{\partial}{\partial t}(\omega_i \, \rho \, \Phi) + \mathbf{div} \, (\omega_i \, \rho \, \mathbf{V}) = \mathbf{div} \, \left(\underset{=}{\mathcal{K}} \, (x) \rho \, \nabla \omega_i \right),$$

où $\underset{=}{\mathcal{K}}$ est la matrice de diffusion-dispersion moléculaire, asssociée en général à un tenseur sphérique.

La somme membre à membre des n équations de ce type conduit à la forme classique de l'équation de conservation de masse globale :

$$\frac{\partial}{\partial t}(\rho\,\Phi) + \mathbf{div}\,(\rho\,\mathbf{V}) = 0\,,$$

en l'absence de soutirages ou d'injections de matière à l'intérieur du gisement.

En outre, les quantités ω_i sont assujetties à subir une **contrainte d'obstacle** du type :

$$\omega_i \;\leq\; \Psi_i\,(P,\theta)$$

correspondant à la limite de saturation en le composé i, aux conditions thermodynamiques (P,θ).

Pour des développements mathématiques à propos de tels modèles, on pourra se reporter aux travaux de J. Labourdette [121].

Remarque 1.2. Lorsque l'on considère **un modèle thermique**, le système d'équations de conservation des masses doit être complété par l'équation de **conservation de l'énergie** dans l'ouvert $Q =]0, T[\times \Omega$, selon la formulation quasi linéaire suivante, θ désignant la température :

$$\frac{\partial}{\partial t}\left(\sum_p \Phi S_p \rho_p H_p + (1-\Phi)\,\rho_r H_r\right) - \mathbf{div}\left(\underset{=}{\lambda}\,(x,\theta)\,\nabla\theta\right)$$
$$+ \,\mathbf{div}\left(\sum_p \rho_p H_p \mathbf{Q}_p\right) = 0,$$

dans les situations où les apports ou déperditions de chaleur se font uniquement par l'intermédiaire du bord du gisement (puits, épontes, *etc...*),

où l'on a noté, en outre, H_p l'**enthalpie** de la phase p, $\underset{=}{\lambda}$ la matrice de conductivité thermique, ρ_r (resp. c_r) la masse volumique (resp. la chaleur spécifique) de la roche et

$$\rho_r\,H_r = \int_0^\theta (\rho_r\,c_r)\,(.,\mu)\,d\mu \quad \text{dans } Q\,.$$

Désignant par H_p^c l'enthalpie du constituant c dans la phase p, l'enthalpie massique de la phase huile s'obtient par la formule :

$$H_o = \frac{X_o^h M^h H_o^h + X_o^l M^l\,H_o^l}{X_o^h\,M^h + X_o^l\,M^l}, \text{ avec} : \frac{dH_o^c}{d\theta} = \mathbf{c}_c\,(\theta),\; c \in \{h,l\}\,,$$

$\mathbf{c}_c$ désignant la chaleur spécifique du constituant c.

1.2.2. Lois d'état associées aux équations de continuité

Outre la loi de comportement de Darcy-Muskat, diverses **lois d'état** doivent être précisées pour que le problème des écoulements en milieu poreux soit bien posé mathématiquement. En vue de simplifier l'écriture des équations, on introduit les paramètres d'état suivants :

$$(1.12) \begin{cases} d_p = \dfrac{\rho_p}{\mu_p} \text{ , l'inverse de la viscosité cinématique de la phase } p, \\[2ex] d_* = k_{r_w}\, d_w + k_{r_o}\, d_o + k_{r_g}\, d_g \text{ , la mobilité massique globale,} \\[2ex] \nu_p = k_{r_p}\, \dfrac{d_p}{d_*} \text{ , la fraction massique de flux de la phase } p, \end{cases}$$

dont les propriétés fonctionnelles essentielles sont les suivantes :

$$(1.13) \begin{cases} \nu_p = \nu_p\left(X_o^h\,, S_w\,, S_g\,, P\right), \quad d_* = d_*\left(X_o^h\,, S_w\,, S_g\,, P\right), \\[2ex] \exists \delta > 0,\ d_*\left(X_o^h\,, S_w\,, S_g\,, P\right) \geq \delta \text{ , pour tout quadruplet} \\ \left(X_o^h\,, S_w\,, S_g\,, P\right) \text{ admissible ,} \\[2ex] 0 \leq \nu_p \leq 1\,,\ \nu_g + \nu_w + \nu_o \equiv 1\,, \\[2ex] \nu_p \text{ s'annule lorsque } S_p \text{ est nul , } \nu_p \text{ vaut 1 lorsque } S_p \\ \text{est maximale, pour } p \in \{w, o, g\}\,. \end{cases}$$

Il est important de noter pour ce qui suit que les fonctions $d_*\,\nu_w$ et $d_*\,\nu_g$ sont indépendantes de X_o^h ; il n'en est pas de même pour la fonction $d_*\,\nu_o$. On suppose que chacune des fonctions rencontrées, ν_p, d_p, d_*, etc... est continue sur son domaine de définition naturel, en observant que le couple (S_w, S_g) est assujetti à appartenir au triangle $\mathcal{T}$, défini par :

$$\mathcal{T} = \left\{(S_w, S_g) \in \mathbb{R}^2,\ S_w \geq 0,\ S_g \geq 0,\ S_g + S_w \leq 1\right\}.$$

On suppose, conformément à l'usage [62], pour éviter d'inutiles complications que les fonctions de pression capillaire sont telles que:

$$(1.14) \begin{cases} P_{c_o} - P_{c_w} = P_w\left(S_w\right), \text{ indépendamment de } x \text{ et de } S_g, \\[2ex] P_{c_o} - P_{c_g} = P_g\left(S_g\right), \text{ indépendamment de } x \text{ et de } S_w, \end{cases}$$

avec,

$$(1.15) \begin{cases} P_w\left(1\right) = 0, \quad P_w'\left(S_w\right) > 0, \quad \text{pour tout } S_w \in [0,1], \\ P_g\left(0\right) = 0, \quad P_g'\left(S_g\right) > 0, \quad \text{pour tout } S_g \in [0,1], \end{cases}$$

ce qui implique en particulier que l'on a :

$$\forall S_w \in [0,1] \ , \ P_w(S_w) \leq 0 \ \text{et} \ \forall S_g \in [0,1] \ , \ P_g(S_g) \geq 0.$$

En outre, on supposera que la fonction positive $d_* \ \nu_w \ P_w'$ est bornée, conformément à l'allure des graphes représentés dans [62], p. 230.

Enfin, on admet que les masses volumiques satisfont aux propriétés suivantes:

$$(1.16) \begin{cases} \rho_w \text{ est constante, soit } \rho_w = 1 \text{ par choix des unités,} \\ \rho_g \text{ suit une loi de type Boyle-Mariotte, } i.e., \ \rho_g(P) = c\,P, \\ \rho_o \text{ est une fonction continue strictement croissante de } X_o^h. \end{cases}$$

Dans la pratique pétrolière, on suppose en fait que le volume molaire du mélange suit la loi d'E. Amagat ; la masse volumique de la phase huile est alors donnée , à la température θ , par une expression du type :

$$\rho_o\left(P, \theta, X_o^h\right) = f_o\left(X_o^h\right)\left(a_o + a_1\,P + a_2\,\theta\right),$$

pour des coefficients convenables, f_o étant une fonction strictement croissante.

Dans le même ordre d'idées, par utilisation de la loi d'E. Andrade (pour évaluer les viscosités en fonction de la température) et de la loi de S. Arrhénius (pour loi du mélange à partir de la composition), la viscosité de la phase huile est fournie selon [70] par la formule :

$$\mu_o = e^{a\,X_o^h\,+\,b\,\theta} \quad \text{pour des poids convenables.}$$

On observera que l'étude analytique ne se réfère pas à un système particulier de données des perméabilités relatives triphasiques (formulaires de Stone ou d'interpolation, surfaces réglées, condition très théorique de différentiabilité totale énoncée par G. Chavent [62], [64], *etc*...), mais repose sur l'acceptation d'un nombre réduit d'hypothèses sur leurs propriétés fonctionnelles que l'on précisera au moment opportun de l'exposé (*cf.* (1.34), notamment).

1.2.3. Description et transcription des conditions aux limites

Elles dépendent essentiellement de la nature de la portion de la frontière considérée, et comme on le verra, elles ne pourront être observées **en totalité** que dans la mesure où les équations aux dérivées partielles retenues dans le gisement seront du second ordre, *i.e.* lorsque **les effets de la capillarité** ne seront pas négligés. Dans le cas contraire, les équations résultantes sont du type **hyperbolique du premier ordre non linéaire** et il est bien connu qu'il faut alors relâcher les contraintes de bord.

- sur les puits de production Γ_s, on admet, suivant G. Duvaut-J.L. Lions [82], que le débit global massique est à la fois proportionnel à la mobilité globale massique et à la différence locale de pression, de sorte que désignant par $\lambda(x)$ le coefficient adimensionné de perméabilité au point x de la région Γ_s, considérée comme une **paroi d'épaisseur finie** au sens de [82] p. 16, on dispose de la relation:

$$(1.17) \qquad (\rho_w \mathbf{Q}_w + \rho_o \mathbf{Q}_o + \rho_g \mathbf{Q}_g).\mathbf{n} = \lambda\, d_* \, P \ \text{ sur } \Sigma_s =]0, T[\times \Gamma_s,$$

avec :

$$(1.18) \qquad \lambda \in L^\infty(\Gamma_s),\, \lambda \geq 0\,,\, d\Gamma-\text{mes}\,\{x \in \Gamma_s,\, \lambda(x) > 0\} > 0.$$

(On admet ici que la pression extérieure est constante et on se ramène au cas où cette constante est nulle par translation sur l'échelle barométrique. On remarquera que ρ_g devient une fonction affine de la nouvelle pression P. Le modèle est compatible avec un choix de pression extérieure localement constante sur chaque puits.)

En outre, on suppose que les débits massiques partiels s'établissent *au prorata* **des mobilités massiques respectives**, ce qui se traduit par les relations :

$$\frac{\rho_w \mathbf{Q}_w.\mathbf{n}}{d_*\,\nu_w} = \frac{\rho_g \mathbf{Q}_g.\mathbf{n}}{d_*\,\nu_g} = \frac{\rho_o \mathbf{Q}_o.\mathbf{n}}{d_*\,\nu_o} \ \text{ sur } \Sigma_s.$$

La valeur commune de ces quotients étant égale à :

$$\frac{1}{d_*}\,(\rho_w \mathbf{Q}_w + \rho_g \mathbf{Q}_g + \rho_o \mathbf{Q}_o).\mathbf{n}\,,$$

on obtient, compte tenu de (1.17), les relations simples suivantes :

$$(1.19) \qquad \rho_p\,\mathbf{Q}_p\,.\,\mathbf{n} = \lambda\, d_*\, \nu_p\, P \ \text{ sur } \Sigma_s\,,\ p = w, o, g\,.$$

- sur les puits d'injection et les zones de contact avec l'aquifère, on traduit la continuité de la **vitesse de filtration globale** et le fait que ces régions sont le siège d'**une phase mouillante** par les relations :

$$(1.20) \quad \begin{cases} S_w = 1\,,\ S_g = 0\,,\ S_o = 0\,, \\[2mm] (\rho_w \mathbf{Q}_w + \rho_g \mathbf{Q}_g + \rho_o \mathbf{Q}_o).\mathbf{n} = -f \ \text{ sur } \Sigma_e =]0, T[\times \Gamma_e, \end{cases}$$

où f est défini en (1.4).

- l'imperméabilité de Γ_l s'exprime immédiatement par les trois conditions de Neumann homogènes :

$$(1.21) \qquad \rho_p \, \mathbf{Q}_p \cdot \mathbf{n} = 0 \ \text{ sur } \ \Sigma_l = \,]0, T[\times \Gamma_l \ , \ p = w, o, g,$$

ce qui apparaît comme un cas particulier de (1.19), l'imperméabilité de la roche se traduisant par la nullité de la fonction de transfert λ . A l'inverse, lorsque dans (1.19), λ prend des valeurs arbitrairement grandes, la frontière Γ_s est dite **paroi mince** au sens de [82], p. 17.

Remarque 1.3. Une alternative intéressante se présente dans le cas des écoulements diphasiques **eau et huile** (*i.e.*, $S_g = 0$, $X_o^h = 1$) par la prise en compte d'un **effet de puits** (ou **d'extrémité**) ; ce modèle conduit alors à une condition de **contrainte unilatérale** superficielle sur Γ_s, qui se substitue à (1.19).

En effet, à cause de la pression capillaire, l'eau, *i.e.* **le fluide mouillant déplaçant**, ne peut sourdre à travers Γ_s que lorsque sa saturation y atteint sa **valeur maximale**. Le mécanisme d'une telle **sortie préférentielle** est le suivant : lorsque les deux fluides sortent en même temps, leurs pressions sont égales (de valeur commune, la valeur de la pression extérieure P_{ext}).
L'égalité des pressions :

$$P - P_{c_o} = P - P_{c_w} = P_{ext}$$

implique que $P_w \, (S_w)$ est nul , et donc d'après (1.15), S_w est nécessairement égal à 1. Ainsi, tant que l'eau ne s'est pas **accumulée** le long de Γ_s jusqu'à l'obtention de la valeur maximale de S_w, **un seul fluide** peut traverser la frontière de production : **l'huile**, par le seul fait qu'alors la pression de l'huile $(P - P_{c_o})$ est strictement supérieure à la pression de la phase aqueuse $(P - P_{c_w})$, selon (1.14) et (1.15).

On obtient ainsi des conditions aux limites de type unilatéral qui seront utilisées aux chapitres suivants, et dont l'intérêt est fortement souligné dans les monographies [16], [62] et [140] :

$$(1.22) \qquad \begin{cases} S_o \geq 0 \ , \quad \rho_w \, \mathbf{Q}_w \cdot \mathbf{n} \geq 0 \, , \\[2mm] S_o \, (\rho_w \, \mathbf{Q}_w \cdot \mathbf{n}) = 0 \ . \end{cases}$$

Par des variantes faciles, on peut être en outre amené à considérer, lorsque les puits de production sont de diamètres petits, que les valeurs des saturations sont uniformes le long de Γ_s : autrement dit, pour tout p, la trace de S_p sur Γ_s est une fonction constante, *a priori* inconnue et évoluant avec le temps. Il s'ensuit alors que les conditions ponctuelles de flux massique du type (1.19) ou

(1.22) doivent être transformées en des conditions globales, *i.e.* intégrées le long de Γ_s (*cf.* chap. 2, §. 2.3.3. pour l'étude d'un tel cas).

1.3. Analyse de la nature des systèmes d'équations aux dérivées partielles résultants

1.3.1. Formulations variationnelles formelles

L'aspect fondamental du modèle black-oil non thermique qui doit être pris en compte dans la transcription mathématique réside dans le fait que **la variance thermodynamique** du système est *a priori* inconnue dans l'espace et au cours du temps. Ainsi, en la présence effective de la phase gazeuse (**cas d'une huile saturée**), les trois inconnues principales nécessaires pour décrire complètement l'état momentané et local du système (supposé maintenu à température constante) sont, classiquement, les saturations S_w , S_g et une fonction P dimensionnée à une pression. Lorsque la phase gaz disparaît, *i.e.* lorsque S_g s'annule, une inconnue nouvelle doit être introduite pour définir l'état thermodynamique et plus précisément connaître la composition de la phase huile : en l'occurrence, on retient X_o^h la fraction molaire du pseudo-constituant lourd dans la phase huile, alors **sous-saturée**. Par un **jeu de trois inconnues à composition variable**, la loi de Gibbs introduit donc *a priori* **un problème à frontière libre**, qui tient compte de l'apparition, la non-apparition et la disparition de la phase gazeuse et donne lieu à une modélisation **multiphase**, avec des équations dont l'expression dépend à chaque instant, en chaque point du gisement, de l'état du système physique.

Cependant, il est apparu que l'introduction d'un modèle à frontière libre conduit rapidement à des développements mathématiques purement formels, car l'appréciation du degré de régularité des frontières libres -en pratique, les frontières de la phase gazeuse- semble hors d'atteinte. **Aussi, suivant une idée due à T. Gallouët** (correspondance particulière, novembre 1986), **on a pris, dans cette présentation, le parti de considérer qu'il y a toujours quatre inconnues** : P, S_w , S_g et X_o^h , liées par des contraintes unilatérales du **type quasi variationnel couplé** :

$$(1.23) \quad \begin{cases} S_g \geq 0 \quad , \quad X_o^h \geq C(P) \quad , \\ S_g \left(X_o^h - C(P) \right) = 0 \quad , \end{cases}$$

où C est une constante thermodynamique d'équilibre tabulée par l'utilisateur, de sorte qu'en présence de la phase gazeuse (*i.e.* lorsque la saturation S_g est strictement positive), la valeur de X_o^h résulte de la connaissance de la pression, à l'équilibre, et détermine ainsi la composition de la phase huile. Lorsque la phase gaz disparaît, à la pression P, X_o^h devient une inconnue astreinte à rester au-delà de la valeur d'équilibre $C(P)$.

On convient de choisir ici pour fixer les idées, comme inconnues principales : S_w, S_g, X_o^h et P, **la pression de la phase huile**, ces valeurs étant supposées connues à l'instant initial. D'autres choix peuvent être faits pour l'inconnue dimensionnée à une pression , comme on le verra à la fin de ce chapitre (*cf.* (1.50) notamment) et au §. 2.4.

Les **équations à l'intérieur du gisement** sont les quatre suivantes :

1) Dans l'ouvert Ω, à t fixé, on retient d'abord l'équation de conservation de masse pour l'eau, qui s'exprime à partir de (1.8) en supposant la porosité Φ dépendante de la seule variable géométrique (pour simplifier un peu...) et en utilisant (1.10), (1.11) et (1.16) par:

$$(1.24) \qquad \Phi \frac{\partial}{\partial t} S_w + \mathbf{div}\, \mathbf{Q}_w = 0 \quad \text{dans } Q\ ,$$

c'est-à-dire, grâce à (1.9), (1.12) et (1.14) :

$$(1.25) \quad \Phi \frac{\partial S_w}{\partial t} - \mathbf{div}\, \underline{\underline{\mathbf{k}}}\, \{[d_* \nu_w]\,(S_w, S_g, P)\,[\nabla P + \nabla P_w\,(S_w) - \mathbf{g}]\} = 0.$$

On reconnaît une équation **parabolique quasi linéaire dégénérée** pour l'inconnue S_w, présentant un terme de **transport** non linéaire.

2) On considère ensuite l'équation de **conservation de la masse globale** des trois constituants exprimée dans Q par :

$$(1.26) \qquad \Phi \frac{\partial}{\partial t}\,(S_w + \rho_o S_o + \rho_g S_g) + \mathbf{div}\,(\mathbf{Q}_w + \rho_o \mathbf{Q}_o + \rho_g \mathbf{Q}_g) = 0,$$

c'est-à-dire, grâce à (1.9), (1.13), (1.14) et (1.16), par :

$$(1.27) \left\{ \begin{aligned} & \Phi \frac{\partial}{\partial t}\,\big(S_w + \rho_o\,(X_o^h)\,S_o + \rho_g\,(P)\,S_g\big) - \mathbf{div}\,\underline{\underline{\mathbf{k}}}\,\big\{d_*\,(X_o^h, S_w, S_g, P)\,\nabla P\big\} \\[2mm] & \qquad\quad - \mathbf{div}\,\underline{\underline{\mathbf{k}}}\,\{[d_* \nu_w]\,(S_w, S_g, P)\,\nabla P_w\,(S_w)\} \\[2mm] & \qquad\quad - \mathbf{div}\,\underline{\underline{\mathbf{k}}}\,\{[d_* \nu_g]\,(S_w, S_g, P)\,\nabla P_g\,(S_g)\} \\[2mm] & \qquad = \mathbf{div}\,\underline{\underline{\mathbf{k}}}\,\{[d_*\,\rho]\,(X_o^h, S_w, S_g, P)\,\mathbf{g}\} \qquad \text{dans le cylindre } Q\ , \end{aligned} \right.$$

où l'on a introduit la masse volumique barycentrique $\rho = \sum\limits_p \nu_p\, \rho_p$.

La relation (1.27) décrit une équation non linéaire d'évolution changeant de type, **elliptique-parabolique** pour l'inconnue P, selon que la phase gazeuse est présente ou non.

Ce choix particulier s'explique principalement par le double fait que ces deux équations sont indépendantes de l'expression des fractions massiques et qu'elles sont adaptées à la transcription de certaines conditions aux limites imposées par l'utilisateur.

3) Pour l'écriture d'une troisième relation entre S_w, S_g et P, indépendamment de X_o^h, on est amené à introduire formellement :

$$\Omega^+(t) = \{x \in \Omega \ , \ S_g(t, x) > 0\} \ \ ,$$

$$\Omega^0(t) = \{x \in \Omega \ , \ S_g(t, x) = 0\} \ \ ,$$

régions *a priori* inconnues qui correspondent, à l'instant t, au cas de l'huile **saturée** et **sous-saturée**, *i.e.* à la présence effective ou à l'absence de gaz libre.

Dans $\Omega^+(t)$, on traduit l'équation de conservation de masse pour le pseudo-constituant lourd ; cette équation dépend de la fraction molaire du pseudo-constituant lourd dans la phase huile X_o^h **uniquement déterminée par la connaissance de la pression**, puisque la température est supposée constante (loi de Gibbs) .

Cette équation se traduit, d'après (1.8), dans la région $\Omega^+(t) \times \,]0, T[$ par :

$$(1.28) \qquad \Phi \, \frac{\partial}{\partial t} \left[(1 - S_w - S_g) \, \rho_o \, \omega_o^h \right] + \mathbf{div} \left(\rho_o \, \omega_o^h \, \mathbf{Q}_o \right) = 0,$$

où ω_o^h est donné par (1.11) et où X_o^h est donné d'après (1.10) par la relation d'équilibre :

$$X_o^h = C(P) = 1 - \frac{1}{K^l(P)} \quad \text{et} \quad \omega_o^h = \frac{(K^l(P) - 1) M^h}{(K^l(P) - 1) M^h + M^l} \ .$$

En utilisant (1.9), (1.12) et (1.16), il vient dans $\Omega^+(t) \times \,]0, T[$:

$$(1.29) \quad \begin{cases} 0 = \Phi \, \frac{\partial}{\partial t} \left[[\rho_o \, \omega_o^h] \, (C(P)) \, (S_w + S_g - 1) \right] \\[2mm] + \mathbf{div} \, \underline{\underline{\mathbf{k}}} \left\{ [d_* \nu_o] \, (C(P), S_w, S_g, P) \, \omega_o^h \, (C(P)) \, [\nabla P - \rho_o \, (C(P)) \, \mathbf{g}] \right\} . \end{cases}$$

Il s'agit donc d'une équation **hyperbolique non linéaire du premier ordre** pour l'inconnue S_g considérée isolément.

Dans $\Omega^0(t)$, par définition, est imposée la condition :

$$S_g = 0 \ .$$

outre les équations de continuité à l'interface de $\Omega^+(t)$ et $\Omega^0(t)$ pour S_g et ses dérivées partielles premières.

4) Enfin, adaptant une idée de T. Gallouët (E.N.S. Lyon), on établit l'équation que doit vérifier l'inconnue X_o^h en transcrivant l'équation de conservation de masse du pseudo-constituant lourd dans le gisement **tout entier**, *i.e.*, on écrit dans Q l'équation :

$$(1.30) \qquad \Phi \frac{\partial}{\partial t} \left[S_o \rho_o \left(X_o^h \right) \omega_o^h \left(X_o^h \right) \right] + \mathbf{div} \left(\rho_o \left(X_o^h \right) \omega_o^h \left(X_o^h \right) \mathbf{Q}_o \right) = 0,$$

en imposant en outre la contrainte de type **quasi variationnel** :

$$(1.31) \qquad X_o^h \geq C(P) \quad \text{dans } Q \,.$$

Remarquant grâce à (1.11) et (1.16) que la fonction définie sur $[0,1]$:

$$X_o^h \to \left[\rho_o \, \omega_o^h \right] \left(X_o^h \right) = \rho_o \left(X_o^h \right) \omega_o^h \left(X_o^h \right) \,,$$

est strictement croissante, nulle en zéro, on est amené, pour simplifier l'étude, à introduire la fonction auxiliaire inconnue, d'interprétation évidente :

$$(1.32) \qquad C_o^h = S_o \left[\rho_o \, \omega_o^h \right] \left(X_o^h \right) \,.$$

L'inconnue nouvelle C_o^h vérifie, d'après (1.30), l'égalité dans Q :

$$(1.33) \qquad \Phi \frac{\partial C_o^h}{\partial t} - \mathbf{div} \, \underline{\underline{\mathbf{k}}} \left\{ K_{r_o} \left(S_w, S_g, P \right) \frac{C_o^h}{\mu_o} \left[\nabla P - \rho_o \, \mathbf{g} \right] \right\} = 0,$$

où

i) on a négligé (pour simplifier un peu !) la dépendance de μ_o, la viscosité dynamique de la phase huile, en l'inconnue X_o^h et fait de même pour ρ_o dans l'expression du terme de gravité. On suppose en outre que k_{r_o} ne dépend que de S_o et P.

ii) on a défini le prolongement par continuité du quotient $\dfrac{k_{r_o}}{S_o}$ le long de la droite $S_g + S_w = 1$, dans le triangle $\mathcal{T}$, selon la formule :

$$(1.34) \qquad \begin{cases} K_{r_o} \left(S_w, S_g, P \right) = \dfrac{1}{1 - S_w - S_g} \, k_{r_o} \left(S_w, S_g, P \right), \\[2mm] \qquad \text{si} \quad 1 - S_w - S_g \neq 0, \\[4mm] K_{r_o} \left(S_w, S_g, P \right) = -\dfrac{\partial k_{r_o}}{\partial S_p} \left(S_w, S_g, P \right), \quad p \in \{w, g\}, \\[2mm] \qquad \text{si} \quad 1 - S_w - S_g = 0. \end{cases}$$

La définition de K_{r_o} suppose une propriété de régularité de k_{r_o} le long de la droite $S_g + S_w = 1$ qui est satisfaite lors des différents choix de données de perméabilités relatives triphasiques utilisées en pratique ([62], chap. IV, §. II, [67], [70]).

L'équation résultante (1.33) est une **équation hyperbolique du premier ordre linéarisée**, relativement à l'inconnue C_o^h. De plus, C_o^h est assujettie à vérifier la **contrainte d'obstacle**, d'après (1.31) et (1.32),

$$(1.35) \qquad C_o^h \geq S_o \, \left[\rho_o \, \omega_o^h\right] (C(P)) \, , \quad \text{dans} \quad Q \, .$$

Dès lors, la connaissance de C_o^h implique sans ambiguïté la connaissance de X_o^h, selon la formule :

$$(1.36) \qquad X_o^h = \left[\rho_o \, \omega_o^h\right]^{-1} \left(\frac{C_o^h}{S_o}\right) \, ,$$

lorsque S_o est strictement positif, la détermination de X_o^h étant à l'évidence sans objet lorsque S_o est nul (*i.e.*, lorsque la phase huile a disparu !).

On constate donc que la détermination de X_o^h, *via* C_o^h, introduit par ce procédé une **inéquation variationnelle hyperbolique linéaire du premier ordre**. Lorsque les variations de la viscosité dynamique et de la masse volumique de la phase huile en fonction de sa propre composition sont prises en compte, la linéarisation de l'équation de conservation du pseudo-constituant lourd ne se justifie plus; cet aspect de la difficulté a motivé l'étude, par L. Lévi, de **problèmes hyperboliques non linéaires unilatéraux** (*cf.* [129]). Cet auteur énonce une formulation faible entropique contrôlant les discontinuités le long de chaque onde de choc et le long de la frontière libre sur la base des travaux de C. Bardos, A.Y. LeRoux et J.C. Nédelec [28] et fournit des résultats d'existence et d'unicité lorsque l'obstacle est régulier ; il dégage en particulier dans le cas unidirectionnel des conditions affaiblies suffisantes de régularité et de compatibilité au bord à imposer à l'obstacle pour établir, par une méthode de pénalisation, l'existence et l'unicité de la **solution faible entropique** (selon la définition rappelée au chapitre 4 de cet ouvrage) du problème unilatéral associé (*cf.* aussi sur ce point l'étude de J.I. Diaz et L. Véron [77]).

Ainsi, **dans le cadre général, le modèle "Black Oil"** conduit à un système de quatre inconnues principales $\left(S_w, S_g, P, X_o^h\right)$ à rechercher parmi les éventuelles solutions du système constitué des quatre équations ou inéquations variationnelles transcrites (très formellement, hors de tout espace fonctionnel) par les relations condensées suivantes, presque partout dans le cylindre Q, lorsque l'on fait référence aux conditions aux limites (1.17), (1.19), (1.20) et (1.21) :

$1')$ $\displaystyle\int_\Omega \Phi\, \frac{\partial S_w}{\partial t} v\, dx - \int_\Omega \mathbf{Q}_w . \nabla v\, dx + \int_{\Gamma_\bullet} \lambda\, [d_* \nu_w]\; P v\, d\Gamma = 0$,

pour toute fonction v, définie et "suffisamment régulière" dans Q pour donner un sens à ces diverses expressions, et de trace nulle sur Σ_e,

$2')$
$$
\begin{cases}
\displaystyle\int_\Omega \Phi\, \frac{\partial}{\partial t} \left[S_w + \rho_o \left(X_o^h \right) (1 - S_w - S_g) + \rho_g (P) S_g \right] w\, dx \\[3mm]
\displaystyle - \int_\Omega \left(\mathbf{Q}_w + \rho_o \left(X_o^h \right) \mathbf{Q}_o + \rho_g (P) \mathbf{Q}_g \right) . \nabla\, w\, dx \\[3mm]
\displaystyle + \int_{\Gamma_\bullet} \lambda\, d_*\, P\, w\, d\Gamma = \int_{\Gamma_e} f\, w\, d\Gamma \quad ,
\end{cases}
$$

pour toute fonction w définie et "suffisamment" régulière sur Q,

$3')$
$$
\begin{cases}
\displaystyle\int_\Omega \Phi\, \frac{\partial}{\partial t} \left[(S_g + S_w - 1) \left[\rho_o\, \omega_o^h \right] (C(P)) \right] \left(\tilde{v} - S_g \right) dx \\[3mm]
\displaystyle + \int_\Omega \left(\rho_o \omega_o^h \right) (C(P))\, \mathbf{Q}_o . \nabla \left(\tilde{v} - S_g \right) dx \\[3mm]
\displaystyle \geq \int_{\Gamma_\bullet} \lambda\, [d_*\, \nu_o]\, \omega_o^h\, P \left(\tilde{v} - S_g \right) d\Gamma \quad ,
\end{cases}
$$

pour toute fonction $\tilde{v}$ définie, "assez régulière" et non négative dans Q.

$4')$
$$
\begin{cases}
\displaystyle\int_\Omega \Phi\, \frac{\partial}{\partial t} C_o^h \left(C - C_o^h \right)\ dx \\[3mm]
\displaystyle - \int_\Omega \mathbf{div}\; \underline{\underline{\mathbf{k}}}\, (x) \left[\frac{K_{r_o}}{\mu_o}\, C_o^h \left(\nabla P - \rho_o\, \mathbf{g} \right) \right] \left(C - C_o^h \right)\ dx \geq 0,
\end{cases}
$$

pour toute fonction C définie et "assez régulière" sur Q, vérifiant la contrainte d'obstacle minimant (1.35).

A cette inéquation, on doit adjoindre une condition de bord sur la partie de la frontière de "flux entrant". Cela sera précisé au chapitre suivant. En outre, le choix du cadre fonctionnel doit prendre en compte le fait que la trace de S_w sur Σ_e est contrainte à rester égale à 1 , S_g est assujettie à être non négative dans Q et C_o^h à satisfaire l'inégalité d'obstacle (1.35), fluctuant avec P.

1.3.2. Situation particulière des systèmes à variance thermodynamique constante

La situation très complexe qui est décrite au sous-paragraphe précédent se simplifie notablement dans deux cas particuliers qui présentent un intérêt propre en ingénierie pétrolière :

- les déplacements diphasiques incompressibles eau-huile (**modèle Dead Oil**)
- le modèle **Black Oil sous-saturé.**

On se propose de détailler ici les systèmes d'équations aux dérivées partielles qui régissent le phénomène physique à l'intérieur du gisement dans ces deux situations de référence en pratique.

a) Les déplacements eau-huile
(Modèle Dead Oil incompressible)

On suppose pour simplifier que le milieu est incompressible (*i.e.* la porosité Φ ne dépend que de la variable d'espace) et reprenant les notations précédentes, on considère le système constitué de deux phases (notées par l'indice w et o) et de deux constituants non miscibles incompressibles w et h , chaque constituant n'étant présent que dans une seule phase . Ainsi, par rapport au cas général, on se trouve dans la situation d'un système physique à **variance fixe** (égale à 2), avec :

$$(1.37) \qquad S_g = 0 \ , \ X_w^w = 1 \ , \ X_o^h = 1 \ .$$

On obtient donc le système d'équations couplées :

$$(1.38) \qquad \begin{cases} \Phi \, \dfrac{\partial}{\partial t} \left(\rho_w S_w \right) + \mathbf{div} \, \left(\rho_w \mathbf{Q}_w \right) = 0 \ , \\[2mm] \Phi \, \dfrac{\partial}{\partial t} \left(\rho_o \left(1 - S_w \right) \right) + \mathbf{div} \, \left(\rho_o \mathbf{Q}_o \right) = 0 \ , \end{cases}$$

de sorte qu'en tenant compte du fait que les fluides sont considérés comme **homogènes** et **incompressibles**, ce qui implique que les masses volumiques ρ_w et ρ_o sont constantes, il vient, par addition membre à membre, la relation d'incompressibilité globale :

$$\mathbf{div} \, \left(\mathbf{Q}_w + \mathbf{Q}_o \right) = 0 \ ,$$

d'où le système équivalent :

$$(1.39) \quad \begin{cases} \Phi \dfrac{\partial}{\partial t} S_w + \operatorname{div} \mathbf{Q}_w = 0, \\[2mm] \operatorname{div}\,(\mathbf{Q}_w + \mathbf{Q}_o) = 0 \ . \end{cases}$$

La nature des équations composant ce système dépend essentiellement de la prise en compte ou non des effets de la pression capillaire, et dans la mesure où cet exemple joue un rôle central dans la suite de l'exposé, on détaille ce point de vue en explicitant les équations résultant des deux approches.

i) Cas où l'action des forces capillaires est négligée.

Les lois de Darcy (1.9) deviennent plus simplement :

$$(1.40) \qquad \mathbf{Q}_w = - \underline{\underline{\mathbf{k}}}\,(x) \left\{ \frac{k_{r_w}}{\mu_w} \left(\nabla P - \rho_w\,\mathbf{g} \right) \right\} \quad,$$

$$(1.41) \qquad \mathbf{Q}_o = - \underline{\underline{\mathbf{k}}}\,(x) \left\{ \frac{k_{r_o}}{\mu_o} \left(\nabla P - \rho_o\,\mathbf{g} \right) \right\} \quad,$$

de sorte qu'en introduisant, comme au §. 1.2.2., les trois fonctions auxiliaires suivantes, en la variable $S = S_w$:

$$(1.42) \begin{cases} d\,(S) = \dfrac{k_{r_w}}{\mu_w}\,(S) + \dfrac{k_{r_o}}{\mu_o}\,(S), \quad \text{la mobilité volumique globale,} \\[3mm] d_*\,(S) = \rho_w\,\dfrac{k_{r_w}}{\mu_w}\,(S) + \rho_o\,\dfrac{k_{r_o}}{\mu_o}\,(S), \quad \text{la mobilité massique globale,} \\[3mm] \nu\,(S) = \dfrac{k_{r_w}}{\mu_w}\,(S)\,\dfrac{1}{d\,(S)} \ , \quad \text{la fraction volumique de flux de la phase eau,} \end{cases}$$

le système (1.39) s'écrit plus explicitement, en les inconnues S et P:

$$(1.43) \begin{cases} \Phi \dfrac{\partial S}{\partial t} - \operatorname{div} \left\{ \underline{\underline{\mathbf{k}}}\,(x)\,(d\,(S)\,\nu\,(S)\,[\nabla P - \rho_w\,\mathbf{g}]) \right\} = 0\ , \\[3mm] \operatorname{div} \left\{ \underline{\underline{\mathbf{k}}}\,(x)\,(d\,(S)\,\nabla P - d_*\,(S)\,\mathbf{g}) \right\} = 0\ , \quad \text{dans } Q\ . \end{cases}$$

Parce que la mobilité volumique globale d est minorée par une constante strictement positive et que la matrice de diffusivité est, uniformément par rapport à la variable géométrique, symétrique, définie positive, on reconnaît ici le couplage d'une équation d'évolution **hyperbolique du premier ordre non** linéaire (relative à l'inconnue S) et d'une équation **elliptique** pour l'inconnue P considérée isolément.

ii) Cas où la capillarité est non négligeable.

Dans cette situation, les lois de Darcy doivent être corrigées selon la formule :

$$(1.44) \qquad \mathbf{Q}_w = - \underline{\underline{\mathbf{k}}}\,(x)\,\left\{ \frac{k_{r_w}}{\mu_w} \left(\nabla\,(P - P_{c_w}) - \rho_w\,\mathbf{g} \right) \right\} \quad,$$

$$(1.45) \qquad \mathbf{Q}_o = - \underline{\underline{\mathbf{k}}}\,(x)\,\left\{ \frac{k_{r_o}}{\mu_o} \left(\nabla\,(P - P_{c_o}) - \rho_o\,\mathbf{g} \right) \right\} \quad,$$

avec, selon (1.14) et (1.15), la loi macroscopique de Laplace :

$$(1.46) \qquad P_{c_o} - P_{c_w} = P_c\,(S) \quad,$$

P_c étant une fonction croissante de $S = S_w$, nulle lorsque $S = 1$, et **absolument continue** sur $[0,1]$.

En vue de **desserrer en partie le couplage** entre les inconnues S et P décrit par le système (1.39), on introduit une nouvelle inconnue en pression, dite **"pression globale fictive"**, selon un ingénieux procédé dû à G. Chavent en 1975 ([59], [62]) et utilisé en même temps de façon indépendante par S.N. Antontsev et V.N. Monakhov ([16], [17]).

Afin de simplifier les notations, on définit, outre les fonctions annexes introduites au point i) les lois paramètres d'état :

$$(1.47) \quad \begin{cases} a\,(S) = \dfrac{1}{d\,(S)}\,\dfrac{k_{r_w}}{\mu_w}\,(S)\,\dfrac{k_{r_o}}{\mu_o}\,(S)\,\dfrac{dP_c}{dS}\,(S) = \left(d\nu\,(1 - \nu)\,P_c^{'} \right)(S) \\[2ex] b\,(S) = \dfrac{1}{d\,(S)}\,\dfrac{k_{r_w}}{\mu_w}\,(S)\,\dfrac{k_{r_o}}{\mu_o}\,(S) = \left(d\nu\,(1 - \nu) \right)(S) \end{cases}$$

et l'on note, ce qui est loisible puisque la fonction a, produit d'une fonction de $L^\infty\,(0,1)$ par la fonction $P_c^{'}$ de $L^1\,(0,1)$, selon l'absolue continuité de P_c, appartient à $L^1\,(0,1)$,

$$(1.48) \qquad \forall\,S \in [0,1]\,,\;\; \varphi\,(S) = \int_0^S a\,(\tau)\,d\tau\;.$$

Par la même argumentation, il est loisible d'introduire finalement la fonction γ par la relation

$$(1.49) \qquad \gamma(S) = \int_1^S \left(\nu(s) - \frac{1}{2} \right) P_c'(s) \, ds \quad ,$$

et suivant G. Chavent ([62], pp. 96 à 101), il est avantageux de prendre ici pour inconnue nouvelle, dimensionnée à une pression, la **pression fictive** (dite aussi "intermédiaire" ou "réduite") $\bar{P}$, éventuellement **discontinue** dès lors que la saturation réduite S présenterait des discontinuités, selon la formule :

$$(1.50) \qquad \bar{P} = P - \frac{1}{2}(P_{c_w} + P_{c_o}) + \gamma(S) \quad .$$

Il s'ensuit que le système résultant à partir de (1.39), en le couple inconnu $\left(S, \bar{P} \right)$, s'écrit alors, dans le cylindre $Q =]0, T[\times \Omega$:

$$(1.51) \quad \begin{cases} \Phi \dfrac{\partial S}{\partial t} - \mathbf{div}\left(\underline{\underline{\mathbf{k}}}(x) \, \nabla \varphi(S) \right) - \mathbf{div}\left(\underline{\underline{\mathbf{k}}}(x) \, d(S) \, \nu(S) \, \nabla \bar{P} \right) \\ \qquad - \mathbf{div}\left(\underline{\underline{\mathbf{k}}}(x) \, b(S) \, (\rho_w - \rho_o) \, \mathbf{g} \right) = 0 \quad , \\[2mm] \qquad \mathbf{div}\left\{ \underline{\underline{\mathbf{k}}}(x) \left(d(S) \, \nabla \bar{P} - d_*(S) \, \mathbf{g} \right) \right\} = 0 \quad . \end{cases}$$

Il s'agit donc ici du **couplage** entre une **équation** d'évolution **quasi linéaire de diffusion dégénérée** au sens de J.L. Lions ([131], p. 140 *et passim*), en raison du fait caractéristique que, au moins formellement, $\varphi'(0) = \varphi'(1) = 0$, $\varphi'(r) > 0$ pour $r \in]0, 1[$, présentant **un terme non linéaire de transport** et une famille d'équations **elliptiques**, paramétrées par le temps par l'intermédiaire du coefficient de mobilité $d(S(t, .))$.

b) Le modèle Black Oil sous-saturé.

Cette modélisation, intéressante en pratique pétrolière, repose essentiellement sur l'acceptation *a priori* de l'hypothèse d'expérimentation suivante :

les conditions thermodynamiques ambiantes (pression, température) sont telles qu'au cours de l'observation, la phase huile reste sous-saturée dans le gisement et la phase gaz est absente.

Dans ce cas particulier, il y a trois constituants (eau, constituants lourd et léger de l'huile) et deux phases immiscibles (eau, huile). La variance est donc fixe, égale à 3, et puisque l'on considère un modèle non thermique, les **inconnues principales** sont alors :

$$S = S_w \ , \ P = \mathcal{P} - P_{c_o} \ , \ X_o^h \ ,$$

par l'intermédiaire de la fonction univoque C_o^h (*cf.* (1.32)), S_g étant désormais nul *a priori*.

En négligeant ici, dans l'écriture, les effets de la pesanteur, on obtient alors le système des trois équations aux dérivées partielles dans Q suivant (avec les notations du sous-paragraphe 1.3.1.) :

$$\begin{cases} \Phi \dfrac{\partial S}{\partial t} - \mathbf{div} \, \underset{=}{\mathbf{k}} \, (x) \left\{ [d_* \nu_w] \, (S, P) \, [P_w' \, (S) \, \nabla S + \nabla P] \right\} = 0 \ , \\[2em] \Phi \dfrac{\partial}{\partial t} \left(S + \rho_o \left(X_o^h \right) (1 - S) \right) - \mathbf{div} \, \underset{=}{\mathbf{k}} \, (x) \left\{ d_* \left(X_o^h, S, P \right) \nabla P \right\} \\[1.5em] \qquad - \mathbf{div} \, \underset{=}{\mathbf{k}} \, (x) \left\{ [d_* \nu_w] \, (S, P) \, P_w' \, (S) \, \nabla S \right\} = 0 \ , \\[2em] \Phi \dfrac{\partial}{\partial t} \, C_o^h - \mathbf{div} \, \underset{=}{\mathbf{k}} \, (x) \left\{ K_{r_o} \, (S, P) \, \dfrac{C_o^h}{\mu_o} \, \nabla P \right\} = 0 \ , \end{cases}$$

avec les contraintes d'équilibre : $C_o^h = (1 - S) \left[\varphi_o \omega_o^h \right] \left(X_o^h \right)$ et $X_o^h \geq C \left(P \right)$.

Pour l'étude analytique de cette situation, le lecteur pourra se reporter aux travaux de J.B. Betbeder [36].

1.3.3. L'équation de Buckley-Leverett

A titre d'illustration, on indique ci-après quelques exemples explicités de lois d'état régissant l'expression des perméabilités relatives dans le cas d'écoulements diphasiques non miscibles incompressibles, utilisés au séminaire "modèles des gisements" à la S.N.E.A.(P), pour des simulations numériques par G. Ciligot-Travain [67] :

$$k_{r_o} \, (S) = 1 - S \ , \qquad k_{r_w} \, (S) = S \ , \qquad \text{perméabilités "en croix"} \ ,$$

$$k_{r_o} \, (S) = \frac{(1 - S) \, (2 - S)}{2} \ , \quad k_{r_w} \, (S) = \frac{S + S^2}{2} \ ,$$

$$k_{r_o} \, (S) = (1 - S)^3 \ , \qquad k_{r_w} \, (S) = S^3 \ , \qquad \text{perméabilités "creusées"} \ .$$

Ainsi, en supposant ici pour aller à l'essentiel, que les fluides ont le même coefficient de viscosité (dynamique), les fonctions d et ν de mobilité et de fraction de flux sont alors respectivement les suivantes :

$$d(S) = 1 , \qquad \nu(S) = S \quad \text{(cas linéaire)},$$

$$d(S) = S^2 - S + 1 , \qquad \nu(S) = \frac{1}{2} \frac{S^2 + S}{S^2 - S + 1} ,$$

$$d(S) = (1 - S)^3 + S^3 , \qquad \nu(S) = \frac{S^3}{(1 - S)^3 + S^3} .$$

Signalons enfin l'exemple retenu par E. Godlewski et P.A. Raviart ([109], p. 17) pour illustrer l'équation de Buckley-Leverett obtenue à partir du système (1.43) dans le cas particulier des déplacements monodimensionnels horizontaux. Dans cette situation, les effets de la pesanteur n'interviennent pas et il est facile de vérifier que les équations sont alors, en fait, **découplées**.

La seconde équation implique que la quantité

$$-k(x) \, d(S) \, \frac{\partial P}{\partial x}$$

est une constante strictement positive notée q , déterminée par les conditions de bord en amont ; il s'ensuit que la première équation s'écrit sous la forme de Buckley-Leverett :

$$(1.52) \quad \Phi \frac{\partial S}{\partial t} + q \frac{\partial}{\partial x} \nu(S) = 0 \quad \text{dans le rectangle }]0, T[\times]0, L[\ .$$

Le choix de E. Godlewski et P.A. Raviart ([109], *loc. cit.)* est alors le suivant:

$$(1.53) \quad k_{r_o}(S) = (1 - S)^2 , \ k_{r_w}(S) = S^2 \quad \text{et} \quad \nu(S) = \frac{S^2}{(1 - S)^2 + S^2},$$

exemple typique d'une fonction représentative de la fraction de flux croissante et **non convexe** sur $[0, 1]$. La connaissance de S conduit à l'expression du gradient de pression par la formule :

$$\frac{\partial P}{\partial x} = -\frac{q}{k(x) \, d(S)} \ .$$

Se limitant pour l'exemple au choix (1.52)-(1.53), on considère que l'équation de Buckley-Leverett fournit donc une modélisation simplifiée du balayage horizontal d'une éprouvette d'huile par de l'eau ($\Phi = 1$) en négligeant la capillarité. La valeur S_c de la saturation correspondant à l'abscisse du point de contact de la tangente au graphe représentatif de la fonction $q\nu$ issue de l'origine est appelée **saturation de Welge** dans la pratique pétrolière selon C.M. Marle [140], (pp. 72-79).

Lorsque l'on doit considèrer **le problème de Riemann associé** à l'équation (1.52), *i.e.*, lorsque l'état initial S_o de la saturation est donné par une fonction en escalier du type :

$$S_o(x) = \left\{ \begin{array}{ll} 1 & \text{pour } x \in [0, l[\quad , \quad l \in]0, L[\ , \\[2mm] 0 & \text{pour } x \in [l, L] \quad , \end{array} \right.$$

en vue d'en construire explicitement **la solution entropique** (*cf.* chap. 4, §. 4.2.1. pour la définition de cette notion, fondée sur un critère discriminant d'entropie), la saturation de Welge permet, par l'expression :

$$q \, \nu'(S_c)$$

la connaissance de la **vitesse de propagation** de la **discontinuité** précédant **l'onde de raréfaction** (méthode de la tangente de Welge fondée sur la construction de **l'enveloppe concave supérieure** de la fonction $q\nu$ sur l'intervalle $[0, 1]$).

Ces considérations sur la formation des chocs, la vitesse de propagation de la discontinuité et sur la **résolution explicite** du problème de Riemann sont en particulier développées de façon détaillée par E. Godlewski et P.A. Raviart [109], (pp. 87-95), (*cf.* aussi sur ce point, C.-M. Marle [140], (pp. 76-77) et P. Joly [117], (pp. 126-128)).

La maîtrise analytique du problème de Riemann joue un rôle-clé dans le traitement numérique des problèmes de Cauchy associés à l'équation de Buckley-Leverett (*cf.* [109] ou l'ouvrage de Randall J. LeVeque : *Numerical Methods for Conservation Laws*, Lectures in Mathematics, ETH Zürich, Birkhäuser Verlag, 1992).

On mesure sur cet exemple que la **non-linéarité** de l'équation de continuité est essentiellement liée à l'expression des fonctions de perméabilités relatives par l'intermédiaire de la saturation S. Ce modèle d'exploitation rudimentaire du point de vue physique, mais complexe dans la définition rigoureuse d'une solution mathématique physiquement admissible, comme on le verra au chapitre 4, met en lumière la nécessité d'une connaissance fine des fonctions-paramètres k_{r_o}, k_{r_w}, etc... pour atteindre une solution mathématique **réaliste** (*cf.* [140], pp. 87-89, [62], [113], chapitres 9 et 10, [150] ou [67]).

CHAPITRE 2

ETUDE ANALYTIQUE DE MODELES BLACK OIL DES
ECOULEMENTS DIPHASIQUES NON MISCIBLES 3–D
INCOMPRESSIBLES ISOTHERMES

2.1. La méthode de viscosité artificielle

2.1.1. Rappels de lemmes utiles en Analyse non linéaire :
théorèmes de point fixe dans un espace de Hilbert séparable
formule de Green généralisée
dérivation de la superposition fonctionnelle

On rappelle en premier lieu l'énoncé de divers théorèmes de point fixe dont on peut faire usage pour établir un résultat d'existence en analyse fonctionnelle non linéaire, de manière **non constructive**. Inversant l'ordre chronologique, on fait référence d'abord au

Théorème de Kakutani, Ky Fan et Glicksberg (1941, 1952).
Soient

i) K un ensemble convexe, compact non vide d'un espace vectoriel topologique X, localement convexe séparé,
ii) T une application multivoque de $K \to 2^K$, semi-continue supérieurement, et on suppose que, pour tout x de K,
iii) l'ensemble $T(x)$ est non vide, fermé et convexe.

Alors, T a un point fixe.

Dans le cas des **applications**, un aspect particulier de ce résultat avait fait l'objet du

Théorème de point fixe de Tikhonov (1935).

Soit $T : K \subseteq X \to K$ une application continue laissant invariant l'ensemble K non vide, convexe et compact d'un espace vectoriel topologique X localement convexe séparé.

Alors, T admet un point fixe dans K.

Dans le cadre **hilbertien séparable, muni de la topologie faible**, la mise en oeuvre d'une stratégie de point fixe se simplifie notablement lorsqu'il s'agit de vérifier la propriété de continuité de l'application T, puisque dans un espace de Banach E dont le **dual E' est séparable, la boule unité est métrisable** pour la topologie $\sigma(E, E')$ (*cf.*, par exemple, H. Brézis [47], théorème III.25', p. 50).

Cela fait l'objet du

Second théorème de point fixe de Schauder (1927)

Soit X un espace de Banach séparable et réflexif.
On suppose que :

i) K est un ensemble non vide, fermé, borné et convexe de X.
ii) l'application $T : K \to K$ est "faiblement-faiblement" séquentiellement continue, c'est-à-dire que pour toute suite $\{x_n\}$ de K convergeant faiblement vers x, lorsque n tend vers $+\infty$, la suite $\{T(x_n)\}$ converge faiblement vers $T(x)$.

Alors, T admet au moins un point fixe dans K.

Démonstration. L'espace de Banach X, muni de la topologie faible $\sigma(X, X')$ est un **espace vectoriel topologique localement convexe séparé** (*cf.* H. Brézis [47], propositions III.3, III.4). Puisque X' est séparable, l'ensemble borné K est **métrisable** pour la topologie $\sigma(X, X')$, *i.e.* il existe une métrique définie sur K telle que la topologie associée coïncide sur K avec la topologie faible $\sigma(X, X')$, et donc, T y est **faiblement continue**. En outre, K est compact pour la topologie $\sigma(X, X')$ (*cf.* [47], corollaire III.19, p. 46).
La propriété résulte alors du théorème précédent. $\square$

Diverses généralisations et démonstrations de théorèmes de point fixe peuvent être trouvées dans les ouvrages de V.I. Istratescu [114], E. Zeidler [170] et I.I. Vrabie [168].

On indique en second lieu une formule d'intégration qui joue un rôle fondamental dans le traitement des termes non linéaires dans des crochets de dualité du type: $< \frac{\partial u}{\partial t}, \beta(u) >$ et qui est l'outil principal pour obtenir des estimations *a priori* d'énergie ou justifier des passages à la limite. L'idée de cette formule est due à F. Mignot en 1975 (résultat non publié) et elle est en particulier développée en 1977 par A. Bamberger ([25], [26]), puis en 1983, par H.W. Alt et S. Luckhaus ([6], lemme 1.5., p. 315). On en donne ici une formulation plus particulièrement adaptée aux problèmes traités dans cet ouvrage, mais on observera, à la lumière de la démonstration, que la validité de la formule s'étend à des cas plus généraux par des variantes faciles, à partir d'**inégalités de convexité**.

Lemme d'intégration (F. Mignot)

Soient Ω un ouvert borné de $\mathbb{R}^n$ et T un réel strictement positif. On note V un espace de Hilbert, tel que, suivant les identifications usuelles (cf. [47], p. 82 ou [72], t. 3, vol. 8, p. 615, par exemple),

$$V \hookrightarrow L^2(\Omega) \hookrightarrow V',$$

où les injections canoniques sont continues et à image dense.

Soit β une fonction d'une variable réelle, à valeur réelle, supposée **continue** et **croissante**, telle que :

$$\limsup_{|\lambda| \to +\infty} \frac{|\beta(\lambda)|}{|\lambda|} < +\infty \ .$$

Alors, quelle que soit la fonction u de $L^2(Q)$, $Q =]0, T[\times \Omega$, telle que :

$$\frac{\partial u}{\partial t} \in L^2(0, T; V') \ , \quad \beta(u) \in L^2(0, T; V),$$

on dispose de la formule d'intégration :

$$\int_0^T \xi(t) < \frac{\partial u}{\partial t}, \beta(u) > dt = -\int_0^T \xi'(t) \left[\int_\Omega \left(\int_0^{u(t,x)} \beta(r)\, dr \right) dx \right] dt,$$

pour toute fonction $\xi \in \mathcal{C}^1([0,T])$, $\xi(0) = \xi(T) = 0$. $\square$

En particulier, il s'ensuit qu'au sens de $\mathcal{D}'(]0, T[)$ et dans $L^1(0, T)$,

$$< \frac{\partial u}{\partial t}, \beta(u) >_{V',V} = \frac{d}{dt} \int_\Omega \left(\int_0^{u(.,x)} \beta(r)\, dr \right) dx \ .$$

On remarque que pour les choix particuliers des fonctions β telles que :

$$\beta = I_{d_{\mathbb{R}}} \ , \ \beta(r) = r^+, \ \beta(r) = -r^-, \ \beta(r) = \begin{cases} M^m, & r \geq M > 0, \ m \geq 1, \\ |r|^{m-1} r & \text{si } r \in [-M, M], \\ -M^m & \text{si } r \leq -M, \end{cases}$$

on retrouve des formules d'intégration classiques ([131], p. 290, [109], [12]).

Démonstration. Il suffit d'établir la propriété pour toute fonction ξ prise dans $\mathcal{D}^+(]0, T[)$. En effet, prenant ξ comme dans l'énoncé, on peut introduire la réunion dénombrable des intervalles sur lesquels ξ garde un signe constant et s'annule aux extrémités, et donc, il suffit d'établir la formule pour toute fonction non négative de $\mathcal{C}^1\left([0,T]\right)$, nulle en 0 et T ; par un argument de densité, il suffit alors de prouver la formule pour toute fonction non négative de classe $\mathcal{C}^1$ **à support compact** ou pour toute fonction de $\mathcal{D}^+\left(]0,T[\right)$.

Soit donc $\xi \in \mathcal{D}^+\left(]0,T[\right)$. Puisque β est croissante, on dispose des **inégalités de convexité**

$$\forall\left(\lambda_1,\lambda_2\right) \in \mathbb{R}^2,\ \left(\lambda_2-\lambda_1\right)\beta\left(\lambda_1\right) \leq \int_{\lambda_1}^{\lambda_2}\beta\left(r\right)dr \leq \left(\lambda_2-\lambda_1\right)\beta\left(\lambda_2\right).$$

On introduit, pour $\varepsilon > 0$ pris suffisamment petit,

$$X_\varepsilon = \int_0^{T-\varepsilon} < \frac{u\left(t+\varepsilon\right)-u\left(t\right)}{\varepsilon}, \beta\left(u\left(t\right)\right) > \xi\left(t\right)\ dt$$

$$= \frac{1}{\varepsilon}\int_0^{T-\varepsilon}\int_\Omega \left[u\left(t+\varepsilon\right)-u\left(t\right)\right]\beta\left(u\left(t\right)\right)\xi\left(t\right)\ dxdt,$$

par suite de l'identification de $L^2\left(\Omega\right)$ à son dual, plongé dans V'.

En posant alors, pour presque tout t de $]0,T[$,

$$z\left(t\right) = \int_\Omega \left(\int_0^{u(t,x)}\beta\left(r\right)\ dr\right)dx\ ,$$

on observe que z appartient à $L^1\left(0,T\right)$ grâce au comportement connu de β en l'infini, et à l'aide de la première inégalité de convexité, il vient

$$X_\varepsilon \leq \frac{1}{\varepsilon}\int_0^{T-\varepsilon}\left(z\left(t+\varepsilon\right)-z\left(t\right)\right)\xi\left(t\right)\ dt\ .$$

En faisant un changement de variable par translation dans le membre de droite de l'inégalité, on obtient pour ε suffisamment petit , par le fait que ξ est **à support compact**,

$$X_\varepsilon \leq \int_\varepsilon^T z\left(t\right)\frac{\xi\left(t-\varepsilon\right)-\xi\left(t\right)}{\varepsilon}\ dt\ .$$

Par passage à la limite, d'après le théorème de convergence dominée, lorsque $\varepsilon \rightarrow 0^+$, on a

$$\lim_{\varepsilon \rightarrow 0^+} X_\varepsilon = \int_0^T < \frac{\partial u}{\partial t}, \beta\left(u\right) > \xi\left(t\right)dt \leq -\int_0^T z\left(t\right)\xi'\left(t\right)dt.$$

Par ailleurs, en posant :

$$Y_\epsilon = \int_\epsilon^T < \frac{u(t) - u(t-\epsilon)}{\epsilon}, \beta(u(t)) > \xi(t) \, dt \ ,$$

il vient, par la seconde inégalité de convexité,

$$Y_\epsilon \geq \frac{1}{\epsilon} \int_\epsilon^T [z(t) - z(t-\epsilon)] \, \xi(t) \, dt \ ,$$

puis, par la même démarche que précédemment,

$$\int_0^T < \frac{\partial u}{\partial t}, \beta(u) > \xi(t) \, dt \geq - \int_0^T z(t) \, \xi'(t) \, dt \ ,$$

d'où résulte finalement l'égalité recherchée. □

On indique ensuite certains résultats de trace et d'intégration généralisant les formules de Green dans les espaces de Sobolev pour des **ouverts de $\mathbb{R}^n$ peu réguliers**. On renvoie à l'ouvrage de L.C. Evans et de R.F. Gariepy [85] pour une étude détaillée, résumée ici dans la

Proposition 2.1. Soit Ω un ouvert **borné** de $\mathbb{R}^n$, de frontière Γ supposée **lipschitzienne**. On note $\mathcal{L}^n$ et $\mathcal{H}^{n-1}$ respectivement la mesure de Lebesgue de $\mathbb{R}^n$ et la mesure $(n-1)$-dimensionnelle de Hausdorff sur $\mathbb{R}^n$ (*cf.* §. 3.5.3. pour le rappel des définitions).
Alors,

i) d'après le **théorème de Rademacher**, le vecteur normal **n unitaire** extérieur à Ω existe $\mathcal{H}^{n-1}$—presque partout le long de Γ.

ii) pour tout $p \in [1, +\infty[$ et tout f de $W^{1,p}(\Omega)$, il existe une suite $\{f_k\}$ d'éléments de $\mathcal{C}^\infty(\overline{\Omega})$ convergeant vers f dans $W^{1,p}(\Omega)$.

iii) pour tout $p \in [1, +\infty[$, il existe un opérateur linéaire et continu (dit **opérateur de trace**) tel que :

$$T : W^{1,p}(\Omega) \to L^p(\Gamma; \mathcal{H}^{n-1}) \ ,$$

$Tf = f$ sur Γ, pour toute fonction f de $W^{1,p}(\Omega) \cap \mathcal{C}^0(\overline{\Omega})$.

iv) en outre, pour tout f de $W^{1,p}(\Omega)$ et toute fonction vectorielle Φ de $\mathcal{C}^1(\mathbb{R}^n; \mathbb{R}^n)$, on dispose de la **formule de Gauss-Green** :

$$\int_\Omega f \, div\Phi \, d\mathcal{L}^n = \int_\Gamma (\Phi.\mathbf{n}) \, Tf \, d\mathcal{H}^{n-1} - \int_\Omega \nabla f.\Phi \, d\mathcal{L}^n \ .$$

On achève ce sous-paragraphe par un rappel de règles de dérivation d'un produit et d'une superposition fonctionnelle, en énonçant le lemme de M. Marcus et V.J. Mizel ([138], [139]) qui généralise le résultat classique de G. Stampacchia dans les espaces de Sobolev [160].

Proposition 2.2. Soient Ω un ouvert de $\mathbb{R}^n$ et $p \in [1, +\infty]$.

i) Si $u, v \in W^{1,p}(\Omega) \cap L^\infty(\Omega)$, alors, le produit

$$uv \in W^{1,p}(\Omega) \cap L^\infty(\Omega) \quad \text{(qui est donc une \textbf{algèbre})}$$

et

$$\frac{\partial(uv)}{\partial x_i} = u \frac{\partial v}{\partial x_i} + v \frac{\partial u}{\partial x_i}, \ \mathcal{L}^n\text{--p.p. dans } \Omega, \ (i = 1, ..., n),$$

la dérivation étant prise au sens de $\mathcal{D}'(\Omega)$.

ii) Soient f une fonction réelle, uniformément lipschitzienne sur $\mathbb{R}$ et

$$u \in W^{1,p}(\Omega), p \in [1, +\infty[, \Omega \text{ étant \textbf{borné.}}$$

On sait que f est dérivable **au sens classique** $\mathcal{L}^1$–presque partout, d'après le théorème de **Rademacher** ([85], [152]) ; soit f' la dérivée au sens classique, définie $\mathcal{L}^1$–p.p. .

On peut choisir dans la classe (au sens $\mathcal{L}^1$–p.p.) de f' un **représentant borélien borné**, noté f'^* (ceci peut être fait d'une infinité de façons, en prenant toute combinaison linéaire convexe des $\mathcal{L}^1$– **limites approximatives** supérieure et inférieure de f' ([85], p. 47 et pp. 209-210 ou [91]), notions définies dans cet ouvrage au §. 3.5.1. .

Dès lors, suivant M. Marcus et V.J. Mizel ([138], [139]),

$$f \circ u \in W^{1,p}(\Omega)$$

et l'on dispose de **la règle de dérivation** à la chaîne suivante, au sens des distributions,

$$\frac{\partial}{\partial x_i}(f \circ u) = f'^*(u) \frac{\partial u}{\partial x_i}, \ \mathcal{L}^n - \text{p.p. dans } \Omega, \ (i = 1, ..., n),$$

l'application (non linéaire) $u \to f \circ u$ étant **continue** de $W^{1,p}(\Omega)$ dans lui-même.

Dans le cas où Ω n'est pas borné, il est nécessaire de supposer en outre que $f(0) = 0$ pour que le résultat reste valable. On notera que **la formule de dérivation est indépendante du représentant borélien borné** f'^* choisi, par le fait que, pour tout ensemble $\mathcal{N}$, $\mathcal{L}^1$– négligeable ([72], tome 1, vol. 2, p. 532, remarque 9),

$$\frac{\partial u}{\partial x_i} = 0, \ \mathcal{L}^n - \text{p.p. sur } u^{-1}(\mathcal{N}), \ (i = 1, ..., n),$$

ce qui légitime la formule. En effet, deux représentants boréliens **bornés** de f', notés f'^* et f'^{**} diffèrent sur un ensemble $\mathcal{Z} \subseteq \mathbb{R}$, borélien $\mathcal{L}^1$–négligeable et sur l'ensemble $\mathcal{L}^n$–mesurable $u^{-1}(\mathcal{Z})$, les deux expressions :

$$(f'^* \circ u)\, \frac{\partial u}{\partial x_i} \quad \text{et} \quad (f'^{**} \circ u)\, \frac{\partial u}{\partial x_i}$$

sont $\mathcal{L}^n$–presque partout nulles.

Des résultats plus généraux concernant une règle élargie de la dérivation à la chaîne au sens des distributions peuvent être trouvés dans l'étude de L. Ambrosio et G. Dal Maso [10] ou au chapitre 4, p. 134.

2.1.2. Existence d'une solution au système régularisé

Suivant G. Chavent ([59], [62]), on définit en tout point x de Ω, $u(t,x)$ la **saturation réduite** de la **phase huile** à l'instant t, la saturation initiale étant connue, et $p(t,x)$ la pression "**globale fictive**", selon le paragraphe 1.3.2. (*cf.* (1.50)), qui constituent les fonctions-inconnues du problème "**Dead Oil non thermique avec effet de capillarité et de puits**", relatif aux déplacements forcés d'huile par des injections d'eau sous les conditions de bord (1.17), (1.20), (1.21) et (1.22). On supposera que Ω est un ouvert de $\mathbb{R}^3$, puis plus généralement de $\mathbb{R}^n$, connexe et borné, à frontière lipschitzienne.

On remarquera que, pour des raisons d'opportunisme mathématique, les fonctions inconnues retenues sont (S_o, P) au lieu de (S_w, P) comme au §. 1.3.2..

On introduit trois fonctions numériques φ, ψ, d dont les propriétés fonctionnelles essentielles sont les suivantes :

$$(2.1) \begin{cases} \varphi \text{ est une fonction de classe } \mathcal{C}^1 \text{ sur } [0,1], \text{ nulle à l'origine,} \\ \qquad \text{strictement croissante, avec } \varphi'(0) = 0, \\ \qquad \varphi' \text{ pouvant admettre d'autres zéros sur }]0,1]. \\[2mm] \psi \text{ est une fonction continue sur } [0,1], \text{ telle que :} \\[2mm] \psi(0) = -1 \leq \psi(r) \leq \psi(1) = 1 \text{ pour tout } r \text{ de } [0,1], \\[2mm] d \text{ est une fonction continue sur } [0,1], \text{ strictement positive.} \end{cases}$$

En pratique, pour les modèles particuliers de G. Chavent [62] ou de S.N. Antontsev [15], [16], [17] et coauteurs, on a, plus précisément,

$$\varphi'(0) = \varphi'(1) = 0 \,, \quad \varphi'(r) > 0 \text{ pour tout } r \text{ de }]0,1[,$$

c'est-à-dire que φ' s'annule lorsque la saturation réduite est **maximale** ou **minimale**. Cette occurrence implique mathématiquement que l'équation de diffusion-transport intervenant dans la description est **dégénérée** au sens de J.L.Lions ([131], p. 140) lorsque l'**inconnue est extrémale** et entraîne des difficultés surmontées dans ce paragraphe, par un artifice classique de viscosité.

L'expression des fonctions d'état est alors la suivante :

$$d\left(u\right) = \left(\frac{k_{r_w}}{\mu_w}\left(u\right) + \frac{k_{r_o}}{\mu_o}\left(u\right)\right), \ \psi\left(u\right) = \frac{1}{d\left(u\right)}\left(\frac{k_{r_w}}{\mu_w}\left(u\right) - \frac{k_{r_o}}{\mu_o}\left(u\right)\right),$$

$$\varphi'\left(u\right) = \frac{1}{d\left(u\right)}\frac{k_{r_w}}{\mu_w}\left(u\right) \ \frac{k_{r_o}}{\mu_o}\left(u\right) \ P_c'\left(u\right), \text{ pour tout } u \in [0,1],$$

où $\dfrac{k_{r_i}}{\mu_i}$ représente le quotient de la perméablité relative de la phase i par la viscosité dynamique du fluide i, $i \in \{o, w\}$ et P_c est la fonction de pression capillaire introduite en (1.46).

Cependant, par souci de généralité, on se référera dans ce qui suit à un triplet générique $(\varphi, \ \psi, \ d)$ **admissible sous la seule hypothèse** (2.1).

Il est techniquement nécessaire pour ce qui suit de prolonger ces fonctions, hors de leur domaine naturel de définition, en des fonctions $\widetilde{\varphi}$ de classe $\mathcal{C}^1$ et uniformément lipschitzienne sur $\mathbb{R}$ et $\widetilde{\psi}$, $\widetilde{d}$, **continues, bornées** sur $\mathbb{R}$, selon le procédé suivant :

$$(2.1')\quad \begin{cases} \widetilde{\varphi}\left(r\right) = \displaystyle\int_0^r \widetilde{(\varphi')}\left(s\right) \, ds \quad \text{pour tout réel } r, \\[2mm] \qquad\qquad\qquad \text{avec :} \\[2mm] \widetilde{(\varphi')}\left(r\right) = 0 \quad \text{si } r \leq 0 \ , \ \widetilde{(\varphi')}\left(r\right) = \varphi'\left(1\right), \text{ si } r \geq 1, \\[2mm] \widetilde{\psi}\left(r\right) = -1 \quad \text{si } r \leq 0 \ , \ \widetilde{\psi}\left(r\right) = 1 \ \text{si } r \geq 1, \\[2mm] \widetilde{d}\left(r\right) = d\left(0\right) \quad \text{si } r \leq 0 \ , \ \widetilde{d}\left(r\right) = d\left(1\right) \ \text{si } r \geq 1. \end{cases}$$

Il est bien connu que la **méthode de viscosité artificielle** est un procédé de régularisation d'une équation singulière ou dégénérée par l'ajout d'un **terme de diffusion linéaire**, contrôlé par un paramètre scalaire multiplicatif. A cette fin, fixant k un entier naturel non nul, on pose

$$(2.2)\qquad \widetilde{\varphi_k} = \widetilde{\varphi} + \frac{1}{k} \, I_{d_{\mathbb{R}}} \ , \ \varphi_k = \varphi + \frac{1}{k} \, I_{d_{[0,1]}} \ .$$

Dans le cadre de la description du gisement donné au paragraphe 1.2.1. et considérant plus généralement les problèmes mathématiques posés dans $\mathbb{R}^n$, n entier naturel non nul, on introduit l'espace de Hilbert V,

$$V = \left\{ v \in H^1(\Omega) \ , \ v = 0 \ \text{sur} \ \Gamma_e \right\} \ ,$$

$$\textit{i.e.,} \ \text{selon la proposition 2.1.,}$$

$$V = \left\{ v \in L^2(\Omega), \ \frac{\partial v}{\partial x_i} \in L^2(\Omega), \ (i = 1, ..., n), \ \text{tr}(v) = 0 \ \text{sur} \ \Gamma_e \right\},$$

muni du produit scalaire, grâce à l'inégalité de Poincaré ($\textit{cf.}$ [72], IV, 7.1, 7.2),

$$((u, v)) = \sum_{i=1}^{n} \int_{\Omega} \frac{\partial u}{\partial x_i} \frac{\partial v}{\partial x_i} \ dx = \int_{\Omega} \nabla u . \nabla v \, dx,$$

la dérivation étant prise au sens des distributions.

Identifiant $H = L^2(\Omega)$ à son dual, on peut identifier V', le dual de V, à un sur-espace de H, avec $V \hookrightarrow H \hookrightarrow V'$, l'injection de V dans H étant continue, à image dense.

On considère :

$$K = \left\{ v \in V \ , \ v \geq 0 \ \text{sur} \ \Gamma_s \right\}, \text{cône convexe fermé de } V, \text{ de sommet l'origine,}$$

$$\mathcal{K} = \left\{ v \in L^2(0, T; V), \ v(t) \in K \ \text{presque partout en } t \right\} \ , \ Q = \,]0, T[\times \Omega,$$

$$W(0, T) = \left\{ v \in L^2(0, T; V), \ \frac{\partial v}{\partial t} \in L^2(0, T; V') \right\},$$

espace de Hilbert muni de la norme euclidienne d'espace-produit, la dérivation étant prise au sens de $\mathcal{D}'(]0, T[; V)$.

On note $\|.\|$ (resp. $|.|$) la norme dans V (resp. dans H), $(\,,\,)$ le produit scalaire dans H et $<\,,\,>$ la dualité V', V, les expressions $< F, v >$ et (F, v) coïncidant dès que $F \in H$ et $v \in V$ ($\textit{cf.}$ [47], pp. 81-82).

Dans cette partie de l'étude, pour simplifier l'écriture et **mettre en relief l'argumentation**, on prend les coefficients de perméabilité absolue k_{ij}, définis en (1.6), égaux à δ_{ij}, ce qui, au regard des méthodes utilisées, ne constitue pas une restriction, dès lors que les hypothèses générales (1.6) sont vérifiées, et on ne tient pas compte des effets de la pesanteur.

En outre, la porosité est supposée constante et normalisée à la valeur 1 par **homothétie** sur l'échelle du temps, ce qui n'est pas restrictif ici dès que

$$\Phi \in W^{1, +\infty}(\Omega).$$

Dans le cas où cette hypothèse est irréaliste (milieu poreux **à plusieurs types de roches**, par exemple), des extensions peuvent être trouvées dans les travaux de B. Amaziane, A. Bourgeat et H. El Amri ([8], [9]). De plus, on peut considérer le cas général où les coefficients de la matrice de diffusivité dépendent de l'état instantané du système physique, en introduisant n^2 fonctions de Carathéodory: $(x,u) \rightarrow k_{ij}(x,u)$ définies de $\Omega \times [0,1]$ à valeur réelle (*cf.* les travaux de M. Artola [21], [22], M. Artola et L. Tartar [23], A. Plouvier [149], L. Boccardo et coauteurs [40] ou A.I. Vol'pert et S.I. Hudjaev [167]).

On établit alors, dans ce cadre, un résultat d'existence d'une solution du problème "Dead Oil isotherme", approché par viscosité artificielle dans le cas d'une paroi d'épaisseur finie, au sens suivant :

Proposition 2.3. Sous les hypothèses générales précédentes (1.4), (1.18), (2.1), (2.2) et étant donnée u_o , fonction $\mathcal{L}^n$−mesurable, vérifiant

$$0 \leq u_o \leq 1 \, , \ \mathcal{L}^n - \text{p.p. dans } \Omega \, ,$$

il existe au moins un couple (u,p) solution du problème $(\mathcal{P}_k)$:

$$(2.3) \begin{cases} u \in W(0,T) \cap \mathcal{K} \, , \ 0 \leq u \leq 1 \, , \ \mathcal{L}^{n+1} - \text{p.p. dans } Q \, , \\[2mm] p \in L^\infty\left(0,T; H^1(\Omega)\right) \, , \ p \geq 0 \, , \ \mathcal{L}^{n+1} - \text{p.p. dans } Q, \\[2mm] u(0,.) = u_o \, , \ \mathcal{L}^n - \text{p.p. dans } \Omega \, , \end{cases}$$

et satisfaisant au système non linéaire couplé, presque partout sur $]0,T[$,

$$(2.4) \begin{cases} < \dfrac{\partial u}{\partial t}, v - u > + ((\varphi_k(u) \, , \ v - u)) \\[3mm] + \dfrac{1}{2} \displaystyle\int_\Omega (\psi(u) - 1) \, d(u) \, \nabla p . \nabla (v - u) \, dx \geq 0 \, , \\[2mm] \qquad\qquad \text{pour tout } v \in K \, , \\[3mm] \displaystyle\int_\Omega d(u) \, \nabla p . \nabla w \, dx + \int_{\Gamma_*} \lambda \, p \, w \, d\Gamma = \int_{\Gamma_e} f \, w \, d\Gamma \, , \\[2mm] \qquad\qquad \text{pour tout } w \in H^1(\Omega) \, . \end{cases}$$

Remarque 2.1. Lorsque la fonction φ est remplacée par la fonction φ_k , on vérifie qu'une telle solution (u,p) du problème $(\mathcal{P}_k)$ traduit le problème posé par (1.20), (1.21), (1.22) et le système d'équations de continuité (1.39), car (2.4) s'interprète par le système d'équations aux dérivées partielles :

$$\begin{cases} \text{div} \, (d(u) \, \nabla p) = 0 \ \text{ au sens de } \mathcal{D}'(\Omega), \ \text{p.p. sur }]0,T[\, , \\[3mm] \dfrac{\partial u}{\partial t} - \Delta \varphi_k(u) - \dfrac{1}{2} \, \text{div} \, (d(u) \, \psi(u) \, \nabla p) = 0 \ \text{ au sens de } \mathcal{D}'(Q), \end{cases}$$

joint aux six conditions de bord, (formellement sans autres résultats de régularité), si on note

$$\frac{\partial}{\partial n}\cdot = \sum_{i=1}^{n} \frac{\partial}{\partial x_i}\cdot \cos\left(\mathbf{n}, 0x_i\right) \ ,$$

$$u = 0, \quad d\left(u\right)\frac{\partial p}{\partial n} = f \quad \text{sur } \Sigma_e \ ; \quad \frac{\partial p}{\partial n} = 0, \quad \frac{\partial}{\partial n}\varphi_k\left(u\right) = 0 \quad \text{sur } \Sigma_l \ ,$$

$$-d(u)\frac{\partial p}{\partial n} = \lambda\, p \quad \text{sur } \Sigma_s \ ,$$

ce qui montre *a posteriori* que Σ_s est effectivement une frontière de flux sortant, au sens large, puisque p est non-négatif sur Σ_s d'après (2.3). Sur cette zone productive est imposée la **contrainte unilatérale** exprimée par :

$$u \geq 0\ , \qquad \frac{\partial}{\partial n}\varphi_k\left(u\right) - \frac{1}{2}\, d\left(u\right)\left(1 - \psi\left(u\right)\right)\frac{\partial p}{\partial n} \geq 0\ ,$$

$$u\left[\frac{\partial}{\partial n}\varphi_k\left(u\right) - \frac{1}{2}d\left(u\right)\left(1 - \psi\left(u\right)\right)\frac{\partial p}{\partial n}\right] = 0 \quad \text{sur } \Sigma_s.$$

La démonstration est fondée sur le lemme suivant :

Lemme 2.1. Sous les hypothèses de la proposition 2.3. et quel que soit ε strictement positif, il existe au moins un couple $(u_\varepsilon, p_\varepsilon)$ vérifiant

$$u_\varepsilon \in W\left(0,T\right) \ , \quad p_\varepsilon \in L^2\left(0,T;H^1\left(\Omega\right)\right) \ ,$$

$$u_\varepsilon\left(0,.\right) = u_o \ , \quad \mathcal{L}^n - \text{p.p. dans } \Omega \ , \quad p_\varepsilon \geq 0 \ , \quad \mathcal{L}^{n+1} - \text{p.p. dans } Q,$$

solution du système **pénalisé** et couplé, presque partout sur $]0,T[$,

$$(2.5)\ \left\{ \begin{array}{l} < \dfrac{\partial u_\varepsilon}{\partial t}, v > + \left(\left(\widetilde{\varphi_k}\left(u_\varepsilon\right), v\right)\right) - \dfrac{1}{\varepsilon}\displaystyle\int_{\Gamma_s} u_\varepsilon^- \ v \ d\Gamma \\[4mm] + \dfrac{1}{2}\displaystyle\int_\Omega \left(\widetilde{\psi}\left(u_\varepsilon\right) - 1\right)\widetilde{d}\left(u_\varepsilon\right)\nabla p_\varepsilon . \nabla v \ dx = 0, \quad \text{pour tout } v \in V, \end{array} \right.$$

$$(2.6)\ \left\{ \begin{array}{l} \displaystyle\int_\Omega \widetilde{d}\left(u_\varepsilon\right)\nabla p_\varepsilon . \nabla w \ dx + \int_{\Gamma_s}\lambda\, p_\varepsilon \ w \ d\Gamma = \int_{\Gamma_e} f \ w \ d\Gamma, \\[4mm] \qquad\qquad \text{pour tout } w \in H^1\left(\Omega\right) \ . \end{array} \right.$$

Remarque 2.2. Lorsque ε et λ (supposé alors constant) sont considérés comme des paramètres tendant respectivement vers 0^+ et $+\infty$, le système (2.5.),

(2.6) apparaît comme un **système doublement pénalisé**, l'un des opérateurs de pénalisation étant relatif au convexe K, l'autre affectant le sous-espace vectoriel Z fermé dans $H^1(\Omega)$, défini par

$$Z = \left\{ w \in H^1(\Omega) \ , \ \text{trace } w = 0 \ \text{ sur } \Gamma_s \right\} \ ;$$

cette remarque constitue le fondement de l'étude du problème dans le cas d'une frontière de récupération d'**épaisseur négligeable** ([93], chap. II, p. 14-18 ou [82], p. 16, remarque 2.4.).

Démonstration du lemme 2.1. L'argumentation, fondée sur une méthode de point fixe de Schauder, reprend dans un cadre plus général les idées développées par G. Chavent dans [59], [62].

A toute fonction g de $W(0,T)$, on associe le **problème pénalisé** suivant : trouver le couple $(\hat{u}, \hat{p})$ tel que, presque partout sur $]0, T[$,

$$(2.7) \quad \begin{cases} \displaystyle < \frac{\partial \hat{u}}{\partial t}, v > + \int_\Omega \tilde{\varphi_k}'(g) \, \nabla \hat{u}.\nabla v \, dx - \frac{1}{\varepsilon} \int_{\Gamma_s} \hat{u}^- v \, d\Gamma \\[3mm] \displaystyle + \frac{1}{2} \int_\Omega \left(\tilde{\psi}(g) - 1 \right) \tilde{d}(g) \nabla \hat{p}.\nabla v \, dx = 0, \ \text{pour tout } v \in V, \\[3mm] \displaystyle \int_\Omega \tilde{d}(g) \nabla \hat{p}.\nabla w \, dx + \int_{\Gamma_e} \lambda \, \hat{p} \, w \, d\Gamma = \int_{\Gamma_e} f w \, d\Gamma, \\[3mm] \qquad\qquad \text{pour tout } w \text{ de } H^1(\Omega), \\[3mm] u(0) = u_o \ , \ \mathcal{L}^n - \text{p.p. sur } \Omega, \ \text{où } \varepsilon \text{ est fixé, strictement positif.} \end{cases}$$

D'après les résultats généraux relatifs aux problèmes elliptiques et paraboliques d'évolution ([131], chapitre 3, notamment), le problème (2.7), **ici découplé,** admet une solution unique telle que $\hat{u} \in W(0,T)$ et $\hat{p} \in L^2\left(0, T; H^1(\Omega)\right)$; on remarquera à cet effet que grâce à (2.1) et (2.1'), l'expression

$$\pi_g(t, v, v) = \left(\int_\Omega \tilde{d}(g) \nabla v.\nabla v \, dx + \int_{\Gamma_s} \lambda \, v^2 \, d\Gamma \right)^{\frac{1}{2}},$$

g étant fixé dans $W(0,T)$, $\tilde{d}(g)$ étant $\mathcal{L}^{n+1}$-mesurable sur Q, essentiellement borné et minoré par une constante strictement positive, définit sur $H^1(\Omega)$, pour presque tout t de $]0, T[$, une norme équivalente à la norme usuelle (en notant que les deux constantes d'équivalence sont indépendantes de t) en raison de la **connexité de Ω** et du fait que l'ensemble $\{x \in \Gamma_s \, , \lambda(x) > 0\}$ est de $d\Gamma$-mesure strictement positive. Une démonstration de ce type de propriété peut être trouvée dans [82] (p. 67), où l'on utilise un résultat de J. Deny et J.L. Lions et le théorème du graphe fermé : il suffit de prouver que $H^1(\Omega)$, muni de la forme quadratique $\pi_g(t,.,.)$, est **complet.**

Grâce à (2.1) et (2.1'), on vérifie que pour le choix de $w = \hat{p}$ et $v = \hat{u}$ dans (2.7), on obtient successivement les estimations

$$(2.8) \qquad \| \hat{p} \|_{L^2(0,T;H^1(\Omega))} \leq C_1 \ , \ \| \hat{u} \|_{L^2(0,T;V)} \leq C_2 \ , \ \left\| \frac{\partial \hat{u}}{\partial t} \right\|_{L^2(0,T;V')} \leq C_3 \ ,$$

où C_1, C_2, et C_3 sont des constantes **indépendantes** de g.

Soit $\mathcal{P}$ l'application de $W(0,T)$ dans $L^2(0,T;H^1(\Omega))$ qui à g fait correspondre $\hat{p}$; pour la commodité de l'exposé, on réécrit la première équation de (2.7) sous la forme concise, presque partout sur $]0,T[$,

$$(2.9) \quad \begin{cases} < \dfrac{\partial \hat{u}}{\partial t}, v > + \displaystyle\int_\Omega \tilde{\varphi}'_k(g) \nabla \hat{u}.\nabla v \, dx - \dfrac{1}{\varepsilon} \int_{\Gamma_*} \hat{u}^- v \, d\Gamma \\[4mm] + \dfrac{1}{2} \displaystyle\int_\Omega \left(\tilde{\psi}(g) - 1 \right) \tilde{d}(g) \nabla \mathcal{P}(g).\nabla v \, dx = 0, \quad \text{pour tout } v \text{ de } V. \end{cases}$$

Soit $\mathcal{U}$ l'**application** de $W(0,T)$ dans lui-même qui à g fait correspondre $\hat{u}$.

Dès lors, notant

$$W_o = \left\{ \begin{array}{c} v \in W(0,T) \ ; \quad \| v \|_{L^2(0,T;V)} \leq C_2, \\[3mm] \left\| \dfrac{\partial v}{\partial t} \right\|_{L^2(0,T;V')} \leq C_3 \ , \ v(0) = u_o \ , \ \mathcal{L}^n - \text{p.p. dans } \Omega, \end{array} \right\},$$

on observe que $\mathcal{U}$ applique W_o dans lui-même et que W_o est un ensemble convexe non vide, faiblement compact de W. Le résultat énoncé dans le lemme découle immédiatement du second théorème de point fixe de Schauder si l'on démontre que $\mathcal{U}$ est **faiblement séquentiellement continue** de $W(0,T)$ dans lui-même, selon les rappels énoncés à la page 30.

Soit donc g_j une suite convergeant faiblement dans $W(0,T)$ et $\hat{u}_j$, $\hat{p}_j$ la suite des solutions correspondantes, $\hat{u}_j = \mathcal{U}(g_j)$, $\hat{p}_j = \mathcal{P}(g_j)$.

D'après (2.8), on peut extraire une sous-suite notée g_j, telle que :

$$
(2.10)
\begin{cases}
g_j \rightharpoonup g \text{ dans } L^2(0,T;V) \text{ faible,} \\[2mm]
\dfrac{\partial}{\partial t} g_j \rightharpoonup \dfrac{\partial g}{\partial t} \text{ dans } L^2(0,T;V') \text{ faible,} \\[2mm]
\hat{u}_j \rightharpoonup \hat{u} \text{ dans } L^2(0,T;V) \text{ faible,} \\[2mm]
\dfrac{\partial}{\partial t} \hat{u}_j \rightharpoonup \dfrac{\partial \hat{u}}{\partial t} \text{ dans } L^2(0,T;V') \text{ faible,} \\[2mm]
\hat{p}_j \rightharpoonup \hat{p} \text{ dans } L^2(0,T;H^1(\Omega)) \text{ faible,} \\[2mm]
\text{et donc, selon le théorème III.9 de } [47], \\[1mm]
T\,\hat{p}_j \rightharpoonup T\,\hat{p} \text{ dans } L^2(\Sigma_s) \text{ faible, d'après la proposition 2.1.}
\end{cases}
$$

Puisque les injections de V dans $H^{\frac{3}{4}}(\Omega)$ (par exemple... ; tout choix d'espace $H^s(\Omega)$ avec $\frac{1}{2} < s < 1$ conviendrait !) et dans H sont compactes, on peut supposer, après nouvelles extractions, selon le résultat de J.A. Dubinskii (*cf.* J.L. Lions [131], pp. 141-142), que :

$$
(2.11)
\begin{cases}
g_j \rightarrow g \text{ dans } L^2(Q) \text{ fort et } \mathcal{L}^{n+1} - \text{p.p. dans } Q, \\[2mm]
\hat{u}_j \rightarrow \hat{u} \text{ dans } L^2\left(0,T;H^{\frac{3}{4}}(\Omega)\right) \text{ fort,}
\end{cases}
$$

et donc, puisque l'application $v \rightarrow v_{|\Gamma}$ est continue de $H^{\frac{3}{4}}(\Omega)$ dans $L^2(\Gamma)$, d'après [133], p. 47, on en déduit, en particulier, que

$$
\hat{u}_j^- \rightarrow \hat{u}^- \text{ dans } L^2(\Sigma_s) \text{ fort.}
$$

En outre, d'après (2.8), (2.1) et (2.1'), on peut supposer la sous-suite extraite de façon que pour tout i de 1 à n,

$$
\tilde{d}(g_j) \frac{\partial \hat{p}_j}{\partial x_i} \rightharpoonup \alpha_i \text{ dans } L^2(Q) \text{ faible,}
$$

$$
\tilde{\varphi}'_k(g_j) \frac{\partial \hat{u}_j}{\partial x_i} \rightharpoonup \beta_i \text{ dans } L^2(Q) \text{ faible,}
$$

$$
\tilde{\psi}(g_j) \tilde{d}(g_j) \frac{\partial \hat{p}_j}{\partial x_i} \rightharpoonup \gamma_i \text{ dans } L^2(Q) \text{ faible.}
$$

Or, d'après le théorème de convergence dominée de Lebesgue, (2.1) et (2.11), $\tilde{d}(g_j)$ converge vers $\tilde{d}(g)$ dans $L^2(Q)$ fort ; comme $\dfrac{\partial \hat{p}_j}{\partial x_i}$ tend vers $\dfrac{\partial \hat{p}}{\partial x_i}$ dans $L^2(Q)$ faible, le produit $\tilde{d}(g_j) \dfrac{\partial \hat{p}_j}{\partial x_i}$ tend vers $\tilde{d}(g) \dfrac{\partial \hat{p}}{\partial x_i}$ dans $\mathcal{D}'(Q)$ par exemple, d'où $\alpha_i = \tilde{d}(g) \dfrac{\partial \hat{p}}{\partial x_i}$.

Le même raisonnement vaut pour β_i et γ_i ,

(et donc, $\beta_i = \widetilde{\varphi}'_k(g) \, \dfrac{\partial \hat{u}}{\partial x_i}$ et $\gamma_i = \widetilde{\psi}(g) \, \widetilde{d}(g) \, \dfrac{\partial \widehat{p}}{\partial x_i}$),

de sorte qu'en passant à la limite, lorsque $j \to +\infty$, dans la seconde équation de (2.7), relative à g_j , on établit immédiatement que $\widehat{p} = \mathcal{P}(g)$. Dès lors, passant à la limite, lorsque $j \to +\infty$, dans l'équation (2.8) relative à g_j , on en déduit que $\hat{u} = \mathcal{U}(g)$. D'après **la propriété d'unicité**, (toute) la suite $\hat{u}_j$ converge faiblement dans $W(0,T)$ vers $\hat{u} = \mathcal{U}(g)$, ce qui achève la démonstration du lemme 2.1. .

Retour à la démonstration de la proposition 2.3.

Soit $(u_\varepsilon, p_\varepsilon)$, solution du système (2.5), (2.6). Pour le choix de $v = u_\varepsilon$ dans (2.5) et de $w = p_\varepsilon$ dans (2.6), il vient, lorsque $\varepsilon \to 0^+$, que

$$(2.12) \quad \begin{cases} p_\varepsilon \text{ reste dans un borné fixe de } L^\infty\left(0,T; H^1(\Omega)\right), \\ \qquad\qquad \text{indépendant de } k, \\[4pt] u_\varepsilon \text{ reste dans un borné fixe de } L^2(0,T;V) \cap L^\infty(0,T;H). \end{cases}$$

En vue d'obtenir une estimation *a priori* sur le terme de pénalisation, on observe au préalable que, presque partout sur $]0,T[$,

$$-\int_\Omega \widetilde{d}(u_\varepsilon) \left(\widetilde{\psi}(u_\varepsilon) - 1 \right) \nabla p_\varepsilon . \nabla \left(u_\varepsilon^- \right) \, dx = 2 \int_\Omega \widetilde{d}(u_\varepsilon) \, \nabla p_\varepsilon . \nabla \left(u_\varepsilon^- \right) \, dx,$$

d'après la construction du prolongement de la fonction ψ indiquée en (2.1').

Par le choix loisible, d'après la proposition 2.2., de la fonction-test $w = -u_\varepsilon^-$ dans (2.6), il vient, presque partout sur $]0,T[$,

$$\int_\Omega \widetilde{d}(u_\varepsilon) \, \nabla p_\varepsilon . \nabla \left(-u_\varepsilon^- \right) \, dx = \int_{\Gamma_s} \lambda \, p_\varepsilon \, u_\varepsilon^- \, d\Gamma.$$

Dès lors, pour le choix de $v = -u_\varepsilon^-$ dans (2.5), on en déduit en particulier, puisque u_o est positif ou nul, l'estimation suivante :

$$\frac{1}{\varepsilon} \int_0^T \int_{\Gamma_s} \left(u_\varepsilon^- \right)^2 \, d\Gamma \, dt \leq \int_0^T \int_{\Gamma_s} \lambda \, p_\varepsilon \, u_\varepsilon^- \, d\Gamma \, dt.$$

Or, d'après (2.12) et les théorèmes de trace, (proposition 2.1), l'expression

$$\|p_\varepsilon\|_{L^2(0,T;L^2(\Gamma_s))}$$

reste bornée, indépendamment de ε et de k, quand $\varepsilon \to 0^+$, de sorte que l'on obtient la nouvelle estimation, essentielle pour ce qui suit,

(2.13) $\dfrac{1}{\varepsilon}\left\|u_\varepsilon^-\right\|_{L^2(0,T;L^2(\Gamma_*))} \leq C \ ,$

C étant une constante indépendante de ε et de k.

Il résulte alors de l'équation (2.5) que, lorsque $\varepsilon \to 0$, on a, grâce à (2.12), (2.13),

$$\dfrac{\partial u_\varepsilon}{\partial t} \text{ reste dans un borné fixe de } L^2\left(0,T;V'\right) \ .$$

Il est important, pour les développements ultérieurs, de noter que l'on dispose **plus précisément** d'une estimation du type :

(2.14) $\left\|\dfrac{\partial u_\varepsilon}{\partial t}\right\|_{L^2(0,T;V')} \leq C\left(f,\ \lambda,\ \min_{[0,1]} d,\ \max_{[0,1]} d,\ \varphi,\ u_o,\ T,\ \Omega\right)$

où C est une **constante indépendante à la fois de ε et de k.**

Pour établir cette estimation, il suffit, d'après l'équation (2.5), les propriétés (2.12), (2.13) et la définition de la norme duale, de prouver que la famille

$$\left\{\widetilde{\varphi}_k\left(u_\varepsilon\right)\right\}_{\varepsilon>0}$$

reste dans un borné fixe de $L^2\left(0,T;V\right)$ indépendamment de ε et de k. Pour cela, on prend la fonction-test $v = \widetilde{\varphi}_k\left(u_\varepsilon\right)$ dans l'équation (2.5) et on intègre membre à membre sur l'intervalle $[0,T]$. Par l'utilisation du lemme d'intégration de F. Mignot (cf. §. 2.1.1.), il vient en particulier, pour $k \geq 1$,

$$\int_\Omega \left(\int_0^{u_\varepsilon(T,x)} \widetilde{\varphi}\left(r\right) dr\right) dx + \dfrac{1}{2k}\left|u_\varepsilon\left(T\right)\right|^2 + \left\|\widetilde{\varphi}_k\left(u_\varepsilon\right)\right\|_{L^2(0,T;V)}^2$$

$$+ \dfrac{1}{k\varepsilon}\int_0^T \int_{\Gamma_*} \left(u_\varepsilon^-\right)^2 d\Gamma\, dt \leq \int_\Omega \left(\int_0^{u_0(x)} \varphi\left(r\right) dr\right) dx + \dfrac{1}{2}\left|u_0\right|^2$$

$$- \dfrac{1}{2}\int_Q \left(\widetilde{\psi}\left(u_\varepsilon\right) - 1\right) \widetilde{d}\left(u_\varepsilon\right) \nabla p_\varepsilon.\nabla\,\widetilde{\varphi}_k\left(u_\varepsilon\right) dx dt,$$

d'où découle aisément l'estimation annoncée, grâce à (2.12).

Passage à la limite :

Lorsque $\varepsilon \to 0$, on peut extraire une sous-suite $(u_\varepsilon, p_\varepsilon)$ telle que :

$$(2.15) \begin{cases} p_\epsilon \rightharpoonup p \text{ dans } L^\infty \left(0, T; H^1\left(\Omega\right)\right) \text{ faible étoile,} \\ \\ \text{et donc, } p_\epsilon \rightharpoonup p \text{ dans } L^2\left(\Sigma_s\right) \text{ faible, en particulier,} \\ \\ u_\epsilon \rightharpoonup u \text{ dans } L^2\left(0, T; V\right) \text{ faible,} \\ \\ \dfrac{\partial u_\epsilon}{\partial t} \rightharpoonup \dfrac{\partial u}{\partial t} \text{ dans } L^2\left(0, T; V'\right) \text{ faible,} \\ \\ u_\epsilon \to u \text{ dans } L^2\left(Q\right) \text{ fort et } \mathcal{L}^{n+1} - \text{p.p. dans } Q, \end{cases}$$

par utilisation d'un résultat classique de compacité [131], (p. 141),

$$(2.16) \begin{cases} \sqrt{\tilde{\varphi}'_k\left(u_\epsilon\right)} \dfrac{\partial u_\epsilon}{\partial x_i}, \ \tilde{\varphi}'_k\left(u_\epsilon\right) \dfrac{\partial u_\epsilon}{\partial x_i}, \ \tilde{d}\left(u_\epsilon\right) \dfrac{\partial p_\epsilon}{\partial x_i}, \ \sqrt{\tilde{d}\left(u_\epsilon\right)} \dfrac{\partial p_\epsilon}{\partial x_i}, \\ \\ \tilde{\psi}\left(u_\epsilon\right) \tilde{d}\left(u_\epsilon\right) \dfrac{\partial p_\epsilon}{\partial x_i} \ , \ \left(\tilde{\psi}\left(u_\epsilon\right) - 1\right) \sqrt{\tilde{d}\left(u_\epsilon\right)} \dfrac{\partial u_\epsilon}{\partial x_i}, \\ \\ \text{tendant respectivement dans } L^2\left(Q\right) \text{ faible vers} \\ \\ \sqrt{\tilde{\varphi}'_k\left(u\right)} \dfrac{\partial u}{\partial x_i}, \ \tilde{\varphi}'_k\left(u\right) \dfrac{\partial u}{\partial x_i}, \ \tilde{d}\left(u\right) \dfrac{\partial p}{\partial x_i}, \ \sqrt{\tilde{d}\left(u\right)} \dfrac{\partial p}{\partial x_i}, \\ \\ \tilde{\psi}\left(u\right) \tilde{d}\left(u\right) \dfrac{\partial p}{\partial x_i} \ , \ \left(\tilde{\psi}\left(u\right) - 1\right) \sqrt{\tilde{d}\left(u\right)} \dfrac{\partial u}{\partial x_i}, \text{ pour tout } i, \end{cases}$$

les arguments employés pour justifier les valeurs-limites étant analogues à ceux utilisés à la démonstration du lemme 2.1. par utilisation du théorème de convergence dominée de Lebesgue et de passages à la limite dans $\mathcal{D}'(Q)$ par exemple.

Dès lors, en passant à la limite dans l'expression (2.6), on obtient que p vérifie l'équation variationnelle :

$$(2.17) \begin{cases} \displaystyle\int_\Omega \tilde{d}\left(u\right) \nabla p . \nabla w \, dx + \int_{\Gamma_s} \lambda \, pw \, d\Gamma = \int_{\Gamma_s} f \, w \, d\Gamma, \\ \\ \text{pour tout } w \in H^1\left(\Omega\right), \text{ p.p. sur }]0, T[\ . \end{cases}$$

La considération, presque partout sur $]0, T[$, de l'expression

$$X_\epsilon = \sum_{i=1}^n \int_\Omega \left(\sqrt{\tilde{d}\left(u_\epsilon\right)} \dfrac{\partial p_\epsilon}{\partial x_i} - \sqrt{\tilde{d}\left(u\right)} \dfrac{\partial p}{\partial x_i} \right)^2 dx + \int_{\Gamma_s} \lambda \left(p_\epsilon - p\right)^2 d\Gamma,$$

montre que, plus précisément, grâce à (2.6), (2.16) et (2.17),

(2.18) $\sqrt{\tilde{d}\left(u_\epsilon\right)}\,\dfrac{\partial p_\epsilon}{\partial x_i} \to \sqrt{\tilde{d}\left(u\right)}\,\dfrac{\partial p}{\partial x_i}$ dans $L^2\left(Q\right)$ fort, $i \in \{1,...,n\}$.

Par des arguments standard, [131] (chap. 3 *et passim*), on prouve que u appartient à $W(0,T)\cap\mathcal{K}$. A partir de (2.5) où la fonction-test est prise égale à $v - u_\epsilon$, avec $v \in K$, on obtient par utilisation de la monotonie de l'opérateur de pénalisation, après des passages à la limite rendus possibles grâce à (2.16) et (2.18), l'inéquation

(2.19)
$$
\begin{cases}
<\dfrac{\partial u}{\partial t}, v - u> + \displaystyle\int_\Omega \tilde{\varphi}'_k\left(u\right)\nabla u.\nabla(v - u)\,dx \\[3mm]
+ \dfrac{1}{2}\displaystyle\int_\Omega \left(\tilde{\psi}\left(u\right) - 1\right)\tilde{d}\left(u\right)\nabla p.\nabla(v - u)\,dx \geq 0\ , \\[3mm]
\text{pour tout } v \in K,\ \text{p.p. sur }]0,T[\ ;\ u\left(0,.\right) = u_o\ ,\ \mathcal{L}^n - \text{p.p. sur } \Omega.
\end{cases}
$$

Il reste à montrer que $0 \leq u\left(t,x\right) \leq 1$, $\mathcal{L}^{n+1}-$p.p. dans Q.

Le fait que l'on a $p \geq 0$, presque partout dans Q, résulte de (2.17) et de la non-négativité de f, en prenant la fonction-test $w = -p^-$.

Prenant, dans (2.19), $v = u^+$, il vient en particulier, par le lemme, p. 31,

(2.20)
$$
\begin{cases}
\dfrac{d}{dt}|u^-\left(t\right)|^2 \leq \displaystyle\int_\Omega \left(\tilde{\psi}\left(u\right) - 1\right)\tilde{d}\left(u\right)\nabla p.\nabla u^-\,dx\ , \\[3mm]
\text{p.p. sur }]0,T[.
\end{cases}
$$

Or, la quantité $\displaystyle\int_\Omega \left(\tilde{\psi}\left(u\right) - 1\right)\tilde{d}\left(u\right)\nabla p.\nabla u^- dx$ est nulle presque partout sur $]0,T[$, comme on peut le remarquer en prenant dans (2.17) la fonction-test $w = u^-$; on notera, à cet effet, que l'on a $u^- = 0$ sur $\Gamma_e \cup \Gamma_s$, p.p. sur $]0,T[$, puisque $u \in \mathcal{K}$ et l'on tiendra compte du prolongement de ψ sur $\mathbb{R}^-$.

Puisque $|u_o^-| = 0$, (2.20) implique la propriété : $u \geq 0$, $\mathcal{L}^{n+1}-$p.p. dans Q.

Prenant, dans (2.19), $v = u - (u - 1)^+$, après avoir vérifié que ce choix est loisible, il vient en particulier, p.p. sur $]0,T[$, grâce au lemme, p. 31,

(2.21) $\dfrac{d}{dt}\left|(u - 1)^+\left(t\right)\right|^2 + \displaystyle\int_\Omega \left(\tilde{\psi}\left(u\right) - 1\right)\tilde{d}\left(u\right)\nabla p.\nabla (u - 1)^+\,dx \leq 0.$

Or, la quantité $\int_\Omega \left(\tilde{\psi}(u) - 1 \right) \tilde{d}(u) \nabla p . \nabla (u-1)^+ dx$ est presque partout nulle sur $]0, T[$, puisque, par construction *ad hoc* du prolongement, selon (2.1'),

$$\tilde{\psi}(u) - 1 = 0 \quad \text{sur} \quad \{ (t,x) \in Q \, , \, u(t,x) \geq 1 \} .$$

Puisque $\left| (u_o - 1)^+ \right| = 0$, l'assertion (2.21) implique que u est inférieur ou égal à 1, $\mathcal{L}^{n+1}$−presque partout dans Q.

Dès lors, dans (2.17) et (2.19), il est loisible de ne considérer que les restrictions de $\tilde{\varphi}$, $\tilde{\psi}$ et $\tilde{d}$ à l'intervalle $[0, 1]$, ce qui établit la proposition 2.3. . □

2.2. Existence d'une solution faible au problème dégénéré Couplage d'une inéquation variationnelle dégénérée de diffusion-transport et d'une famille d'équations elliptiques paramétrées par le temps

On va montrer dans cette section comment l'étude du problème approché $(\mathcal{P}_k)$ permet, lorsque k tend vers l'infini, d'atteindre une solution du problème couplé quasi linéaire dégénéré qui modélise la situation du déplacement eau-huile en milieu poreux, en régime isotherme, lorsque l'action des forces capillaires et un effet d'extrémité sont pris en compte. L'existence d'une solution sera prouvée dans le cas d'une **donnée initiale peu régulière**, conforme à la pratique pétrolière.

On suppose **désormais** que la fonction φ^{-1} est **höldérienne** d'ordre θ , $0 < \theta < 1$, *i.e.*, il existe une constante μ strictement positive telle que :

$$(2.22) \qquad \left| \varphi^{-1}(x) - \varphi^{-1}(y) \right| \leq \mu \, |x - y|^\theta \, , \text{ pour tout } (x,y) \in [0, \varphi(1)]^2 .$$

Cette condition est réalisée dans l'exemple illustrant l'hypothèse (2.1), dès lors que :

$$\varphi'(r) \sim a_o \, r^{p_o}, \, p_o > 0 \, , \, a_o > 0 \, , \text{ au voisinage de } x = 0^+,$$

$$\varphi'(r) \sim a_1 \, (1 - r)^{p_1} \, , \, p_1 > 0 \, , \, a_1 > 0 \, , \text{ au voisinage de } x = 1^-,$$

ce qui est le cas dans la pratique, d'après G. Chavent [62].

On note F (resp. F_k) la primitive de $\sqrt{\varphi'}$ $\left(\text{resp. } \sqrt{\varphi' + 1/k} \right)$ qui s'annule à l'origine.

En premier lieu, on rappelle, en le recopiant, un lemme déjà utilisé par G. Chavent [62] sur une idée de **L. Tartar** et qui va permettre d'établir l'existence d'une solution par des méthodes de **compacité** et de **monotonie**.

Lemme 2.2. Soit G une fonction **höldérienne** de $\mathbb{R}$ dans $\mathbb{R}$, d'ordre θ, $\theta \in \,]0, 1[$, nulle à l'origine.

Alors, pour tout v de $W^{s,p}(\Omega)$, avec $0 < s < 1$ et $1 < p < +\infty$, on a

$$\begin{cases} G(v) \in W^{\theta s, \frac{p}{\theta}}(\Omega) \ , \\[2mm] \| G(v) \|_{W^{\theta s, \frac{p}{\theta}}(\Omega)} \leq \| v \|^{\theta}_{W^{s,p}(\Omega)} \, \| G \|_{h\ddot{o}l_\theta} \end{cases}$$

De plus, lorsque Ω est **borné** et **régulier** (*i.e.*, à bord lipschitzien),

l'injection de $W^{s,p}(\Omega)$ dans $L^p(\Omega)$ est **compacte**.

La démonstration est conséquence directe de la caractérisation de **Gagliardo** des espaces $W^{s,p}(\Omega)$, *i.e.*, selon [133], p. 59, et aussi [143], p. 51 pour des extensions,

$v \in W^{s,p}(\Omega)$ si et seulement si :

$$\begin{cases} a) \ v \in L^p(\Omega) \ , \\[2mm] b) \ \displaystyle\int_\Omega \int_\Omega \frac{|v(x) - v(y)|^p}{|x - y|^{n+sp}} \, dx \, dy < +\infty \ , \end{cases}$$

et du fait que la quantité

$$\left[\|v\|^p_{L^p(\Omega)} + \int_\Omega \int_\Omega \frac{|v(x) - v(y)|^p}{|x - y|^{n+sp}} \, dx \, dy \right]^{\frac{1}{p}}$$

définit une norme équivalente à la norme usuelle de $W^{s,p}(\Omega)$.

Sous ces hypothèses, on va établir l'existence d'une solution faible du problème **dégénéré**, grâce à la

Proposition 2.4. Sous l'hypothèse (2.22) et étant donnée la condition initiale u_o, fonction $\mathcal{L}^n$−mesurable sur Ω, telle que :

$$0 \leq u_o \leq 1 \quad , \quad \mathcal{L}^n - \text{p.p. dans } \Omega,$$

il existe au moins un couple (u, p) solution du problème $(\mathcal{P})$, vérifiant :

$$(2.23) \begin{cases} 0 \leq u \leq 1 \, , \, \mathcal{L}^{n+1} - \text{p.p. dans } Q \quad , \quad u \in C_s^o\left([0,T]\,;L^2\left(\Omega\right)\right) \, , \\[2mm] F\left(u\right) \, , \varphi\left(u\right) \in L^2\left(0,T;V\right) \, , \, \dfrac{\partial u}{\partial t} \in L^2\left(0,T;V'\right) \, , \\[2mm] \varphi\left(u\left(t\right)\right) \in K \, , \text{ pour presque tout } t \text{ de }]0,T[\, , \\[2mm] p \in L^\infty\left(0,T;H^1\left(\Omega\right)\right) \, , \, p \geq 0 \, , \, \mathcal{L}^{n+1} - \text{p.p. dans } Q , \\[2mm] u\left(0,.\right) = u_o \, , \, \mathcal{L}^n - \text{p.p. dans } \Omega \, , \\[2mm] L^q\left(\Omega\right) - \lim_{t \to 0+} u\left(t\right) = u_o \, , \text{ pour tout } q \in [1,+\infty[, \end{cases}$$

et satisfaisant au système, presque partout sur $]0,T[$,

$$(2.24) \begin{cases} < \dfrac{\partial u}{\partial t}\left(t\right), v - \varphi\left(u\left(t\right)\right) > + \left(\left(\varphi\left(u\left(t\right)\right), v - \varphi\left(u\left(t\right)\right)\right)\right) \\[2mm] + \dfrac{1}{2} \displaystyle\int_\Omega d\left(u\right)\left(\psi\left(u\left(t\right)\right) - 1\right) \nabla p . \nabla\left(v - \varphi\left(u\left(t\right)\right)\right) \, dx \geq 0, \\[2mm] \qquad\qquad \text{pour tout } v \text{ de } K \, , \\[2mm] \displaystyle\int_\Omega d\left(u\right) \nabla p . \nabla w \, dx + \int_{\Gamma_s} \lambda \, p \, w \, d\Gamma = \int_{\Gamma_e} f w \, d\Gamma \, , \\[2mm] \qquad\qquad \text{pour tout } w \text{ de } H^1\left(\Omega\right) \, . \end{cases}$$

Remarque 2.3. Grâce au fait que φ est strictement croissante et nulle à l'origine, on vérifie que l'inéquation (2.24) traduit le problème posé par (1.20), (1.21), (1.22) et (1.38), la condition unilatérale portant sur la trace de la fonction $\varphi\left(u\right)$ et non pas sur la trace de u directement, puisque *a priori* la fonction u n'appartient pas à K en raison de la dégénérescence de l'opérateur de diffusion. La condition $u \geq 0$ sur Γ_s (resp. $u = 0$ sur Γ_e) est remplacée par la condition formellement équivalente $\varphi\left(u\right) \geq 0$ sur Γ_s (resp. $\varphi\left(u\right) = 0$ sur Γ_e).

Démonstration. On note $\left(u_k, p_k\right)$ un couple solution du problème non dégénéré $\left(\mathcal{P}_k\right)$, relatif à la condition initiale u_o et mis en évidence à la proposition 2.3.

(a) Obtention d'estimations a priori

Ayant préalablement observé que la suite $\{p_k\}$ reste dans un borné fixe de $L^\infty\left(0,T;H^1\left(\Omega\right)\right)$, on a, p.p. sur $]0,T[$, d'une part, puisque K est un **cône de sommet l'origine**,

$$\frac{d}{dt}\left|u_k\left(t\right)\right|^2 + 2\left(\left(\varphi_k\left(u_k\right), u_k\right)\right) + \int_\Omega d\left(u_k\right)\left(\psi\left(u_k\right) - 1\right) \nabla p_k . \nabla u_k \, dx = 0.$$

Tenant compte que, pour presque tout t de $]0, T[$, la quantité

$$\int_\Omega d(u_k)(\psi(u_k) - 1)\, \nabla p_k . \nabla u_k\, dx \text{ est positive ou nulle,}$$

comme on peut le voir en prenant dans l'équation elliptique en pression la fonction-test

$$w_k = \int_0^{u_k} (\psi(r) - 1)\, dr,$$

on obtient immédiatement les majorations suivantes :

$$(2.25) \quad \begin{cases} \|u_k\|_{L^2(0,T;V)}^2 \leq \dfrac{k}{2} |u_o|^2, \quad \|F(u_k)\|_{L^2(0,T;V)}^2 \leq \dfrac{1}{2} |u_o|^2, \\[2mm] \|F_k(u_k)\|_{L^2(0,T;V)}^2 \leq \dfrac{1}{2} |u_o|^2 \ , \quad |u_k(t)| \leq |u_o| \text{ pour tout } t \geq 0, \\[2mm] \|\varphi(u_k)\|_{L^2(0,T;V)} \leq C_4 \ , \quad \|\varphi_k(u_k)\|_{L^2(0,T;V)} \leq C_5 \ , \end{cases}$$

où C_4 et C_5 sont deux nouvelles constantes indépendantes de k.

Puisque $\varphi(u_k)$ reste borné dans

$$\begin{cases} L^2(0,T;V) \hookrightarrow L^2(0,T;H^1(\Omega)) \hookrightarrow L^2(0,T;W^{s,2}(\Omega)), \\[2mm] \text{pour tout } s \text{ compris strictement entre 0 et 1,} \end{cases}$$

on déduit de (2.22) et du lemme 2.2. (appliqué avec $G = (\varphi^{-1})$), sur une idée développée par G. Chavent dans [59], p. 268, que lorsque k tend vers l'infini,

$$(2.26) \quad \begin{cases} u_k \text{ reste dans un borné fixe de } L^{\frac{2}{s}}\left(0,T;W^{\theta s, \frac{2}{s}}(\Omega)\right), \\[2mm] \text{pour tout } s \text{ compris strictement entre 0 et 1,} \end{cases}$$

et de (2.14), (2.15) et de la semi-continuité inférieure de la norme de $L^2(0,T;V')$ pour la topologie faible de $L^2(0,T;V')$, il résulte que

$$(2.27) \quad \frac{\partial u_k}{\partial t} \text{ demeure dans un borné fixe de } L^2(0,T;V').$$

D'autre part, on observe que u_k est aussi solution de l'inéquation variationnelle suivante, par le fait que φ_k est une fonction numérique lipschitzienne, strictement croissante et nulle à l'origine :

$$(2.28) \quad \begin{cases} < \dfrac{\partial u_k}{\partial t}, v - \varphi_k(u_k) > \; + \; ((\varphi_k(u_k), v - \varphi_k(u_k))) \\[2mm] + \dfrac{1}{2} \displaystyle\int_\Omega d(u_k)(\psi(u_k) - 1)\nabla p_k . \nabla(v - \varphi_k(u_k))\; dx \geq 0, \\[2mm] \text{pour tout } v \text{ de } K, \text{ pour presque tout } t \text{ de }]0, T[. \end{cases}$$

Plus précisément, parce que la fonction φ_k est **bilipschitzienne** (*i.e.*, φ_k et φ_k^{-1} sont lipschitziennes sur les domaines respectifs $[0,1]$ et $[0, \varphi_k(1)]$), il y a **équivalence** des formulations ; cette propriété n'a plus lieu lorsque φ_k est remplacée par φ, pour le problème limite, puisque φ^{-1} ne peut être lipschitzienne, du fait que $\varphi'(0) = 0$.

(b) Passages à la limite

On sait d'après le lemme 2.2. que l'injection de $W^{\theta s, \frac{7}{3}}(\Omega)$ dans $L^{\frac{7}{3}}(\Omega)$ est compacte, et donc, puisque

$$W^{\theta s, \frac{7}{3}}(\Omega) \hookrightarrow L^{\frac{7}{3}}(\Omega) \hookrightarrow H \hookrightarrow V', (\theta \text{ étant strictement inférieur à } 1),$$

il résulte d'un théorème classique de compacité (J.L. Lions [131], pp. 57-58 et 141-142), que l'injection de

$$\Xi = \left\{ v \in L^{\frac{7}{3}}\left(0, T; W^{\theta s, \frac{7}{3}}(\Omega)\right), \; \frac{\partial v}{\partial t} \in L^2(0, T; V') \right\}$$

dans $L^{\frac{7}{3}}\left(0, T; L^{\frac{7}{3}}(\Omega)\right)$ est **compacte**.

Aussi peut-on extraire de la suite (u_k, p_k) une sous-suite, encore notée pour la commodité (u_k, p_k), telle que :

$u_k \rightharpoonup u$ dans $L^\infty(0, T; H)$ faible étoile, d'après (2.25),

$$(2.29) \quad \begin{cases} u_k \to u \text{ dans } L^2(Q) \text{ fort et } \mathcal{L}^{n+1} - \text{presque partout,} \\[2mm] \text{d'après (2.26), (2.27), avec : } 0 \leq u \leq 1, \; \mathcal{L}^{n+1} - \text{p.p. dans } Q, \end{cases}$$

$$(2.30) \quad \begin{cases} \dfrac{\partial u_k}{\partial t} \rightharpoonup \dfrac{\partial u}{\partial t} \text{ dans } L^2(0, T; V') \text{ faible, d'après (2.27),} \\[2mm] \varphi(u_k) \rightharpoonup \varphi(u) \text{ dans } L^2(0, T; V) \text{ faible,} \end{cases}$$

d'après (2.25) (on vérifie que la limite est $\varphi(u)$ en observant que d'après (2.29) et le théorème de Lebesgue, $\varphi(u_k)$ tend vers $\varphi(u)$ dans $L^2(Q)$ fort,

$$\varphi_k\left(u_k\right) \rightharpoonup \varphi\left(u\right) \text{ dans } L^2\left(0,T;V\right) \text{ faible, d'après (2.25),}$$

la valeur limite étant obtenue par l'observation que $\varphi_k\left(u_k\right) - \varphi\left(u_k\right) = \dfrac{1}{k}\, u_k$ tend fortement vers la fonction nulle dans $L^2\left(0,T;V\right)$, lorsque $k \rightarrow +\infty$, d'après la première estimation donnée en (2.25).

De même,

$$F\left(u_k\right) \rightharpoonup F\left(u\right) \text{ dans } L^2\left(0,T;V\right) \text{ faible,}$$

$$p_k \rightharpoonup p \text{ dans } L^\infty\left(0,T;H^1\left(\Omega\right)\right) \text{ faible étoile,}$$

et en reprenant à l'identique l'argumentation conduisant à (2.18), on obtient que

$$\sqrt{d\left(u_k\right)}\,\frac{\partial p_k}{\partial x_i} \rightarrow \sqrt{d\left(u\right)}\,\frac{\partial p}{\partial x_i} \text{ dans } L^2\left(Q\right) \text{ fort, } i \in \{1,2,...,n\}\,,$$

et donc, après éventuelles extractions de nouvelles sous-suites, on sait que, pour tout $i \in \{1,2,...,n\}$,

$$d\left(u_k\right)\left(\psi\left(u_k\right) - 1\right)\frac{\partial p_k}{\partial x_i} \rightarrow d\left(u\right)\left(\psi\left(u\right) - 1\right)\frac{\partial p}{\partial x_i} \text{ dans } L^2\left(Q\right) \text{ fort,}$$

par le théorème de convergence dominée.

D'un résultat classique de compacité (J.L. Lions [131], p. 142), on sait que l'on peut en outre supposer la sous-suite extraite telle que:

$$u_k \rightarrow u \text{ dans } \mathcal{C}^o\left([0,T];V'\right),$$

et donc, en particulier,

$$u \in L^\infty\left(Q\right) \cap \mathcal{C}^o\left([0,T];V'\right) \subset \mathcal{C}^o\left([0,T];L^2\left(\Omega\right)_{faible}\right),$$

$$u_k\left(0\right) \rightarrow u\left(0\right) \text{ dans } V' \text{ fort,}$$

ce qui établit que $u\left(0\right) = u_o$, l'égalité ayant lieu dans V', puis $\mathcal{L}^n$–presque partout dans Ω.

La forte continuité en l'origine dans les espaces $L^q\left(\Omega\right)$, pour tout q fini, de la fonction $t \rightarrow u\left(t,.\right)$ découle directement des trois circonstances concomitantes suivantes :

$$\left\{ \begin{array}{l} u\left(t,.\right) \rightharpoonup u_o \text{ dans } L^2\left(\Omega\right) \text{ faible, si } t \rightarrow 0^+ \ , \quad u \in L^\infty\left(Q\right), \\[2mm] \left|u\left(t,.\right)\right|_{L^2\left(\Omega\right)} \leq \left|u_o\right|_{L^2\left(\Omega\right)} \text{ pour tout } t \geq 0, \text{ d'après (2.25).} \end{array} \right.$$

Au demeurant, quel que soit l'entier naturel k, $\varphi_k\left(u_k\right)$ appartient à $\mathcal{K}$, et donc, d'après (2.30), $\varphi\left(u\right)$ est dans $\mathcal{K}$, ensemble faiblement fermé de $L^2\left(0,T;V\right)$.

Il reste enfin à démontrer que u vérifie l'inéquation annoncée, p satisfaisant de manière triviale l'équation en pression de (2.24).

Pour cela, on introduit une fonction ξ de $\mathcal{C}^1\left([0,T]\right)$, non négative, telle que $\xi\left(0\right)=\xi\left(T\right)=0$, et de (2.28), on déduit que, pour tout k entier naturel et pour tout v de K, on a

$$\int_0^T <\frac{\partial u_k}{\partial t}, v-\varphi_k\left(u_k\right)>\xi\left(t\right)\ dt$$

$$+\int_0^T \left(\left(\varphi_k\left(u_k\right),v-\varphi_k\left(u_k\right)\right)\right)\xi\left(t\right)\ dt$$

$$+\tfrac{1}{2}\int_Q d\left(u_k\right)\left(\psi\left(u_k\right)-1\right)\nabla p_k.\nabla\left(v-\varphi_k\left(u_k\right)\right)\xi\left(t\right)\ dx\ dt\geq 0\ .$$

Grâce au théorème de convergence dominée de Lebesgue et par l'utilisation de la semi-continuité inférieure de la norme de $L^2\left(0,T;V\right)$ pour la topologie faible de $L^2\left(0,T;V\right)$, on circonscrit immédiatement la difficulté au traitement du terme de dualité

$$I_k=\int_0^T <\frac{\partial u_k}{\partial t},\varphi_k\left(u_k\right)>\xi\left(t\right)\ dt.$$

Or, d'après le lemme d'intégration de F. Mignot, on a

$$I_k=-\int_0^T \xi'\left(t\right)\left(\int_\Omega\left(\int_0^{u_k(t,x)}\varphi_k\left(r\right)\ dr\right)dx\right)dt,$$

et donc, facilement, on obtient,

$$\lim_{k\to+\infty}I_k=-\int_0^T \xi'\left(t\right)\left(\int_\Omega\left(\int_0^{u(t,x)}\varphi\left(r\right)\ dr\right)dx\right)dt.$$

A nouveau, le lemme d'intégration de F. Mignot est utilisable ici, et il vient

$$\lim_{k\to+\infty}I_k=\int_0^T <\frac{\partial u}{\partial t},\varphi\left(u\right)>\xi\left(t\right)\ dt,$$

et donc finalement, on est conduit à l'inégalité, pour tout v de K,

$$\int_0^T <\frac{\partial u}{\partial t}, v-\varphi\left(u\right)>\xi\left(t\right)\ dt\ +\ \int_0^T \left(\left(\varphi\left(u\right),v-\varphi\left(u\right)\right)\right)\xi\left(t\right)\ dt$$

$$+\tfrac{1}{2}\int_Q d\left(u\right)\left(\psi\left(u\right)-1\right)\nabla p.\nabla\left(v-\varphi\left(u\right)\right)\xi\left(t\right)\ dxdt\geq 0,$$

et ceci pour toute fonction-test ξ de $\mathcal{C}^1\left([0,T]\right)$, non négative, telle que :

$$\xi(0) = \xi(T) = 0, \text{ ce qui établit } (2.24). \quad \square$$

2.3. La question de l'unicité des solutions faibles du système

On ne connaît pas de résultat d'unicité global dans le cas général du système non découplé (2.4). On présente ici des situations où l'on est en mesure de donner des résultats d'unicité :

- le cas particulier des écoulements monodirectionnels, au §. 2.3.1.
- le cas d'un système simplifié non dégénéré avec flux d'injection et d'extraction imposés, au §. 2.3.2.
- le cas d'un système obtenu à la suite de choix particuliers des conditions aux limites aux puits de production, au §. 2.3.3..

2.3.1. Le cas particulier des écoulements monodirectionnels

Comme on l'a déja observé au paragraphe 1.3.3., les équations qui régissent les valeurs de la saturation d'huile, dans le cas d'une paroi de production d'épaisseur finie ou négligeable, se confondent après **découplage de fait du système** dans le cas spécifique de l'étude des déplacements unidirectionnels **eau-huile** dans une éprouvette horizontale. On est alors en mesure de prouver un **résultat global d'unicité** des solutions faibles relatives à une **donnée initiale peu régulière**, l'ouvert Ω étant alors réduit à l'intervalle $]0, 1[$. En outre, on mentionne diverses propriétés de régularité et quelques caractères descriptifs des solutions en interprétant concrètement en termes de production les conséquences de l'existence d'un **semi-groupe de T-contractions continu** dans $L^1(0,1)$ que l'étude du problème, détaillée au chapitre 3 dans un cadre élargi, met en évidence.

Dans ce cas particulier, on prend :

$$\Omega =]0, 1[\ , \ V = \left\{ v \in H^1(0, 1), v(0) = 0 \right\} \ , \ K = \left\{ v \in V, v(1) \geq 0 \right\},$$

et notant ici q la vitesse de filtration de l'eau injectée, constante strictement positive, on observe que le problème $(\mathcal{P})$ décrit à la proposition 2.4. se simplifie notablement, sans être trivial, puisque, après une quadrature, l'équation en pression de (2.24), devient

$$-d(u)\frac{\partial p}{\partial x} = q \ , \ \mathcal{L}^2 - \text{presque partout dans } Q =]0, T[\times]0, 1[.$$

Cette circonstance assure **de fait** le découplage du système, indépendamment des conditions aux limites en $\Gamma_s = \{1\}$ et du choix du coefficient de perméabilité absolue, pris ici égal à 1.

On dispose alors du résultat d'unicité suivant :

Proposition 2.5. Sous les hypothèses générales de la proposition 2.4. et en supposant en outre que la fonction

$$\psi \circ \varphi^{-1} \text{ est höldérienne d'exposant } \frac{1}{2} \text{ (au moins),}$$

il existe **une** fonction u et **une seule** telle que :

$$0 \le u \le 1 \ , \ \mathcal{L}^2 - \text{p.p. dans } Q \ , \quad u \in \mathcal{C}^o\left([0,T];L^2(0,1)_{faible}\right),$$

$$F(u) \ , \varphi(u) \in L^2(0,T;V) \ , \ \frac{\partial u}{\partial t} \in L^2(0,T;V'),$$

$$\varphi(u(t)) \in K \ , \text{ pour } \mathcal{L}^1 - \text{presque tout } t \text{ de }]0,T[,$$

$$u(0,.) = u_o \ , \ \mathcal{L}^1 - \text{p.p. dans }]0,1[,$$

$$u(t,.) \to u_o \text{ dans } L^1(0,1) \ , \text{ si } t \to 0^+,$$

solution de l'inéquation variationnelle dégénérée, presque partout sur $]0,T[,$

$$< \frac{\partial u}{\partial t}, v - \varphi(u) >_{V',V} \ + \ \int_0^1 \left(\frac{\partial}{\partial x}\varphi(u) \cdot \frac{\partial}{\partial x}(v - \varphi(u)) \right) dx$$

$$- \frac{q}{2} \int_0^1 (\psi(u) - 1)\left[\frac{\partial v}{\partial x} - \frac{\partial}{\partial x}\varphi(u) \right] dx \ge 0, \text{ pour tout } v \text{ de } K.$$

Démonstration. Soient u et $\hat{u}$ deux éventuelles solutions, associées à la même condition initiale u_o. On va établir que :

$$\frac{d}{dt}\int_0^1 (u(.,x) - \hat{u}(.,x))^+ dx \le 0 \ , \text{ au sens de } \mathcal{D}'(]0,T[).$$

Dès lors, la fonction $I : t \to \int_0^1 (u(t,x) - \hat{u}(t,x))^+ dx$, définie en tout point de $[0,T]$, à valeur dans $[0,1]$, du fait que pour tout t de $[0,T]$, $u(t,.)$ a un sens et appartient à $L^1(0,1)$, admettra pour dérivée-distribution une **mesure négative**. Elle possèdera donc, d'après le théorème II, pp. 53-54 de L. Schwartz [158], un représentant (au sens de l'égalité $\mathcal{L}^1-$presque partout) $\tilde{I}$ borné et décroissant au sens large, de sorte que, pour presque tout t de $]0,T[$, on aura :

$$0 \le \tilde{I}(t) \le \tilde{I}(0^+),$$

où :

$$\tilde{I}(0^+) = \lim_{t \to 0^+} \tilde{I}(t) = \lim_{t \to 0^+} I(t) = 0,$$

puisque la fonction I, nulle en 0, y est continue. Finalement, la fonction I sera presque partout nulle sur $]0, T[$ ce qui prouvera le résultat d'unicité, en faisant jouer à u et $\hat{u}$ des rôles symétriques, l'égalité

$$u(t, .) = \hat{u}(t, .) \, , \, \mathcal{L}^1 - \text{presque partout sur }]0, 1[,$$

étant obtenue d'abord pour presque tout t de $]0, T[$, puis pour tout t de $[0, T]$ par l'argument de continuité des solutions de $[0, T]$ dans $L^2(0, 1)$, muni de la topologie faible.

On définit à partir de u et $\hat{u}$ deux fonctions sur $]0, T[^2 \times \Omega$ en prenant, pour tout couple d'instants arbitraires t et τ de $]0, T[^2$, à la manière du traitement des problèmes hyperboliques du premier ordre non linéaires,

$$u(t, \tau, x) = u(t, x) \, , \, \hat{u}(t, \tau, x) = \hat{u}(\tau, x) \, .$$

Soient $\xi \in \mathcal{D}(]0, T[)$ tel que $\xi \geq 0$ sur $]0, T[$ et, pour tout $\delta > 0$, ρ_δ une suite régularisante, telle que

$$\rho_\delta \in \mathcal{D}(\mathbb{R}) \text{ avec } \rho_\delta \geq 0, \text{ supp } \rho_\delta \subset [-\delta, \delta], \int_{\mathbb{R}} \rho_\delta(x) \, dx = 1.$$

Posons $\xi_\delta(t, \tau) = \xi\left(\dfrac{t+\tau}{2}\right)\rho_\delta\left(\dfrac{t-\tau}{2}\right)$, avec δ choisi assez petit afin que ξ_δ appartienne à $\mathcal{D}(]0, T[\times]0, T[)$.

Pour $\varepsilon > 0$, on note

$$w_\varepsilon = H_\varepsilon(\varphi(u) - \varphi(\hat{u})) \, , \text{ où } H_\varepsilon(r) = \min\left(\dfrac{r^+}{\varepsilon}, 1\right), \, r \in \mathbb{R}.$$

Pour les choix loisibles des fonctions-test :

$$v = \varphi(u) - \varepsilon \, w_\varepsilon \, [\text{resp. } v = \varphi(\hat{u}) + w_\varepsilon]$$

dans l'inéquation relative à u et après division par ε [resp. $\hat{u}$], il vient

$$\int_0^T \int_0^T < \frac{\partial u}{\partial t} - \frac{\partial \hat{u}}{\partial \tau}, w_\varepsilon > \xi_\delta \, dt d\tau$$

$$+ \int_0^T \int_0^T \int_0^1 \frac{\partial}{\partial x}(\varphi(u) - \varphi(\hat{u})) \cdot \frac{\partial w_\varepsilon}{\partial x} \xi_\delta \, dx dt d\tau$$

$$\leq \frac{q}{2} \int_0^T \int_0^T \int_0^1 (\psi(u) - \psi(\hat{u})) \frac{\partial w_\varepsilon}{\partial x} \xi_\delta \, dx dt d\tau.$$

Posons, pour tout $\varepsilon > 0$ et tout $(x, y) \in [0,1] \times [0,1]$,

$$W_{\varepsilon,1}(x,y) = \int_y^x H_\varepsilon(\varphi(s) - \varphi(y))\, ds$$

et

$$W_{\varepsilon,2}(x,y) = \int_y^x H_\varepsilon(\varphi(x) - \varphi(s))\, ds.$$

Quand ε tend vers 0^+, $i \in \{1,2\}$, on vérifie que

$$W_{\varepsilon,i}(u,\hat{u}) \text{ converge, } \mathcal{L}^3 - \text{p.p. dans }]0,T[^2 \times]0,1[, \text{ vers } (u - \hat{u})^+.$$

De plus, du fait que u ne dépend pas de τ et que $\hat{u}$ ne dépend pas de t, on a, en utilisant une variante facile du lemme d'intégration de F. Mignot (*cf.* paragraphe 2.1.1.), les égalités suivantes :

$$\int_0^T < \frac{\partial u}{\partial t}, w_\varepsilon >_{V',V} \xi_\delta\, dt = -\int_0^T \int_0^1 \frac{\partial \xi_\delta}{\delta t} W_{\varepsilon,1}(u,\hat{u})\, dx dt,$$
$$\text{p.p. en } \tau \in]0,T[,$$

$$\int_0^T < \frac{\partial \hat{u}}{\partial \tau}, w_\varepsilon >_{V',V} \xi_\delta\, d\tau = \int_0^T \int_0^1 \frac{\partial \xi_\delta}{\delta \tau} W_{\varepsilon,2}(u,\hat{u})\, dx d\tau,$$
$$\text{p.p. en } t \in]0,T[.$$

Remplaçant ces expressions dans l'inégalité antérieure, en notant $H_\varepsilon' = \frac{1}{\varepsilon}\mathbf{1}_{[0,\varepsilon]}$, et en tenant compte du fait que $\psi \circ \varphi^{-1}$ est höldérienne d'exposant $\frac{1}{2}$, on parvient à établir que pour une constante C convenable, on a

$$-\int_0^T \int_0^T \int_0^1 \left(W_{\varepsilon,2}(u,\hat{u}) \frac{\partial \xi_\delta}{\partial \tau} + W_{\varepsilon,1}(u,\hat{u}) \frac{\partial \xi_\delta}{\partial t} \right) dx dt d\tau$$

$$+\frac{1}{2} \int_0^T \int_0^T \int_0^1 \left(\frac{\partial}{\partial x}(\varphi(u) - \varphi(\hat{u})) \right)^2 H_\varepsilon'(\varphi(u) - \varphi(\hat{u})) \xi_\delta\, dx dt d\tau$$

$$\leq C(q,\psi,\varphi) \int_0^T \int_0^T \int_0^1 H_\varepsilon'(\varphi(u) - \varphi(\hat{u}))(\varphi(u) - \varphi(\hat{u})) \xi_\delta\, dx dt d\tau.$$

Dès lors, en faisant tendre ε vers 0^+, on obtient par convergence dominée dans $]0,T[\times]0,T[\times \Omega$ que pour tout $\delta > 0$, δ petit,

$$-\int_0^T \int_0^T \int_0^1 (u(t,x) - \hat{u}(\tau,x))^+ \xi'\left(\frac{t+\tau}{2} \right) \rho_\delta\left(\frac{t-\tau}{2} \right) dx dt d\tau \leq 0.$$

On aura préalablement observé, comme cela est classique lors de la mise en oeuvre des techniques propres aux problèmes hyperboliques du premier ordre non linéaires (mais ici hors du cadre des fonctions à variation bornée) que

$$\frac{\partial \xi_\delta}{\partial t}(t,\tau) + \frac{\partial \xi_\delta}{\partial \tau}(t,\tau) = \xi'\left(\frac{t+\tau}{2}\right) \rho_\delta\left(\frac{t-\tau}{2}\right) \text{ sur } [0,T]^2 .$$

Lorsque δ tend vers 0^+, il s'ensuit finalement que

$$\int_0^T \int_0^1 (u(t,x) - \hat{u}(t,x))^+ \xi'(t) \, dxdt \geq 0, \text{ pour tout } \xi \in \mathcal{D}^+(]0,T[) ,$$

d'où le résultat annoncé, par le théorème de Fubini. □

Remarque 2.1. Lorsque le problème est posé dans l'espace $H_0^1(0,1)$ (ce qui constitue un modèle d'étude d'écoulements au-delà de l'instant de percée du fluide déplaçant), l'unicité peut être prouvée par la seule considération que la fonction $\psi \circ \varphi^{-1}$ est continue ; la démonstration, techniquement délicate, sera détaillée au chapitre 3, en dimension d'espace quelconque (*cf.* aussi [102]). La méthode suivie pour établir la proposition 2.5. s'étend avec des adaptations mineures au cas où la fonction $\psi \circ \varphi^{-1}$ présente un module de continuité dont le carré est une fonction d'Osgood; on rappelle que ω est une fonction d'Osgood (*cf.* [22]), si ω est une fonction croissante sur $[0, +\infty[$, telle que $\omega(0) = 0$ et

$$\int_0^1 \frac{d\sigma}{\omega(\sigma)} = +\infty .$$

La proposition suivante fournit successivement diverses informations sur la régularité de la solution du problème des écoulements forcés unidirectionnels eau-huile avec effet de puits en aval, sans hypothèse supplémentaire sur la donnée initiale, puis dans le cas d'un état initial régulier.

Proposition 2.6. La solution u décrite par la proposition 2.5. possède en outre les propriétés suivantes, pour tout réel $p \in [1, +\infty[$,

$$u \in \mathcal{C}^o(]0,T] \times [0,1]) \cap \mathcal{C}^o([0,T]; L^p(0,1)) ,$$

$$F(u) , \varphi(u) \in \mathcal{C}^o(]0,T]; V_{faible}) ,$$

$$\varphi(u(t)) \in K \text{ pour tout } t \in]0,T] ,$$

$$\sqrt{t} \, \frac{\partial}{\partial t} F(u) , \sqrt{t} \, \frac{\partial}{\partial t}\varphi(u) \in L^2(Q) .$$

De plus, si u (resp. $\hat{u}$) est la solution relative à la donnée initiale u_o (resp. $\hat{u}_o$), on dispose de la relation de conservation d'ordre

$$\forall t \in [0, T], \quad \int_0^1 \left(u(t, x) - \hat{u}(t, x) \right)^+ dx \leq \int_0^1 \left(u_o(x) - \hat{u}_o(x) \right)^+ dx.$$

Puisque pour tout réel r, on a : $|r| = r^+ + (-r)^+$, il s'ensuit que

$$\forall t \in [0, T], \quad \int_0^1 |u(t, x) - \hat{u}(t, x)| \, dx \leq \int_0^1 |u_o(x) - \hat{u}_o(x)| \, dx.$$

Lorsque la donnée initiale u_o vérifie l'hypothèse supplémentaire

$$\varphi(u_o) \in V \quad \text{et} \quad \frac{\partial}{\partial x} \varphi(u_o) - \frac{q}{2} \, \psi(u_o) \in \overline{BV} \, (]0, 1[) ,$$

$\overline{BV}(]0, 1[)$ désignant l'ensemble des fonctions localement intégrables sur $]0, 1[$ dont la dérivée-distribution première est une mesure de Radon sommable sur $]0, 1[$, (cf. le §. 4.1. pour un examen de ce cadre fonctionnel, en dimension quelconque),

alors, on dispose des informations suivantes :

$$u \in \mathcal{C}^o \left([0, T] \times [0, 1] \right) \cap BV \left(0, T; L^1(\Omega) \right) ,$$

$$\varphi(u) \in H^1(Q) \cap \mathcal{C}^o \left([0, T]; V_{faible} \right) \cap W^{1, +\infty} \left(0, T; L^1(\Omega) \right) .$$

Autrement dit, la dérivée-distribution au sens de $\mathcal{D}'(Q)$, $\dfrac{\partial u}{\partial t}$, est en particulier (cf. H. Brézis [48], appendice) une mesure de Radon sommable sur Q.

Enfin, d'après un résultat récent de Ph. Bénilan et R. Gariepy [32], lorsque l'ensemble des zéros de la fonction φ' est $\mathcal{L}^1$−négligeable, i.e., si

$$\mathcal{L}^1 \left\{ r \in [0, 1], \, \varphi'(r) = 0 \right\} = 0,$$

φ^{-1} étant alors absolument continue, ce qui est toujours vérifié dans la pratique industrielle, lorsque la diffusion capillaire n'est pas négligée,

il s'ensuit que $\dfrac{\partial u}{\partial t}$ appartient à $L^\infty \left(0, T; L^1(0, 1) \right) .$

En d'autres termes, u est alors **solution forte** et $\dfrac{\partial u}{\partial t}$ est une fonction définie $\mathcal{L}^2$−presque partout dans Q.

La démonstration de ces résultats sera établie au chapitre 3, dans un cadre plus général. Seule la propriété de continuité au sens classique est propre à la dimension 1 et s'établit de la manière suivante : sous la seule hypothèse

$$u_o \in L^\infty(0, 1)$$

et pour tout réel $\delta > 0$, on montrera qu'il existe une constante $C(\delta)$, telle que

$$\|\varphi(u(t))\|_V \leq C(\delta) \quad \text{pour tout } t \text{ de } [\delta, T].$$

D'après les théorèmes d'injection de Sobolev, $\varphi(u)$ est donc une fonction höldérienne d'ordre $\frac{1}{2}$ en x, uniformément par rapport à $t \in [\delta, T]$, ce qui joint au fait que $\varphi(u)$ est continue de $[\delta, T]$ dans $L^2(0, 1)$ par exemple, implique d'après le théorème d'Ascoli, que

$$\varphi(u) \in \mathcal{C}^o([\delta, T] \times [0, 1]),$$

d'où finalement la propriété annoncée, puisque φ^{-1} est continue. $\square$

Se limitant pour l'exemple au cas d'un massif poreux **initialement saturé** d'huile, on indique diverses propriétés qualitatives, descriptives de la solution du problème, qui sont conséquences immédiates de la propriété de conservation de l'ordre et de l'existence d'un semi-groupe continu de T−contractions dans $L^1(\Omega)$.

Proposition 2.7. Soit u la solution construite à la proposition 2.5. et relative à la condition initiale $u_o = \mathbf{1}_{[0,1]}$.

Alors, en tout point donné du milieu poreux, la saturation d'huile décroît avec le temps.

La saturation u est une fonction de $\mathcal{C}^o([0, T], L^p(0, 1))$ pour tout p fini, $p \geq 1$ et $u(t, .)$ tend vers la fonction nulle dans $L^p(0, 1)$ fort, $p \in [1, +\infty[$, lorsque $t \to +\infty$.

En outre, la fonction : $t \to \displaystyle\int_0^1 u(t, x)\, dx$

représentative des réserves d'huile dans le gisement à l'instant t est une fonction continue décroissante et convexe sur $[0, T]$.

Il s'ensuit que le débit instantané d'huile extraite du gisement est une fonction décroissante du temps, admettant sur $]0, T[$ un ensemble au plus dénombrable de points de discontinuité, en lesquels il existe une limite à gauche et à droite.

2.3.2. Régularité du gradient de pression dans un milieu poreux faiblement anisotrope

On déduit d'un résultat de N.G. Meyers et J. Nečas une propriété d'unicité globale pour un **système simplifié** d'écoulements forcés 3-D diphasiques incompressibles dans un milieu poreux hétérogène faiblement anisotrope, fondée sur la **régularité contrôlée** L^p du gradient de pression.

La référence aux travaux de N.S. Antontsev [16], G. Chavent [62] et coauteurs sur la modélisation d'écoulements de fluides nécessite, dans le cas de déplacements diphasiques incompressibles, la maîtrise analytique du problème de Cauchy associé au système simplifié en les inconnues (u, P), u saturation réduite d'une phase, et P pression globale fictive, formellement décrit, outre des conditions aux limites appropriées, par

$$(\mathcal{S}) \begin{cases} \Phi\left(x\right)\dfrac{\partial u}{\partial t} - div\left(\underline{\underline{k}}\left(x\right)\nabla u\right) = \dfrac{1}{2}\, div\left(d\left(u\right)\psi\left(u\right)\underline{\underline{k}}\left(x\right)\nabla P\right) \\[3mm] div\left(d\left(u\right)\underline{\underline{k}}\left(x\right)\nabla P\right) = 0 \text{ dans } Q = \left]0,T\right[\times \Omega,\ T \text{ fini.} \end{cases}$$

Les résultats généraux d'existence d'une solution faible sont nombreux, à la manière de la proposition 2.3, mais hors des situations où le système $(\mathcal{S})$ est découplé (cas monodimensionnel ou fonction d constante), le problème général de l'unicité globale paraît ouvert. Pour décrire un milieu **hétérogène anisotrope à un seul type de roche**, on introduit la fonction Φ représentative de la porosité, avec :

$$\Phi \in W^{1,+\infty}\left(\Omega\right),\ \exists \alpha > 0,\ \forall x \in \overline{\Omega},\ \alpha \le \Phi\left(x\right) \le 1,$$

et le tenseur $\underset{\approx}{k}$ de diffusivité associé à la matrice $\underline{\underline{k}}$ à coefficients k_{ij} dans $L^{\infty}\left(\Omega\right)$, symétrique et définie positive, uniformément par rapport à x, avec, presque partout dans Ω,

$$\begin{cases} \forall \xi \in \mathbb{R}^n,\ \lambda_{\min}\,\left|\xi\right|^2 \le \left(\underline{\underline{k}}\left(x\right)\xi\right)\cdot \xi \le \lambda_{\max}\,\left|\xi\right|^2\ ,\ \lambda_{\min} > 0, \\[3mm] \underline{\underline{k}}\left(x\right) = \underline{\underline{L}}^{T}\left(x\right)\underline{\underline{L}}\left(x\right) \text{ dans une décomposition de Cholesky.} \end{cases}$$

On désigne, en renforçant légèrement l'hypothèse (2.1), par

$$(H1) \begin{cases} d \text{ et } \psi \text{ deux fonctions numériques définies sur } [0,1], \\ \quad \text{lipschitziennes, vérifiant pour tout } r \text{ de } [0,1], \\[2mm] -1 = \psi\left(0\right) \le \psi\left(r\right) \le \psi\left(1\right) = 1\ ,\ 0 < d_{\min} \le d\left(r\right) \le d_{\max}, \end{cases}$$

et on introduit g_e et g_s respectivement dans $L^{\infty}\left(\Sigma_e\right)$ et $L^{\infty}\left(\Sigma_s\right)$, deux fonctions de flux avec la condition d'incompressibilité, presque partout sur $\left]0,T\right[$,

$$(H2) \qquad \int_{\Gamma_e} g_e\, d\Gamma = \int_{\Gamma_s} g_s\, d\Gamma\ ,\ g_i \ge 0\ ,\ \mathcal{H}^n - \text{p.p. sur } \Sigma_i\ ,\ i \in \{e,s\}\ ,$$

en vue de prendre en compte les conditions d'exploitation d'un gisement à **flux d'injection et d'extraction imposés.**

Reprenant avec des adaptations mineures la démonstration de la proposition 2.3, on dispose du résultat d'existence d'une solution faible pour le "problème-modèle" unilatéral suivant $(\mathcal{P}_o)$ avec les notations du §. 2.1.2., grâce à la

Proposition 2.8. Etant donnée u_o, fonction $\mathcal{L}^n$−mesurable définie p.p. sur Ω, à valeur dans $[0,1]$, il existe au moins un couple $\left(u,\dot{P}\right)$, avec $u\left(t,.\right)\in K$ pour presque tout t de $]0,T[$, vérifiant

$$0\leq u\leq 1,\ \mathcal{L}^{n+1}-\text{p.p. dans }Q,\quad u\in L^2\left(0,T;V\right),\ \frac{\partial u}{\partial t}\in L^2\left(0,T;V'\right),$$

$$u\left(0,.\right)=u_o,\ \mathcal{L}^n-\text{p.p. dans }\Omega,\qquad \dot{P}\in L^\infty\left(0,T;H^1\left(\Omega\right)/\mathbb{R}\right),$$

solution du système, p.p. sur $]0,T[$, $\forall v\in K$, $\forall w\in H^1\left(\Omega\right)$,

$$\begin{cases} <\dfrac{\partial u}{\partial t},(v-u)\,\Phi>_{V',V}\ +\displaystyle\int_\Omega\left(\underset{=}{\mathbf{k}}\left(x\right)\nabla u\right).\nabla\left(v-u\right)\,dx \\[2mm] +\tfrac{1}{2}\displaystyle\int_\Omega d\left(u\right)\left(\psi\left(u\right)-1\right)\left(\underset{=}{\mathbf{k}}\left(x\right)\nabla P\right).\nabla\left(v-u\right)\,dx\geq 0, \\ \qquad\qquad\qquad\text{et} \\ \displaystyle\int_\Omega d\left(u\right)\left(\underset{=}{\mathbf{k}}\left(x\right)\nabla P\right).\nabla w\,dx+\int_{\Gamma_s}g_s w\,d\Gamma=\int_{\Gamma_e}g_e w\,d\Gamma, \end{cases}$$

$\dot{P}$ désignant génériquement la classe dans $H^1\left(\Omega\right)/\mathbb{R}$ d'un élément P de $H^1\left(\Omega\right)$.

On est alors en mesure de dégager des propriétés de régularité L^p du champ des gradients de pression, permettant de prouver un **double résultat d'unicité pour le système**.

Ces résultats ont été obtenus en collaboration avec H. Adande Obelembia.

On met ici en évidence le fait que si le milieu poreux n'est pas trop fortement anisotrope (ce qui revient à dire que le conditionnement de la matrice $\underset{=}{\mathbf{k}}$ relatif à la norme matricielle subordonnée à la norme euclidienne de $\mathbb{R}^n$ n'est pas trop grand) et si la fonction d, représentative de la mobilité globale, ne présente pas de fortes amplitudes, on dispose d'une estimation L^p, **avec un contrôle de l'exposant p>2**, sur le gradient de pression. Notant $q_o=\dfrac{2n}{n-2}$ et q_o^* tel que $1/q_o^*+1/q_o=\tfrac{1}{2}$ (avec la convention que $q_o^*=q_o=4$, si $n=2$ et observant que $q_o^*=n$, si $n\geq 3$), on établit alors, **à titre d'exemple d'illustration**, pour $p=q_o^*$, le

Lemme. Il existe une constante $\lambda_o\in\,]0,1[$, déterminée par la démonstration et dépendant uniquement de q_o et Ω, telle que si

$$\rho=\frac{d_{\min}\,\lambda_{\min}}{d_{\max}\,\lambda_{\max}}\in\,]\lambda_o,1],$$

alors, tout couple $\left(u, \dot{P}\right)$ solution du problème $(\mathcal{P}_o)$ vérifie

$$\dot{P} \in L^\infty\left(0, T; W^{1,q_o^*}\left(\Omega\right)/\mathbb{R}\right),$$

et satisfait la condition de dépendance continue

$$(P1) \qquad \|\nabla P\|_{L^\infty\left(0,T;L^{q_o^*}(\Omega)^n\right)} \leq C_{q_o^*} \max_{i \in \{e,s\}} \|g_i\|_{L^\infty(\Sigma_i)},$$

où $C_{q_o^*}$ dépend uniquement de $d_{\min} \lambda_{\min}$, $d_{\max} \lambda_{\max}$, n et Ω.

Le principe de la démonstration se fonde essentiellement sur les idées de J. Nečas ([143], ch. 3), généralisant dans le cas de coefficients L^∞ **symétriques** le résultat classique de N.G. Meyers ([34], [141]) par un argument de perturbation de l'équation de Poisson.

Pour presque tout t de $]0, T[$, on introduit les n^2 coefficients

$$a_{ij}\left(t, .\right) = d\left(u\left(t, .\right)\right) k_{ij} , \quad \mathcal{L}^n-\text{p.p. sur } \Omega,$$

prolongés hors de Ω par $d_{\min} \lambda_{\min} \delta_{ij}$, puis régularisés selon le procédé de convolution par l'introduction d'une fonction positive ω de $\mathcal{D}\left(\mathbb{R}^n\right)$, telle que : $\int_{\mathbb{R}^n} \omega\left(x\right) dx = 1$ et un paramètre $h > 0$, en posant

$$a_{ij}^h\left(t, x\right) = \frac{1}{h^n} \int_{\mathbb{R}^n} a_{ij}\left(t, y\right) \omega(\frac{x-y}{h}) dy,$$

de sorte que pour tout ξ de $\mathbb{R}^n$, presque partout en t et pour tout x de $\mathbb{R}^n$, **avec la convention de l'indice répété**,

$$d_{\min} \lambda_{\min} |\xi|^2 \leq a_{ij}^h\left(t, x\right)\xi_i\xi_j \leq d_{\max} \lambda_{\max} |\xi|^2 \quad \text{et } a_{ij}^h = a_{ji}^h.$$

Soit alors P_h l'élément de $L^\infty\left(0, T; H^1\left(\Omega\right)/\mathbb{R}\right)$ vérifiant, p.p. sur $]0, T[$,

$$(\mathcal{E}) \quad \forall v \in H^1\left(\Omega\right), \quad \int_\Omega a_{ij}^h \frac{\partial P_h}{\partial x_i} \frac{\partial v}{\partial x_j} dx + \int_{\Gamma_s} g_s v \, d\Gamma = \int_{\Gamma_e} g_e v \, d\Gamma.$$

On sait que $\nabla P_h \in L^\infty\left(0, T; L^p\left(\Omega\right)^n\right)$, pour tout p fini, $p \geq 1$, car dès que la frontière Γ est lipschitzienne et $p < n$, la théorie des traces indique que, d'après [143], p. 43,

$$W^{1,p}\left(\Omega\right) \hookrightarrow L^q\left(\Gamma\right), \text{ avec la relation : } \frac{1}{q} = \frac{1}{p} - \frac{1}{n-1} \frac{p-1}{p},$$

et donc, presque partout sur $]0, T[$, par (H2), l'application

$$v \to \int_{\Gamma_e} g_e \, v \, d\Gamma - \int_{\Gamma_s} g_s \, v \, d\Gamma$$

définit un élément de $\left(W^{1,p'}(\Omega)/\mathbb{R} \right)'$, pour tout p fini, $p > 1$, p' désignant l'exposant conjugué de p.

$(\mathcal{E})$ peut être réécrite, en posant $\chi = \frac{1}{2} \left(d_{\min} \lambda_{\min} + d_{\max} \lambda_{\max} \right)$,

$$\int_\Omega \nabla P_h . \nabla v \, dx = \int_\Omega \left(\delta_{ij} \frac{\partial P_h}{\partial x_j} - \frac{1}{\chi} a_{ij}^h \frac{\partial P_h}{\partial x_j} \right) \frac{\partial v}{\partial x_i} \, dx$$

$$+ \frac{1}{\chi} \left[\int_{\Gamma_e} g_e \, v \, d\Gamma - \int_{\Gamma_s} g_s \, v \, d\Gamma \right],$$

et l'on vérifie que, $\mathcal{L}^{n+1}$−presque partout dans Q, pour tout $p \in \,]2, +\infty[$,

$$\left(\sum_{i=1}^n \left| \delta_{ij} \frac{\partial P_h}{\partial x_j} - \frac{1}{\chi} a_{ij}^h \frac{\partial P_h}{\partial x_j} \right|^p \right)^{\frac{1}{p}} \le \frac{1-\rho}{1+\rho} n^{\frac{1}{2}-\frac{1}{p}} \left(\sum_{i=1}^n \left(\frac{\partial P_h}{\partial x_i} \right)^p \right)^{\frac{1}{p}}.$$

Notant $A(q_0^*) = \left\| (-\Delta)^{-1} \right\|_{\mathcal{L}\left((W^{1,q_o^*{'}}(\Omega:)/\mathbb{R})'; W^{1,q_o^*}(\Omega)/\mathbb{R} \right)}$,

$(-\Delta)$ désignant ici l'isomorphisme canonique de $H^1(\Omega)/\mathbb{R}$ sur son dual, on a donc, p.p. sur $]0, T[$, selon J.L. Lions et E. Magenes [132],

$$|\nabla P_h|_{L^{q_o^*}(\Omega)^n} \le A(q_o^*) \left[\frac{1-\rho}{1+\rho} n^{\frac{1}{q_o}} \, |\nabla P_h|_{L^{q_o^*}(\Omega)^n} + C_\chi \max_{i \in \{e,s\}} \|g_i\|_{L^\infty(\Sigma_i)} \right].$$

La propriété annoncée s'ensuit en prenant le réel ρ tel que, indépendamment de h,

$$A(q_o^*) \frac{1-\rho}{1+\rho} n^{\frac{1}{q_o}} < 1, \text{ puis en faisant tendre } h \text{ vers } 0^+. \quad \square$$

On en déduit alors deux types de **résultats d'unicité globale**.

Les développements qui suivent établissent que le problème $(\mathcal{P}_o)$ admet une solution unique dans le cadre du lemme, lorsque l'on fait une hypothèse sur la petitesse des fonctions de flux g_i.

Par ailleurs, se fixant un réel r avec

$(H3)$ $$r > \max(n, 2),$$

et reprenant la démonstration du lemme, on observe que l'on peut toujours déterminer un réel ρ_o dans $]0,1[$, dépendant de r et de Ω, tel que si

$$\rho = \frac{d_{\min}\,\lambda_{\min}}{d_{\max}\,\lambda_{\max}} \in]\rho_o, 1[,$$

on dispose de la propriété de régularité suivante, plus fine :

$(P2)$ $\qquad\qquad\qquad \nabla P \in L^{\infty}\left(0, T; L^{r}\left(\Omega\right)^{n}\right).$

Dans ce cas, selon les indications fournies par M.Chipot (Université de Metz, communication personnelle, février 1994) le problème $(\mathcal{P}_o)$ admet une solution unique **sans restriction** sur les grandeurs g_i, selon une argumentation usuelle pour les équations de Navier-Stokes.

En premier lieu, lorsque les **vitesses de filtration** des injections et des extractions restent **modérées**, on dispose en effet de la

Proposition 2.9. Dans le cadre du lemme, il existe une constante g_o, $g_o > 0$, évaluée par la démonstration, telle que si

$$0 \le g_i \le g_o \ , \ \mathcal{H}^n - \text{p.p. sur } \Sigma_i \ , \ \text{pour } i \in \{e, s\} \ ,$$

le problème $(\mathcal{P}_o)$ admet une solution unique et pour tout $t \in]0, T]$, l'application $u_o \to u(t, .)$ est contractante dans $L^2\left(\Omega; \Phi\mathcal{L}^n\right).$

Principe de la démonstration. Soient $\left(u, \dot{P}\right)$ et $\left(\hat{u}, \widehat{\dot{P}}\right)$ deux couples solutions et

$$w = u - \hat{u}.$$

On vérifie, d'après les équations en pression que, p.p. sur $]0, T[$,

$(P3)$ $\qquad \begin{cases} d_{\min} \left\| \underline{\underline{\mathbf{L}}}\left(\nabla\left(P - \widehat{P}\right)\right) \right\|_{L^2(\Omega)^n} \\[2mm] \le \ \|d(u) - d(\hat{u})\|_{L^{q_o}(\Omega)} \ \left\| \underline{\underline{\mathbf{L}}}\left(\nabla\widehat{P}\right) \right\|_{L^{q_o^{\bullet}}(\Omega)^n} \ , \end{cases}$

et que, d'après les inéquations de diffusion-convection,

$$\left< \frac{\partial w}{\partial t}, \Phi w \right>_{V', V} + \left\| \underline{\underline{\mathbf{L}}}\left(\nabla w\right) \right\|^2_{L^2(\Omega)^n} + \frac{1}{2}\left(I_1 + I_2\right) \le 0,$$

où

$$I_1 = \int_\Omega [d(u)(\psi(u) - 1) - d(\hat{u})(\psi(\hat{u}) - 1)]\, \underline{\underline{\mathbf{L}}}\,(\nabla P) \cdot \underline{\underline{\mathbf{L}}}\,(\nabla w)\; dx,$$

$$I_2 = \int_\Omega d(\hat{u})(\psi(\hat{u}) - 1)\, \underline{\underline{\mathbf{L}}}\left(\nabla\left(P - \hat{P}\right)\right) \cdot \underline{\underline{\mathbf{L}}}\,(\nabla w)\; dx.$$

Par l'inégalité de Hölder, grâce à (H1), (P1), (P3) et la continuité de l'injection de V dans $L^{q_o}(\Omega)$, on peut contrôler la contribution des termes de transport par l'intermédiaire de l'estimation $L^{q_o^\bullet}$ des gradients de pression ; il en résulte l'existence d'une constante C, C= $C(n, d, \psi, \lambda_{\min}, \lambda_{\max})$, telle que, p.p. sur $]0, T[$,

$$\frac{1}{2}|I_1 + I_2| \leq \mathrm{C}\, C_{q_o^\bullet} \left\{ \max_{i \in \{e,s\}}\; \|g_i\|_{L^\infty(\Sigma_i)} \right\} \left\| \underline{\underline{\mathbf{L}}}\,(\nabla w) \right\|_{L^2(\Omega)^n}^2$$

La propriété d'unicité est assurée dès que

$$\mathrm{C}\, C_{q_o^\bullet} \max_{i \in \{e,s\}}\; \|g_i\|_{L^\infty(\Sigma_i)} \leq 1. \;\square$$

Lorsque les données $d_{\min}$, $d_{\max}$, $\lambda_{\min}$, $\lambda_{\max}$ permettent d'obtenir par le lemme une information **plus fine** sur la régularité du champ des gradients de pression, on dispose, en second lieu, de la

Proposition 2.10. Sous l'hypothèse (H3), la propriété (P2) étant observée, le problème $(\mathcal{P}_o)$ admet une solution unique.

Principe de la démonstration. Reprenant les notations de la preuve précédente, on dispose (analogue de la propriété (P3)) de l'estimation

$$d_{\min} \left\| \underline{\underline{\mathbf{L}}}\left(\nabla(P - \hat{P})\right) \right\|_{L^2(\Omega)^n} \leq \left\| \underline{\underline{\mathbf{L}}}\,(\nabla \hat{P}) \right\|_{L^r(\Omega)^n} \|d(u) - d(\hat{u})\|_{L^{r^*}(\Omega)}$$

avec :

$$1/r + 1/r^* = 1/2\;,\; i.e.,\; r^* = 2r/(r - 2)\;,$$

d'où, pour une constante positive C convenable,

$$\left\| \underline{\underline{\mathbf{L}}}\left(\nabla\left(P - \hat{P}\right)\right) \right\|_{L^2(\Omega)^n} \leq C\, \|w\|_{L^{r^*}(\Omega)} \;.$$

Il s'ensuit que l'on a alors

$$|I_1 + I_2| \leq C \left\| \underline{\underline{\mathbf{L}}} (\nabla w) \right\|_{L^2(\Omega)^n} \cdot \|w\|_{L^{r^*}(\Omega)}$$

$$\leq \left\| \underline{\underline{\mathbf{L}}} (\nabla w) \right\|_{L^2(\Omega)^n}^2 + 4C^2 \|w\|_{L^{r^*}(\Omega)}^2 ,$$

et donc, d'après les inéquations régissant u et $\hat{u}$, on a, p.p. sur $]0, T[$,

$$\frac{d}{dt} \int_\Omega \Phi w^2 \, dx + \left\| \underline{\underline{\mathbf{L}}} (\nabla w) \right\|_{L^2(\Omega)^n}^2 \leq 4C^2 \|w\|_{L^{r^*}(\Omega)}^2 .$$

D'après les inégalités d'interpolation de Gagliardo-Nirenberg et de Sobolev, et se limitant ici au cas intéressant $n \geq 3$, on a

$$\|w\|_{L^{r^*}(\Omega)} \leq \|w\|_{L^2(\Omega)}^{1-n/r} \cdot \|w\|_{L^{2n/n-2}(\Omega)}^{n/r} , \quad 1/r^* = (1 - n/r)/2 + n/r q_o ,$$

et donc, l'injection canonique de V dans $L^{2n/n-2}(\Omega)$ étant continue, on peut trouver une constante C, $C = C(\lambda_{\min})$, telle que :

$$\|w\|_{L^{r^*}(\Omega)} \leq C \|w\|_{L^2(\Omega)}^{1-n/r} \cdot \left\| \underline{\underline{\mathbf{L}}} (\nabla w) \right\|_{L^2(\Omega)^n}^{n/r} , \quad \text{p.p. sur }]0, T[.$$

Utilisant finalement l'inégalité de Young sous la forme :

$$ab \leq \varepsilon \, a^{r/n} + C_\varepsilon \, b^{r/r-n},$$

on obtient, pour un choix de ε suffisamment petit,

$$\frac{d}{dt} \int_\Omega \Phi w^2 \, dx \leq C(\varepsilon) \int_\Omega w^2 \, dx \leq \frac{C(\varepsilon)}{\alpha} \int_\Omega \Phi w^2 \, dx, \quad \text{p.p. sur }]0, T[,$$

d'où le résultat annoncé, par le lemme de Gronwall. □

2.3.3. Construction d'un modèle pour lequel le gradient de pression est borné

Malgré les simplifications drastiques imposées par la référence aux modèles Dead Oil (absence de la prise en compte d'une phase compressible ou de phases hétérogènes typiques des modèles Black Oil), on ne connaît pas, comme le fait observer G. Chavent ([62], p. 91) de résultats d'unicité en dimension d'espace quelconque, en dehors du résultat de S.N. Antontsev et A.V. Domansky [15], énoncé pour des conditions aux limites académiques, éloignées de la pratique pétrolière (ces conditions excluent la possibilité de la présence simultanée des deux constituants sur le bord) ou de S.N. Kruzkov et S.M. Sukorjanski [120] qui supposent *a priori* les solutions régulières, établissant ainsi un résultat d'unicité conditionnelle, le problème de la régularité restant ouvert, dans le cas d'un système. Lorsque le gradient de pression est supposé rester borné, une étude récente de S.N. Antontsev, J.I. Diaz et A.V. Domansky [14], fondée sur une méthode de transposition, fournit un résultat d'unicité.

On construit ici un modèle des écoulements diphasiques incompressibles en milieu poreux, tenant compte de conditions de bord réalistes et conformes à l'usage des utilisateurs industriels et pour lequel on peut assurer l'existence et l'unicité du couple saturation-pression, sans hypothèses fortes de régularité sur les données, *i.e.* pour une formulation faible, lorsque l'effet des forces de diffusion capillaire n'est pas négligé. Le modèle proposé prend en compte des conditions de type Fourier non linéaires traduisant que les débits massiques des fluides sortant du gisement s'établissent au *prorata* de leurs mobilités massiques.

Reprenant les notations générales précédentes, on mesure la quantité d'eau injectée le long de Γ_e par l'intermédiaire de la fonction f (vitesse de filtration) non nécessairement stationnaire, et on suppose que le débit d'eau injectée à l'instant t à travers Γ_e, défini par la fonction

$$q(t) = \int_{\Gamma_e} f(t,x)\, d\Gamma \ , \ \ f \in L^\infty\left(0,T; L^2\left(\Gamma_e\right)\right) \ ,$$

vérifie :

$$q(t) \geq 0 \ , \ \text{pour } t \in [0,T],$$

q est continue sur $[0,T]$, de classe C^1 par morceaux.

On introduit, de façon similaire à (2.1), les fonctions d'état :

$$\left\{ \begin{array}{cc} & \varphi \in C^1\left([0,1]\right) \ , \ \varphi\left(0\right) = 0 \ , \\ i) & \varphi' \geq 0, \ \varphi' \text{ ne s'annulant qu'en des points isolés, dont } 0, \\ & \text{et } \varphi^{-1} \text{ étant höldérienne,} \\ ii) & \nu \text{ (fraction de flux de la phase huile) lipschitzienne,} \\ & \text{croissante sur } [0,1], \text{ avec } \nu\left(0\right) = 0, \ \nu\left(1\right) = 1 \ , \\ iii) & d \text{ (mobilité globale), fonction lipschitzienne,} \\ & \text{strictement positive sur } [0,1] \ . \end{array} \right.$$

Au système classique des écoulements eau-huile, on adjoint des conditions de bord, modifiées par rapport à la situation de la proposition 2.4. sous l'aspect suivant, les conditions sur Γ_e et Γ_l étant maintenues identiques :

sur Γ_s, zone productive, on considère que les puits sont de diamètre petit et qu'à chaque instant, la saturation S est **uniforme** le long de Γ_s. On impose donc la condition

$$S\mid_\Gamma = \mu, \ \mu \text{ étant une constante, à } t \text{ fixé, } \textbf{inconnue a priori},$$

et on admet ici que les débits massiques de chaque phase s'établissent proportionnellement à

- sa masse volumique,
- la différence locale de pression,
- la disponibilité locale de chaque constituant,
- la perméabilité locale de la paroi, mesurée par une fonction λ.

On convient de mesurer la disponibilité en chaque constituant au voisinage des puits de production par l'intermédiaire de la fonction normalisée $\kappa = \dfrac{\varphi}{\varphi(1)}$ en observant que κ est une fonction strictement croissante, telle que :

$$\kappa(0) = 0, \; \kappa(1) = 1.$$

Il vient alors le long de Γ_s, presque partout sur $]0,T[$,

$$\mathbf{Q}_o.\mathbf{n} = \lambda(x)\,\kappa(S)\,(P - P_{ext}) \quad, \quad \mathbf{Q}_w.\mathbf{n} = \lambda(x)\,(1 - \kappa(S))\,(P - P_{ext}).$$

Il en résulte alors que la condition d'**incompressibilité** impose que

$$\int_{\Gamma_s} \lambda(x)\,(P - P_{ext})\,d\Gamma = \int_{\Gamma_e} f(t)\,d\Gamma = q(t)\,, \quad t \in]0,T[.$$

On suppose pour simplifier que P_{ext} est constante le long de Γ_s et choisie nulle par translation de l'échelle barométrique.

Le cadre fonctionnel et les équations formelles se présentent alors de la façon suivante : on introduit l'espace de Hilbert,

$$X = \left\{ v \in H^1(\Omega),\; v\,|_{\Gamma_e} = 0\,,\; v\,|_{\Gamma_s} = \text{constante } a\ priori\ \text{inconnue} \right\}$$

considéré comme sous-espace fermé de V, défini au sous-paragraphe 2.1.2., et $\Omega \subseteq \mathbb{R}^3$, (*i.e.* on se limite ici aux écoulements diphasiques non miscibles incompressibles **tridirectionnels**).

Etant donnée la condition initiale de la saturation S_o, fonction $\mathcal{L}^3-$mesurable avec $0 \leq S_o(x) \leq 1$ p.p. dans Ω, on cherche formellement le couple (S,P) vérifiant les équations variationnelles couplées, presque partout sur $]0,T[$,

$$(\mathcal{E}1) \quad \begin{cases} < \dfrac{\partial S}{\partial t}, v >_{X',X} + ((\varphi(S),v)) + \displaystyle\int_{\Omega} d(S)\nu(S)\nabla P.\nabla v\,dx \\[2mm] \qquad\qquad + q(t)\,\kappa(S)\,|_{\Gamma_s}\,v\,|_{\Gamma_s} = 0, \\[2mm] \text{pour tout } v \in X, \text{ avec } S(0,.) = S_o\,,\; \mathcal{L}^3-\text{p.p. dans } \Omega, \end{cases}$$

$$(\mathcal{E}2) \quad \left\{ \begin{array}{l} \displaystyle\int_\Omega d(S)\nabla P.\nabla w \; dx \; + \; \int_{\Gamma_e} \lambda(x) \; Pw \; d\Gamma = \int_{\Gamma_e} f(t)w \; d\Gamma, \\[3ex] \hspace{3cm} \text{pour tout } w \in H^1(\Omega). \end{array} \right.$$

Notant à nouveau F la primitive de la fonction $\sqrt{\varphi'}$ qui s'annule à l'origine, on dispose du résultat d'existence suivant :

Proposition 2.11. Sous les hypothèses et notations générales précédentes, il existe au moins un couple (S, P), tel que

$$0 \leq S(t, x) \leq 1 \;,\; \mathcal{L}^4 - \text{p.p. dans } Q \;,\; F(S),\; \varphi(S) \in L^2(0, T; X),$$

$$P \in L^\infty(0, T; H^1(\Omega)) \quad,\quad \frac{\partial S}{\partial t} \in L^2(0, T; X') \quad,$$

$$S(0, .) = S_o \;,\; \mathcal{L}^3 - \text{p.p. dans } \Omega,$$

et vérifiant le système constitué des équations $(\mathcal{E}1)$ et $(\mathcal{E}2)$.

Le principe de la démonstration reconduit les arguments de la preuve de la proposition 2.4. et se résume de la manière suivante :

1) on prolonge, hors de $[0, 1]$, les fonctions φ', ν et d par leurs valeurs respectives aux extrémités de cet intervalle, et introduisant un paramètre k, entier naturel strictement positif, on remplace dans l'expression $((\varphi(S), v))$ de $(\mathcal{E}1)$ φ par la fonction $\varphi_k = \varphi + 1/k \; \mathbf{I}_d$. On établit par le théorème de point fixe de Schauder-Tychonov l'existence d'un couple (S_k, P_k), solution du problème non dégénéré correspondant.

2) on montre, en vue d'obtenir des **solutions physiquement acceptables**, que pour tout entier naturel k,

S_k vérifie la double inégalité de cohérence :

$$0 \leq S_k \leq 1 \;,\; \mathcal{L}^4 - \text{p.p. dans } Q \;;$$

pour cela, on considère successivement les fonctions tests $v = S_k^-$, puis

$v = (S_k - 1)^+$, élément de X, à presque tout instant,

en observant que :

$$\int_\Omega d(S_k)\,\nu(S_k)\,\nabla P_k.\nabla(S_k-1)^+\,dx \;+\; q(t)\kappa(S_k)\mid_\Gamma.(S_k-1)^+\mid_\Gamma.$$

$$= \int_\Omega d(S_k)\,\nabla P_k.\nabla(S_k-1)^+\,dx \;+\; q(t)\,(S_k-1)^+\mid_\Gamma,$$

d'après le choix *ad hoc* des prolongements,

$$= \int_{\Gamma_e} f(t)\,(S_k-1)^+\,d\Gamma\,,$$

d'après l'équation correspondante en pression,

$$= 0\,,\quad \text{d'après l'appartenance de } (S_k-1)^+ \text{ à } X.$$

3) on fait tendre k vers $+\infty$, en utilisant des estimations *a priori* indépendantes de k et des arguments classiques de compacité, associés à la caractérisation de Gagliardo des espaces $W^{s,p}(\Omega)$, pour $0 < s < 1$, et au fait que φ^{-1} est höldérienne.

Dans la formulation de la proposition 2.11., les résultats d'unicité font défaut, principalement par manque de régularité du couple (S, P) sous le double aspect suivant, pour presque tout t,

i) $\dfrac{\partial S}{\partial t}$ n'appartient pas à une classe de fonctions, ni à une classe normale de distributions, puisque $\mathcal{D}(\Omega)$ n'est pas dense dans X.

ii) le gradient de pression n'est pas borné et un résultat dans ce sens est sous cette formulation très malaisé à obtenir puisque l'on a formellement

$$-\Delta P = \nabla\,[\ln\,d(S)].\nabla P \ \text{dans } \Omega,\ \ t\in\,]0,T[\,,$$

le second membre n'ayant pas de sens *a priori*.

La difficulté essentielle liée à l'obtention de résultats de régularité pour P vient du fait que $d(S)$ appartient à $L^\infty(Q)$, sans autre information supplémentaire *a priori* de régularité, en dehors du résultat théorique de N.G. Meyers [141] de **portée pratique limitée.**

Pour obvier à cet inconvénient, on propose de modifier artificiellement la formulation du problème, de manière à disposer d'un modèle qui permette de maîtriser le gradient de la pression et de prouver l'unicité.

Le modèle proposé est alors le suivant :

il s'agit essentiellement de **régulariser** dans la formulation usuelle la fonction représentative de la mobilité globale $d(S)$. Pour cela, pour toute fonction u, $\mathcal{L}^3-$

mesurable définie sur Ω à valeurs dans $[0, 1]$, on pose (prolongement en dehors de Ω)

$$\overline{d \circ u}(x) = d(u(x)), \text{ si } x \in \Omega, \ d(0), \text{ si } x \notin \Omega$$

et introduisant une suite régularisante $(\rho_n)_{n \geq 1}$, on définit la fonction $(d \circ u)_n$ par la convolution $\overline{d \circ u} * \rho_n$.

Fixant l'entier naturel n_o, à la discrétion de l'utilisateur, on note de manière générale

$$(d(u))^* = (d \circ u)_{n_o} ,$$

fonction qui possède les propriétés suivantes :

i) $(d(u))^* \in C^\infty (\overline{\Omega})$,

ii) $(d(u))^* (x) > 0$, pour tout $x \in \overline{\Omega}$,

iii) $\left| (d(u))^* - (d(\hat{u}))^* \right|_{L^2(\Omega)} \leq |d(u) - d(\hat{u})|_{L^2(\Omega)}$,

iv) Pour tout p, avec $1 \leq p < +\infty$,
$(d(u))^* \to d(u)$ dans $L^p(\Omega)$, $si \ n_o \to +\infty$.

On établit alors le résultat d'existence suivant, selon la méthode qui a été décrite précédemment, lorsque, pour fixer les idées,

$$f \in L^\infty \left(0, T; C_o^1(\Gamma_e)\right), \ \lambda \in C_o^1(\Gamma_s) \ \text{(hypothèses non optimales)}.$$

Proposition 2.12. Sous les hypothèses et conventions précédentes, il existe au moins un couple (S, P), tel que

$$\begin{cases} 0 \leq S \leq 1 , \ \mathcal{L}^4 - \text{p.p. dans } Q , \ F(S), \ \varphi(S) \in L^2(0, T; X) , \\ \\ \dfrac{\partial S}{\partial t} \in L^2(0, T; X') , \ S(0, .) = S_o , \ \mathcal{L}^3 - \text{p.p. dans } \Omega, \end{cases}$$

$$P \in L^\infty \left(0, T; W^{2,q}(\Omega)\right), \ \nabla P \in L^\infty(Q)^3, \ \text{pour tout } q \in [1, +\infty[,$$

solution du système couplé, presque partout en $t \in]0, T[$:

$$\begin{cases} < \dfrac{\partial S}{\partial t}, v > + ((\varphi(S), v)) + \displaystyle\int_\Omega (d(S))^* \nu(S) \nabla P . \nabla v \, dx \\ \\ \quad + q(t) \ \kappa(S) |_{\Gamma_s} v |_{\Gamma_s} = 0 , \ \text{pour tout } v \in X, \end{cases}$$

$$\int_\Omega (d(S))^* \, \nabla P . \nabla w \, dx \; + \; \int_{\Gamma_s} \lambda(x) \, Pw \, d\Gamma = \int_{\Gamma_e} f(t) w \, d\Gamma,$$

$$\text{pour tout } w \in H^1(\Omega) .$$

Démonstration. Le résultat d'existence est obtenu en calquant point par point la démonstration de la proposition 2.11. ; seule reste à établir la régularité de P. On observe pour cela que l'on a, au sens de $\mathcal{D}'(\Omega)$, pour presque tout $t \in \,]0,T[\,$,

$$-\Delta P = \frac{d(S) * \nabla \rho_{n_o}}{(d(S))^*} \, . \, \nabla P \, , \, \text{l'égalité ayant lieu dans } L^2(\Omega) ,$$

i.e., P est solution distribution d'une équation de Poisson associée aux conditions de bord mêlées de Neumann-Robin :

$$\frac{\partial P}{\partial n} = 0 \text{ sur } \Gamma_l \, , \quad -\frac{\partial P}{\partial n} = \frac{\lambda(x) \, P}{\text{trace } (d(S))^*} \text{ sur } \Gamma_s ,$$

$$\frac{\partial P}{\partial n} = \frac{f}{\text{trace } (d(S))^*} \text{ sur } \Gamma_e \, , \text{ avec } P\,|_\Gamma \in L^\infty \left(0,T; H^{1/2}(\Gamma) \right) .$$

Puisque $(d(S))^*$ est de classe $\mathcal{C}^\infty$ sur $\overline{\Omega}$ et que les fonctions λ et f sont choisies de façon suffisamment régulière pour que $\dfrac{\partial P}{\partial n}$ soit élément de $H^{1/2}(\Gamma)$, il en résulte, selon H. Brézis [49] (théorème I.9 et sa démonstration), que

$$P \in L^\infty \left(0,T; H^2(\Omega) \right) ,$$

avec :

$$\|P\|_{L^\infty(0,T;H^2(\Omega))} \leq C(n_o) \, \|P\|_{L^\infty(0,T;H^1(\Omega))} \, .$$

Reprenant la démonstration par **un procédé de bootstrap**, il s'ensuit que

$$\nabla P \in L^\infty \left(0,T; L^6(\Omega)^3 \right) , \text{ puisque } H^1(\Omega) \hookrightarrow L^6(\Omega) ,$$

(Ω étant un ouvert borné de $\mathbb{R}^3$ de classe $\mathcal{C}^1$),

et donc, $P \in L^\infty \left(0,T; W^{2,6}(\Omega) \right) .$

Or, pour $q > 3$, on sait que :

$$W^{1,q}(\Omega) \hookrightarrow L^\infty(\Omega)$$

et donc, $\nabla P \in L^\infty (Q)^3$; en conséquence, $-\triangle P \in L^q (Q)$ pour tout $q \in [1, +\infty[$, d'où le résultat annoncé.   □

On suppose désormais pour simplifier l'exposé que les fonctions ν et d sont dérivables. On dispose alors du résultat d'unicité suivant :

Proposition 2.13. Sous l'hypothèse que

(H)   la fonction $\dfrac{\nu'^2 + d'^2}{\varphi'}$ est bornée,

le couple-solution introduit par la proposition 2.12. est **unique**.

Remarques. Dans le cas du système non dégénéré (qui constitue un modèle approché), *i.e.* lorsque φ' ne s'annule pas, la condition (H) est vérifiée. Dans le cas particulier des systèmes artificiellement découplés en supposant la fonction d constante [94], [98], [100], on retrouve un résultat de B.H. Gilding-L.A. Peletier dans le cas monodimensionnel, (*cf.* [7], [75] et sa bibliographie). En pratique, si φ' s'annule uniquement en zéro, la condition (H) se ramène à

$$\nu'^2 + d'^2 = \mathbf{O}(\varphi') \ , \ \text{lorsque } s \text{ tend vers } 0^+.$$

Démonstration de l'unicité. Soient (S, P) et $\left(\widehat{S}, \widehat{P}\right)$ deux couples solutions du problème, au sens de la proposition 2.12.. En premier lieu, on observe que l'on a, pour presque tout t, $\forall w \in H^1 (\Omega)$,

$$\int_\Omega \left(d(S)^* \nabla P - d\left(\widehat{S}\right)^* \nabla \widehat{P}\right) . \nabla w \, dx + \int_{\Gamma_\bullet} \lambda \left(P - \widehat{P}\right) w \, d\Gamma = 0.$$

Pour le choix de $w = P - \widehat{P}$, il vient

$$\int_\Omega d(S)^* \left|\nabla (P - \widehat{P})\right|^2 dx + \int_{\Gamma_\bullet} \lambda \left(P - \widehat{P}\right)^2 d\Gamma$$

$$= \int_\Omega (d\left(\widehat{S}\right)^* - d(S)^*) \nabla \widehat{P} . \nabla \left(P - \widehat{P}\right) \, dx.$$

Il en résulte qu'il existe des constantes C_1, C_2 indépendantes de t, telles que l'on ait, p.p. en $t \in]0, T[$,

$$\left\|\left(P - \widehat{P}\right) (t)\right\|_{H^1(\Omega)} \le C_1 \left|(d(S) - d\left(\widehat{S}\right)) (t)\right|_{L^2(\Omega)},$$

$$\left\|d(S)^* \nabla P - d\left(\widehat{S}\right)^* \nabla \widehat{P}\right\|_{L^2(\Omega)^3} \le C_2 \left|d(S) - d\left(\widehat{S}\right)\right|_{L^2(\Omega)}.$$

En second lieu, en adaptant au cas non linéaire la méthode de O.A. Ladyzen-skaya pour les équations hyperboliques du deuxième ordre (*cf.* [72], volume 8, chapitre XVIII, p. 779), on pose

$$\gamma(t) = \left\{ \begin{array}{ll} \int_t^s \left(\varphi(S(\sigma)) - \varphi\left(\widehat{S}(\sigma)\right) \right) d\sigma, & t \leq s, \\ 0 & , \quad t > s, \end{array} \right.$$

où $s \in]0, T[$ est un instant à fixer au moment opportun de la démonstration.

On a, pour presque tout $t \in]0, T[$,

$$< \frac{\partial}{\partial t} \left(S - \widehat{S} \right), v >_{X', X} + \left(\left(\varphi(S) - \varphi\left(\widehat{S}\right), v \right) \right)$$

$$+ q(t)(\kappa(S) - \kappa\left(\widehat{S}\right)) \mid_\Gamma, v \mid_\Gamma,$$

$$+ \int_\Omega \left[d(S)^* \nu(S) \nabla P - d\left(\widehat{S}\right)^* \nu\left(\widehat{S}\right) \nabla \widehat{P} \right] . \nabla v \, dx = 0,$$

$$\text{pour tout } v \in X.$$

Pour le choix de $v = \gamma(t)$, il vient par intégration par parties entre 0 et s,

$$\left\{ \begin{array}{l} \displaystyle \int_0^s \int_\Omega \left(S - \widehat{S} \right) \left(\varphi(S) - \varphi\left(\widehat{S}\right) \right) \, dx dt + \frac{1}{2} \|\gamma(0)\|_V^2 \\[3mm] + \frac{1}{2} \frac{q(0)}{\varphi(1)} \left(\gamma(0) \mid_\Gamma \right)^2 + \frac{1}{2\varphi(1)} \int_0^s q'(t) \gamma(t)^2 \mid_\Gamma \, dt = I(s), \\[3mm] \text{où, par notation,} \\[3mm] \displaystyle I(s) = \int_0^s \int_\Omega \left[d(S)^* \nu(S) \nabla P - d\left(\widehat{S}\right)^* \nu\left(\widehat{S}\right) \nabla \widehat{P} \right] . \nabla \gamma(t) \, dx dt, \end{array} \right.$$

q' étant de signe quelconque, mais borné, d'après l'hypothèse sur f.

Mais, si l'on pose

$$y(t) = \int_0^t \left(\varphi(S(\sigma)) - \varphi\left(\widehat{S}(\sigma)\right) \right) d\sigma,$$

on a

$$\gamma(t) = y(s) - y(t), \ \gamma(0) = y(s),$$

et on peut écrire, d'après les théorèmes généraux de traces (*cf.* prop. 2.1.),

$$\int_0^s \int_\Omega \left(S - \widehat{S} \right) \left(\varphi(S) - \varphi\left(\widehat{S} \right) \right) dx\, dt \,+\, \frac{1}{2} \, \|y(s)\|_V^2$$

$$+ \frac{q(0)}{2\,\varphi(1)} \, (y(s) \,|_{\Gamma_s})^2 \,\le\, C_3 \int_0^s \|y(s) - y(t)\|_V^2 \, dt \,+\, |I(s)| \,,$$

où l'on note C_3 une constante telle que :

$$C_3 = C_3 \left(\|q'\|_{L^\infty(0,T)} \,,\, \mathcal{H}^2 - \mathrm{mes}\,(\Gamma_s) \right) .$$

Par la décomposition

$$d\,(S)^* \,\nu\,(S)\,\nabla P - d\left(\widehat{S} \right)^* \nu\left(\widehat{S} \right) \nabla \widehat{P} = \left[\nu\,(s) - \nu(\widehat{S}) \right] d(S)^* \nabla P$$

$$+ \nu(\widehat{S}) \left[-d\left(\widehat{S} \right)^* \nabla \widehat{P} + d(S)^* \nabla P \right] ,$$

on obtient grâce aux estimations antérieures la majoration suivante:

$$|I(s)| \le \delta \int_0^s \int_\Omega \left(\nu\,(S) - \nu(\widehat{S}) \right)^2 dx\, dt \,+\, C_4(\delta) \int_0^s \|\gamma\,(t)\|_V^2 \, dt$$

$$+ \delta \int_0^s \int_\Omega \left(d\,(S) - d(\widehat{S}) \right)^2 dx\, dt \,+\, C_5(\delta) \int_0^s \|\gamma\,(t)\|_V^2 \, dt,$$

où δ est un réel strictement positif, à choisir convenablement dans ce qui suit, C_4 et C_5 étant deux constantes dépendant de δ. Compte tenu de cette estimation, il s'ensuit en particulier que

$$\int_0^s \int_\Omega \left(S - \widehat{S} \right) \left(\varphi\,(S) - \varphi(\widehat{S}) \right) dx dt$$

$$-\delta \int_0^s \int_\Omega \left[\left(\nu\,(S) - \nu(\widehat{S}) \right)^2 + \left(d\,(S) - d(\widehat{S}) \right)^2 \right] dx dt$$

$$+ \frac{1}{2} \, \|y(s)\|^2 \le C_6\,(\delta) \int_0^s \|y(s) - y(t)\|^2 \, dt.$$

Ecrivant

$$\|y(s) - y(t)\|^2 \le 2 \, \|y(s)\|^2 \,+\, 2 \, \|y(t)\|^2 \,,$$

on en déduit par cette méthode qui met de fait en œuvre une technique de transposition par rapport à la variable de temps sur une durée bien choisie, que

$$\int_0^s \int_\Omega \left(S - \widehat{S}\right) \left(\varphi(S) - \varphi(\widehat{S})\right) \, dx dt$$

$$-\delta \int_0^s \int_\Omega \left[\left(\nu(S) - \nu(\widehat{S})\right)^2 + \left(d(S) - d(\widehat{S})\right)^2\right] \, dx dt$$

$$+ (\frac{1}{2} - 2 \, C_6(\delta) \, s) \, \|y(s)\|^2 \le 2 \, C_6(\delta) \int_0^s \|y(t)\|^2 \, dt.$$

Mais l'hypothèse (H) implique que si δ est suffisamment petit, *i.e.* $\delta \in \,]0, \delta_o]$ pour fixer les idées, la fonction Λ définie par

$$\Lambda(r, \widehat{r}) = (r - \widehat{r})(\varphi(r) - \varphi(\widehat{r})) \, - \, \delta(\nu(r) - \nu(\widehat{r}))^2 \, - \, \delta(d(r) - d(\widehat{r}))^2$$

est positive ou nulle sur $[0, 1] \times [0, 1]$. Il s'ensuit que

$$(\frac{1}{2} - 2 \, C_6(\delta_o) s) \, \|y(s)\|^2 \le 2 \, C_6(\delta_o) \int_0^s \|y(t)\|^2 \, dt.$$

Si donc, on choisit $s_o > 0$ avec, par exemple, $\frac{1}{2} - 2C_6(\delta_o) s_o = \frac{1}{4}$, il vient alors

$$\|y(s)\|^2 \le 8 \, C_6(\delta_o) \int_0^s \|y(t)\|^2 \, dt \, , \text{ pour } 0 \le s \le s_o,$$

et donc, par le lemme de Gronwall, $y = 0$ dans l'intervalle $[0, s_o]$. La longueur s_o étant indépendante du choix de l'origine des temps, on en déduit que $y = 0$ dans tout l'intervalle $[0, ks_o]$, k entier naturel et donc sur $[0, T]$. La nullité de la fonction y sur $[0, T]$ implique, p.p. dans Q, l'égalité de S et $\widehat{S}$ puisque φ est injective, et donc l'égalité, $\mathcal{L}^4$-presque partout dans Q, de P et $\widehat{P}$.

2.4. Résultats sur les modèles Black Oil pseudo-compositionnels

On se place dans le cadre de la modélisation du système physique "Black Oil non thermique" décrit au §.1.3.1.. Les inconnues retenues sont S_w, S_g, les saturations réduites des phases aqueuses et gazeuses (ces choix sont pratiquement dictés par les lois de comportement décrites en (1.14)), une inconnue en pression et une variable propre à décrire la compositic de la phase huile, lorsque la connaissance de cette dernière ne résulte pas ii iédiatement des valeurs de la pression.

Le choix le plus approprié mathématiquement de l'inconnue en pression P semble être la pression de la phase gazeuse, d'autres choix étant possibles (par exemple, la pression de la phase huile). On pourra se rapporter aux travaux de A.M. Lefévère et les auteurs [96], pour diverses variantes. Dans le cas d'une huile saturée, l'inconnue naturelle qui décrit l'évolution de la composition de la phase huile est X_o^h ou plus généralement $\beta\left(X_o^h\right)$, lorsque β est une application biunivoque définie sur $[0,1]$. On exploite ici l'idée développée en (1.32) et (1.36) qui met en relief l'inconnue auxiliaire C_o^h.

On propose alors dans ce qui suit, en prenant pour jeu d'inconnues le quadruplet S_w, S_g, P (pression de la phase gazeuse) et C_o^h, une étude analytique de formulations variationnelles du problème semi-discrétisé implicite par rapport au temps, dans le cas de déplacements **tridimensionnels**.

De crainte qu'un rigorisme trop exigeant ne fasse perdre de vue l'essentiel de l'analyse mathématique, on convient de procéder à diverses simplifications qui n'altèrent pas la nature des équations. Dès lors, on va omettre certains termes de diffusion, jugés négligeables en général par l'utilisateur (l'influence de ces termes peut être prise en compte par une classique méthode de prédicteur-correcteur). Ainsi dans l'équation de conservation de l'eau, on néglige le terme dû à la pression capillaire P_g, le terme de transport étant jugé communément prépondérant. Dans le même esprit, les termes de diffusion dûs aux pressions capillaires P_w et P_g dans l'équation en pression ne sont pas pris en compte. Enfin, on convient dans l'équation en pression, et **uniquement là**, pour desserrer le couplage et réduire la longueur des expressions analytiques que la masse volumique de la phase huile ne dépend pas de la composition de cette même phase et pour simplifier l'écriture, on prendra ρ_o constant égal à l'unité ; dans les autres équations, la dépendance de ρ_o en fonction de X_o^h, trait caractéristique des modèles compositionnels, est prise en compte. Dans ce cas, l'équation en pression se réécrit :

$$\frac{\partial}{\partial t}\left(S_g\left(\rho_g\left(P\right)-1\right)\right) - div\left(d_*\left(S_w,S_g,P,X_o^h\right)\nabla P\right) = 0 \text{ dans } Q,$$

$$d_* \text{ étant défini en (1.12)},$$

formulation simplifiée où apparaît bien l'influence de l'éventuelle phase gazeuse et de la compressibilité de cette phase. On pourrait cependant se soustraire à cette dernière simplification, car, par des adaptations adéquates des méthodes développées ici, on traiterait le cas général, à savoir une équation en pression de type :

$$\frac{\partial}{\partial t}\left[S_w\left(1-\rho_o\left(X_o^h\right)\right) + S_g\left(\rho_g\left(P\right)-\rho_o\left(X_o^h\right)\right) + \rho_o\left(X_o^h\right)\right]$$

$$-div\left(d_*\left(S_w,S_g,P,X_o^h\right)\nabla P\right) = 0 \text{ dans } Q.$$

Pour tenir compte de la compressibilité de la phase gazeuse, qui est un caractère essentiel et **moteur** dans la dynamique du phénomène, on suppose que la masse volumique de la phase gazeuse est une fonction continue croissante de la seule variable P (comme, par exemple, la loi de Boyle-Mariotte) sur le domaine admissible des variations de pression. En dehors de cet intervalle, on prolonge

ρ_g en une fonction positive croissante bornée, par l'introduction d'une fonction fictive $\overline{P}$, de telle sorte que :

$$(2.31) \qquad \forall P \geq \overline{P}, \ \rho_g(P) = \rho_g(\overline{P}) = 1.$$

L'introduction de la pression artificielle $\overline{P}$ traduit le fait que le prolongement de ρ_g induit une méthode de pénalisation puisque dans le domaine des pressions admissibles en pratique, ρ_g est très petit devant l'unité. Dans les démonstrations ultérieures, la monotonie de la fonction ρ_g joue un rôle essentiel, déjà perçu dans [95], [96].

On s'intéresse dans ce paragraphe à la formulation variationnelle du problème semi-discrétisé implicite par rapport au temps, relatif aux conditions de bord (1.17), (1.19), (1.20) et (1.21).

On considère un pas de temps h strictement positif et on recherche une suite de 4-uplets (S_w^k, S_g^k, P^k, C^k) appelés à approcher le 4-uplet (S_w, S_g, P, C_o^h) à l'instant $t_k = kh$, $k \in N^*$, en utilisant un schéma implicite en les inconnues en saturation et en pression. Avant de présenter ce schéma, on adopte afin d'alléger l'écriture des équations, les conventions suivantes relatives aux fonctions d_*, ν_p, ρ_p, μ_p, etc... en notant de manière générale, pour tout entier k et pour toute fonction générique σ de $\mathbb{R}^4$ à valeur dans $\mathbb{R}$,

$$\sigma_k(x) = \sigma\left(S_w^k, S_g^k, P^k, (X_o^h)^{k-1}\right), \ x \in \Omega, \ k \geq 1,$$

$(X_o^h)^k$ étant défini à partir de C_k par la relation (1.36), et $\widetilde{\sigma}_k$ désignera un interpolant de classe C^1 de σ_k sur $\overline{\Omega}$.

De même, la fonction K_{r_o} étant définie en (1.34), on note, en relation avec l'expression de l'équation de conservation du pseudo-constituant lourd,

$$a_i^k = \frac{-1}{\mu_o((X_o^h)^{k-1})} K_{r_o}(S_w^k, S_g^k, P^k) \left[\frac{\partial P^k}{\partial x_i} - \frac{\partial}{\partial x_i} P_g(S_g^k)\right],$$

et on **suppose** la famille régulière $\{\widetilde{a}_i^k\}$ correspondante construite de sorte que l'expression $\dfrac{\partial \widetilde{a}_i^k}{\partial x_i}$ soit uniformément minorée, *i.e.*,

$$(\mathcal{H}_\varpi) \qquad \exists \varpi > 0, \ \forall k \geq 1, \ \frac{\partial \widetilde{a}_i^k}{\partial x_i} + \varpi \geq 0 \text{ dans } \overline{\Omega}.$$

On introduit enfin les notations suivantes :

$$\mathcal{K}_k = \left\{v \in L^2(\Omega), \ v \geq S_o^k \left[\rho_o \omega_o^h\right](C(P^k)), \ \mathcal{L}^3 - \text{ p.p. dans } \Omega\right\},$$

$$A_k = \widetilde{a}_i^k \frac{\partial}{\partial x_i}, \ b_k = \frac{\partial}{\partial x_i}(\widetilde{a}_i^k),$$

avec, de façon systématique, la convention de l'**indice répété** i.

Le cadre fonctionnel de la modélisation est alors le suivant : on introduit à nouveau l'espace de Hilbert V,

$$V = \left\{ v \in H^1(\Omega),\ \mathrm{tr}(v) = 0 \text{ sur } \Gamma_e \right\},\ \Omega \subseteq \mathbb{R}^3,$$

avec les mêmes conventions d'identification, lorsque l'espace $L^2(\Omega)$ sert d'espace pivot. On considère :

$$C^+ \text{ le cône positif de } L^2(\Omega),$$

$$K^+ = \left\{ v \in V,\ v \geq 0,\ \mathcal{L}^3 - \text{p.p. dans } \Omega \right\} = V \cap C^+,$$

cône convexe fermé de V, de sommet l'origine, et

$$K_1 = \left\{ v \in H^1(\Omega),\ \mathrm{tr}(v) = 1 \text{ sur } \Gamma_e \right\},$$

convexe fermé non vide de $H^1(\Omega)$; alors, $V = K_1 - K_1$.

Adoptant à nouveau la convention de sommation de l'indice répété, pour tout système $(a_i)_{1 \leq i \leq 3}$ de fonctions de classe $\mathcal{C}^1$ sur $\overline{\Omega}$, on note l la fonction définie sur la frontière Γ par :

$$l(x) = a_i(x)\, n_i(x).$$

On introduit avec les notations de C. Bardos [27] et F. Mignot-J.P. Puel [142] les espaces :

$$W(A) = \left\{ u \in L^2(\Omega)\,;\ Au \in L^2(\Omega) \right\},\ \text{ où }\ Au = a_i \frac{\partial u}{\partial x_i},$$

muni de la norme :

$$\|u\|_{W(A)} = \sqrt{|u|^2_{L^2(\Omega)} + |Au|^2_{L^2(\Omega)}},$$

et

$$\widetilde{W}(A) = \left\{ u \in W(A)\,;\ u\,|_\Gamma \in L^2_l(\Gamma) \right\},$$

où

$$L^2_l(\Gamma) = \left\{ u : \Gamma \to \mathbb{R}\,;\ \int_\Gamma |l(x)|\ u(x)^2\, d\Gamma < +\infty \right\},$$

muni de la norme :

$$\|u\|_{\widetilde{W}(A)} = \sqrt{\|u\|^2_{W(A)} + \int_\Gamma |l(x)|\ |u(x)|^2\, d\Gamma}.$$

On est alors en mesure d'établir un **résultat d'existence.**

Dans ce cadre fonctionnel, on dispose en effet de la proposition suivante qui établit que le problème couplé régularisé par l'ajout d'un terme de viscosité artificielle dans les équations en saturation est bien posé mathématiquement, au sens où l'approche analytique confirme la cohérence du système d'équations utilisé par l'existence d'une solution physiquement acceptable, *i.e.*, à valeur dans T (*cf.* p. 12), l'unicité étant prouvée dans certains cas. Il faut en effet garder à l'esprit que ces équations de continuité sont associées à des lois empiriques, *i.e.*, que la modélisation s'appuie à la fois sur la théorie et sur l'observation et l'expérience.

Proposition 2.14. Pour tout ε strictement positif et pour tout h strictement positif, suffisamment petit, pour toute donnée initiale $\left(S_w^o, S_g^o, P^o, \left(X_o^h\right)^o\right)$, vérifiant les hypothèses naturelles,

$$S_w^o \in L^\infty\left(\Omega\right), \; S_g^o \in L^\infty\left(\Omega\right), \; P^o \in L^\infty\left(\Omega\right),$$

$$\left(S_w^o, S_g^o\right) \in T \quad \text{et} \quad 0 \leq \left(X_o^h\right)^o \leq 1 \,, \; \mathcal{L}^3 - \text{p.p. dans } \Omega,$$

et posant :

$$C^o = \left(1 - S_w^o - S_g^o\right) \left[\rho_o \omega_o^h\right]\left(\left(X_o^h\right)^o\right),$$

il existe au moins une suite $\left(S_w^k, \; S_g^k, \; P^k, \; C^k\right), \, k \in N^*$, telle que :

$$S_w^k \in K_1 \,, \; S_g^k \in K^+ \,, \; P^k \in H^1\left(\Omega\right) \cap C^+ \,, \; C^k \in \mathcal{K}_k \cap \widetilde{W}\left(A_k\right),$$

$$\left(S_w^k, S_g^k\right) \in T, \quad \mathcal{L}^3 - \text{p.p. dans } \Omega,$$

solution du système fortement couplé d'équations et d'inéquations variationnelles du premier et du second ordre suivant :

i)

$$S_w^k \in K_1 \text{ et vérifie pour tout } v \in V \,,$$

$$\frac{1}{h}\int_\Omega \left(S_w^k - S_w^{k-1}\right) v \, dx \; + \; \int_\Omega \left\{\left[d_* \nu_w\right]_k P_w'\left(S_w^k\right) + \varepsilon\right\} \nabla S_w^k . \nabla v \, dx$$

$$+ \int_\Omega \left[d_* \nu_w\right]_k \nabla P^k . \nabla v \, dx \; + \; \int_{\Gamma_*} \lambda \left[d_* \nu_w\right]_k P^k v \, d\Gamma = 0,$$

ii)

$$S_g^k \in K^+ \text{ et vérifie pour tout } v \text{ de } K^+,$$

$$\frac{1}{h} \int_\Omega \left[\rho_o \omega_o^h\right] \left(C\left(P^k\right)\right) \left(S_w^k + S_g^k - S_w^{k-1} - S_g^{k-1}\right) \left(v - S_g^k\right) \, dx$$

$$+ \int_\Omega \omega_o^h \left(C\left(P^k\right)\right) [d_* \nu_o]_k \, \nabla P_g\left(S_g^k\right) . \nabla\left(v - S_g^k\right) \, dx$$

$$+ \varepsilon \int_\Omega \nabla\left(S_g^k + S_w^k\right) . \nabla\left(v - S_g^k\right) \, dx$$

$$- \int_\Omega \omega_o^h \left(C\left(P^k\right)\right) [d_* \nu_o]_k \, \nabla P^k . \nabla\left(v - S_g^k\right) \, dx$$

$$\geq \int_{\Gamma_*} \lambda \, \omega_o^h \left(C\left(P^k\right)\right) [d_* \nu_o]_k \, P^k \left(v - S_g^k\right) \, d\Gamma,$$

iii)

$$P^k \in \mathcal{H}^1\left(\Omega\right) \cap C^+ \text{ et vérifie pour tout } v \text{ de } C^+ \cap H^1\left(\Omega\right) \ ,$$

$$\frac{1}{h} \int_\Omega S_g^k \left(\rho_g\left(P^k\right) - 1\right) \left(v - P^k\right) \, dx + \int_\Omega d_{*k} \nabla P^k . \nabla\left(v - P^k\right) \, dx$$

$$+ \int_{\Gamma_*} \lambda \, d_{*k} P^k (v - P^k) \, d\Gamma$$

$$\geq \int_{\Gamma_e} f(v - P^k) \, d\Gamma + \frac{1}{h} \int_\Omega S_g^{k-1} \left(\rho_g\left(P^{k-1}\right) - 1\right) \left(v - P^k\right) \, dx,$$

iv)

$$C^k \in \mathcal{K}_k \cap \widetilde{W}\left(A_k\right) \text{ et vérifie, pour tout } v \text{ de } \mathcal{K}_k \ ,$$

$$\frac{1}{h} \int_\Omega \left(C^k - C^{k-1}\right) \left(v - C^k\right) \, dx + \int_\Omega \left(A_k C^k + b_k C^k\right) \left(v - C^k\right) \, dx \geq 0,$$

et la condition :

$$C^k = S_o^k \left[\rho_o \omega_o^h\right] \left(C\left(P^k\right)\right)$$

sur la partie de la frontière Γ, éventuellement de mesure superficielle non nulle, où :

$$\widetilde{a}_i^k . n_i < 0.$$

Démonstration. En premier lieu, on établit par des méthodes de point fixe l'existence d'une solution du schéma semi-discrétisé implicite défini par les trois relations variationnelles i), ii), iii).

Pour cela,

X_o^h étant maintenu stationnaire dans le passage du temps t_k à t_{k+1}, on détermine le triplet $\left(S_w^{k+1}, S_g^{k+1}, P^{k+1}\right)$ à partir de la connaissance du triplet $\left(S_w^k, S_g^k, P^k\right)$ par le second théorème de point fixe de Schauder appliqué dans un sous-espace fermé de $W = \left[H^1(\Omega)\right]^3$.

On est alors amené à introduire un résultat préparatoire sur l'équation en pression grâce au théorème de point fixe de Tikhonov.

Dans la seconde partie, on montre comment C^{k+1} et donc $\left(X_o^h\right)^{k+1}$ est obtenu par la résolution de l'inéquation hyperbolique linéaire de premier ordre iv) : S_w^{k+1}, S_g^{k+1} et P^{k+1} étant obtenus, on détermine C^{k+1} de **manière unique** par la résolution du problème iv) pour tout h strictement positif, suffisamment petit.

En effet, l'hypothèse $(\mathcal{H}_{\varpi})$ entraîne que pour tout h pris tel que :

$0 < h < 1/\varpi$, l'opérateur $(b_{k+1} + 1/h) + A_{k+1}$ satisfait à l'hypothèse de coercivité :

$$(b_{k+1} + 1/h) - \frac{1}{2}\sum_{i=1}^{3}\frac{\partial \widetilde{a}_i^{k+1}}{\partial x_i} \geq \frac{1}{2}\ \varpi > 0 \ .$$

L'existence et l'unicité de C^{k+1} résulte alors de [142], (théorème 3.1), en observant que la fonction $S_o^{k+1}\left(\rho_o\omega_o^h\right)\left(C\left(P^{k+1}\right)\right)$, où :

$$S_o^{k+1} = 1 - S_g^{k+1} - S_w^{k+1},$$

est dans $H^1(\Omega)$ et donc, *a fortiori,* dans l'ensemble $\widetilde{W}(A_1)$, **réticulé** d'après l'usage des techniques de double approximation conduisant, par exemple, à l'inégalité de Kato ([72], tome 1, vol. 2, pp. 530-533).

Le détail de cette démonstration due à A.M. Lefèvère et les auteurs peut être trouvé dans [96]. Par diverses variantes et généralisations des méthodes présentées, l'étude du schéma totalement implicite en le 4-uplet (S_w^k, S_g^k, P^k, C^k) est possible. En outre, pour établir la démonstration, il convient de prolonger en dehors de $\mathcal{T}$ les fonctions ν_p, $p \in \{o, w, g\}$, d, etc... de façon adéquate : cette étude technique a été entreprise par A.M. Lefèvère et les auteurs dans [96], puis reprise par P. Fabrie et M. Saad pour l'analyse d'un cas d'évolution [90].

Quelques informations peuvent être apportées sur la stabilité numérique du schéma semi-discrétisé. On introduit la notation usuelle suivante : pour toute suite $\left(u^k\right)_{0 \leq k \leq N-1}$ de fonctions numériques définies sur Ω, on désigne par u_h la fonction en escalier, relativement à la variable de temps, définie sur Q par

$$u_h\left(t, x\right) = \sum_{k=0}^{N-1} u^k\left(x\right) \chi_k(t),$$

χ_k étant la fonction caractéristique de l'intervalle $[kh, (k+1)h]$. On suppose en outre la fonction d_* de mobilité massique globale, introduite en (1.12), (1.13), **indépendante de la pression**.

On dispose alors des résultats partiels de stabilité du schéma, lorsque le pas de temps devient arbitrairement petit, contenus dans la proposition suivante :

Proposition 2.15. Lorsque le pas de temps h tend vers 0^+,

(P1) $\left(S_w\right)_h$ demeure dans un borné fixe de $L^\infty(Q)$,

(P2) $\left(S_g\right)_h$ demeure dans un borné fixe de $L^\infty(Q)$,

(P3) $\left(P\right)_h$ demeure dans un borné fixe $L^\infty\left(0, T; L^6(\Omega)\right)$,

(P4) $\left(C\right)_h$ demeure dans un borné fixe de $L^\infty(Q)$.

Démonstration.- On distingue comme précédemment deux parties, selon que l'on s'intéresse aux inconnues (S_w, S_g, P) ou au problème du premier ordre.

Première partie

Les propriétés (P1) et (P2) résultent immédiatement du fait qu'à chaque itération, le couple $\left(S_w^k, S_g^k\right)$, physiquement admissible, appartient au triangle-diagramme de référence $\mathcal{T}$, $\mathcal{L}^3$−p.p. dans Ω. Pour établir (P3), on introduit le problème intermédiaire suivant, qui va permettre un principe de comparaison :

à chaque itération, on considère $\widehat{P}^k \in H^1(\Omega)$, la solution du problème correspondant à un modèle d'écoulements incompressibles, *i.e.*, vérifiant l'équation variationnelle, pour tout $v \in H^1(\Omega)$,

$$\int_\Omega d_{*_k} \nabla \widehat{P}^k . \nabla v \, dx \; + \; \int_{\Gamma_*} \lambda \, d_{*_k} \widehat{P}^k v \, d\Gamma = \int_{\Gamma_e} fv \, d\Gamma,$$

où donc, conformément aux notations précédentes et à l'hypothèse nouvelle sur l'**indépendance** de la fonction d_* en l'inconnue de **pression**, on a noté :

$$d_{*k} = d_* \left(S_w^k, S_g^k, \left(X_o^h \right)^{k-1} \right), \; k = 1, 2, ..., N - 1.$$

On observe aisément que :

*) $f \geq 0$, $d\Gamma$−p.p. sur Γ_e , implique : $\widehat{P}^k \geq 0$, $\mathcal{L}^n$−p.p. dans Ω ;

**) il existe une constante R, indépendante de k, telle que :

$$\forall k, \quad \left\| \widehat{P}^k \right\|_{H^1(\Omega)} \leq R.$$

On va alors établir que l'on dispose de l'encadrement (cf. (2.31)) :

$$\forall k, \; 0 \leq P^k \leq \overline{P} + \widehat{P}^k, \; \mathcal{L}^3 - \text{p.p. dans } \Omega.$$

Dès lors, en dimension 3, on sait que $H^1(\Omega) \hookrightarrow L^6(\Omega)$, d'où résultera la propriété **(P3)**.

Pour cela, il suffit de prendre
$v = P^k - \left(P^k - \overline{P} - \widehat{P}^k \right)^+ = \min \left(P^k, \overline{P} + \widehat{P}^k \right)$, élément de $H^1(\Omega) \cap C^+$,
dans l'inéquation relative à P^k, et $v = \left(P^k - \overline{P} - \widehat{P}^k \right)^+$ dans l'équation relative
à $\widehat{P}^k$.

Par différence, il vient :

$$1/h \int_\Omega S_g^k \left(\rho_g \left(P^k \right) - 1 \right) \left(P^k - \overline{P} - \widehat{P}^k \right)^+ dx$$

$$+ \int_\Omega d_{*k} \left[\nabla \left(P^k - \overline{P} - \widehat{P}^k \right)^+ \right]^2 dx$$

$$+ \int_{\Gamma_*} \lambda \, d_{*k} \left(P^k - \widehat{P}^k \right) \left(P^k - \overline{P} - \widehat{P}^k \right)^+ d\Gamma$$

$$\leq 1/h \int_\Omega S_g^{k-1} \left(\rho_g \left(P^{k-1} \right) - 1 \right) \left(P^k - \overline{P} - \widehat{P}^k \right)^+ dx \leq 0.$$

Observant que le premier terme du membre de gauche est nul, car on intègre sur l'ensemble $\mathcal{L}^3$−mesurable des $x \in \Omega$ où : $P^k \geq \overline{P} + \widehat{P}^k$, ensemble contenu dans la région où l'on a

$$P^k \geq \overline{P} \quad \text{et donc} \quad , \; \rho_g \left(P^k \right) = 1 \text{ par construction,}$$

et qu'en outre

$$\left(P^k - \widehat{P}^k \right) \left(P^k - \overline{P} - \widehat{P}^k \right)^+ \geq \left[\left(P^k - \overline{P} - \widehat{P}^k \right)^+ \right]^2,$$

la propriété annoncée est établie.

On peut remarquer que l'on dispose de l'encadrement

$$\forall k,\ 0 \leq P^k \leq \overline{P} + \sup_{\Gamma_e}\ \widehat{P}^{\,k},\quad \mathcal{L}^3 - \text{p.p. dans } \Omega.$$

Il suffit, pour cela, de poser

$$M_k = \sup_{\Gamma_e}\ \widehat{P}^{\,k},\text{ supposé exister,}$$

et de prendre, dans l'équation relative à $\widehat{P}^{\,k}$, la fonction-test :
$v = \left(\widehat{P}^{\,k} - M_k\right)^+$, de trace nulle sur Γ_e, par construction.

Deuxième partie de la démonstration

Pour établir la propriété (P4), il suffit d'obtenir une majoration de C^k sur Ω puisque la condition $C^k \in \mathcal{K}_k$ entraîne de façon évidente une minoration de C^k sur Ω.

Pour cela, on démontre, en effectuant une récurrence sur k, pour h tel que : $0 < h < 1/2\varpi$, l'inégalité :

$$C^k \leq e^{2\varpi k h}M,\quad \mathcal{L}^3 - \text{p.p. dans } \Omega,$$

où ϖ est la constante introduite dans l'hypothèse $(\mathcal{H}_\varpi)$ et M désigne la constante $\left(\rho_o \omega_o^h\right)(1)$.

En effet, on dispose *ipso facto* de la majoration $C^o \leq M$. En supposant vraie l'inégalité à l'étape $(k-1)$, on considère dans l'inégalité du problème iv),

$$v = C^k - \left(C^k - e^{2\varpi k h}M\right)^+,$$

ce choix étant loisible. Il vient :

$$\int_\Omega \left[(A_k + b_k + 1/h).\left(C^k - e^{2\varpi k h}M\right)\right]\left(C^k - e^{2\varpi k h}M\right)^+ dx$$

$$+ \int_\Omega \left[b_k + 1/h\left(1 - e^{-2\varpi h}\right)\right]e^{2\varpi k h}M\left(C^k - e^{2\varpi k h}M\right)^+ dx$$

$$\leq 1/h \int_\Omega \left(C^{k-1} - e^{2\varpi(k-1)h}M\right)\left(C^k - e^{2\varpi k h}M\right)^+ dx$$

$$\leq 0\ ,\quad \text{par utilisation de l'hypothèse de récurrence.}$$

Le premier terme est transformé à l'aide de la formule de Green (justifiée pour les fonctions de $\widetilde{W(A_k)}$, dans [27]) et, par suite, minoré, lorsque $h < 1/\varpi$, par :

$$\varpi/2 \int_{\Omega} \left[\left(C^k - e^{2\varpi k h} M \right)^+ \right]^2 dx,$$

en utilisant la coercivité de l'opérateur $A_k + (b_k + 1/h)$.

Le deuxième terme est de signe positif puisque le coefficient $b_k + 1/h \left(1 - e^{-2\varpi h} \right)$ est supérieur à $b_k + 2\varpi - 2\varpi^2 h$ qui est positif, lorsque h vérifie : $0 < h < 1/2\varpi$.

On en déduit alors l'égalité $\left(C^k - e^{2\varpi k h} M \right)^+ = 0$, d'où résulte la majoration annoncée.

On indique enfin divers résultats concernant le cas d'une exploitation du gisement à pression imposée sur les puits de drainage.

On suppose donc la seconde condition de bord de (1.20) remplacée par la condition de Dirichlet non homogène

$$P = P^* \text{ sur } \Sigma_e,$$

où P^* est une pression connue, supposée **constante**, strictement positive, ce qui, compte tenu de la translation opérée sur l'échelle des pressions, signifie que la pression imposée sur les puits de drainage est supérieure à la pression extérieure régnant au voisinage des puits de production, ce qui paraît rationnel !

Pour tenir compte de cette nouvelle condition aux limites, on modifie partiellement le cadre fonctionnel en introduisant

$$H^* = \left\{ v \in H^1(\Omega), \ v = P^* \text{ sur } \Gamma_e, \ v \geq 0 \text{ sur } \Gamma \setminus \Gamma_e \right\},$$

convexe fermé non vide de $H^1(\Omega)$.

On va réécrire l'équation en pression en cherchant la nouvelle pression P^k à la k-ième itération, dans H^*, ce qui introduit une contrainte unilatérale intéressante à analyser ; en effet, on a, pour tout $k \in N^*$,

$$\begin{cases} P^k \geq 0, \ \mathbf{n}.(\mathbf{Q}_w + \rho_o \mathbf{Q}_o + \rho_g \mathbf{Q}_g)_k - \lambda \, d_{*_k} P^k \leq 0, \\ P^k \left[\mathbf{n}.(\mathbf{Q}_w + \rho_o \mathbf{Q}_o + \rho_g \mathbf{Q}_g)_k - \lambda \, d_{*_k} P^k \right] = 0 \text{ sur } \Gamma_s, \end{cases}$$

ce qui montre que le débit massique global des trois constituants à travers les puits de production est toujours sortant, lorsque sur Γ_s, la pression interne est strictement supérieure à la pression extérieure. On dispose alors du résultat d'existence suivant :

Proposition 2.16. Pour tout $\varepsilon > 0$ et pour tout h, suffisamment petit, pour toute donnée initiale $\left(S_w^o, S_g^o, P^o, (X_o^h)^o \right)$ vérifiant les hypothèses énoncées à la proposition 2.14, il existe au moins une suite vectorielle $\left(S_w^k, S_g^k, P^k, C^k \right)$, $k \in N^*$, telle que :

$$S_w^k \in K_1 \ , \ \ S_g^k \in K^+ \ , \ \ P^k \in H^* \cap L^\infty(\Omega) \, ,$$

$$C^k \in \mathcal{K}_k \cap \widetilde{W}(A_k) \cap L^\infty(\Omega) \ , \ \ \left(S_w^k, S_g^k \right) \in \mathcal{T}, \ \mathcal{L}^3 - \text{p.p. dans } \Omega,$$

vérifiant les relations variationnelles i), ii), iv) de la proposition 2.14., l'inéquation iii) étant remplacée par :

$$1/h \int_\Omega \left[S_g^k \left(\rho_g \left(P^k \right) - 1 \right) - S_g^{k-1} \left(\rho_g (P^{k-1}) - 1 \right) \right] \left(v - P^k \right) \ dx$$

$$+ \int_\Omega d_{*_k} \nabla P^k . \nabla \left(v - P^k \right) \ dx + \int_{\Gamma_*} \lambda \, d_{*_k} P^k \left(v - P^k \right) \ d\Gamma \geq 0,$$
$$\text{pour tout } v \in H^*.$$

Le principe de la démonstration est le suivant :

On développe une idée mise en œuvre par F. Guerfi [111], qui va permettre de globaliser la démonstration de la proposition 2.14., en faisant l'économie de l'étape préparatoire; pour cela, on utilise une méthode de troncature en introduisant la fonction Θ, définie par :

$$\forall \, x \in \mathbb{R}, \ \Theta(x) = \min \left(1, x^+ \right),$$

et pour décrire la première itération, on se donne un triplet (s_w, s_g, p) dans $\left[H^1(\Omega) \right]^3$ et on considère P, la solution dans H^* de l'inéquation variationnelle elliptique :

$$P = P(s_w, s_g, p) \text{ appartient à } H^* \text{ et vérifie, pour tout } v \in H^*,$$

$$1/h \int_\Omega \left[\Theta(S_g) \left(\rho_g(p) - 1 \right) - S_g^o \left(\rho_g(P^o) - 1 \right) \right] (v - P) \ dx$$

$$+ \int_\Omega d_* \left(s_w, s_g, p, \left(X_o^h \right)^o \right) \nabla P . \nabla (v - P) \ dx$$

$$+ \int_{\Gamma_*} \lambda \, d_* \left(s_w, s_g, p, \left(X_o^h \right)^o \right) P (v - P) \ d\Gamma \geq 0 \, .$$

Prenant la fonction-test $v = P^*$, choix admissible, et puisque chacune des fonctions Θ, ρ_g, d_* est bornée, on obtient l'existence d'une constante R indépendante du choix du triplet (s_w, s_g, p), $R = R(h)$, telle que :

$$\forall (s_w, s_g, p) \in \left[H^1(\Omega) \right]^3, \ \| P(s_w, s_g, p) \|_{H^1(\Omega)} \leq R.$$

Il faut observer que le choix de $v = \overline{P}$ n'est plus loisible dans H^*. Dès lors, la démonstration de l'existence par le théorème de point fixe de Schauder rejoint celle décrite à la proposition 2.14., toute chose étant égale par ailleurs. On établit que la seconde composante du triplet (S_w, S_g, P) construit par la méthode de point fixe est telle que :

$$0 \leq S_g \leq 1 \ , \ \mathcal{L}^3 - \text{p.p. dans } \Omega,$$

de sorte qu'alors $\Theta\left(S_g\right)$ s'identifie à S_g et l'on obtient une solution pour l'équation énoncée au départ.

Dans cette situation, le point délicat à vérifier, compte tenu du changement d'espace fonctionnel, est que l'on dispose de la propriété

$$S_w \leq 1 \ , \ \mathcal{L}^3 - \text{p.p. dans } \Omega \ ;$$

pour cela, prenant la fonction-test $v = (S_w - 1)^+$ dans l'équation i),
$v = P + (S_w - 1)^+$ dans l'équation relative à P, en observant que ce choix est loisible, il vient, par différence :

$$\int_\Omega \left\{ S_w - S_w^o + S_g^o\left(\rho_g\left(P^o\right) - 1\right) - \Theta\left(S_g\right)\left(\rho_g\left(P\right) - 1\right) \right\} (S_w - 1)^+ \, dx \leq 0 \, ,$$

$$\text{avec :}$$

$$S_w - S_w^o + S_g^o\left(\rho_g\left(P^o\right) - 1\right) - \Theta\left(S_g\right)\left(\rho_g\left(P\right) - 1\right) \geq S_w - S_w^o - S_g^o$$

$$\geq S_w - 1 \, , \text{ d'où la propriété.}$$

Observons enfin que l'on a **l'estimation uniforme**

$$\forall k \in N^*, \ P^k \leq \overline{P} \ , \quad \mathcal{L}^3 - \text{p.p. dans } \Omega \ ;$$

en effet, pour le choix de la fonction-test

$$v = P^k - \left(P^k - \overline{P}\right)^+ = \min\left(P^k, \overline{P}\right)$$

choix loisible, puisqu'à l'évidence, on a

$$P^* \leq \overline{P}, \text{ (et même, } P^* << \overline{P} \text{ !)},$$

il vient

$$\int_\Omega d_{*_k} \left(\nabla(P^k - \overline{P})^+\right)^2 \, dx + \int_{\Gamma_*} \lambda \, d_{*_k} P^k (P^k - \overline{P})^+ d\Gamma \leq 0 \, ,$$

$$\text{puisque}$$

$$1/h \int_\Omega \left\{ S_g^{k-1}\left(\rho_g\left(P^{k-1}\right) - 1\right) - S_g^k\left(\rho_g\left(P^k\right) - 1\right) \right\} (P^k - \overline{P})^+ \, dx$$

$$= 1/h \int_\Omega S_g^{k-1}\left(\rho_g\left(P^{k-1}\right) - 1\right) (P^k - \overline{P})^+ \, dx \leq 0 \, ,$$

d'où le résultat.

Dès lors, de l'appartenance de P^k à H^*, pour tout k et de la propriété de majoration uniforme, on déduit l'estimation

$$\forall k \in N^*, \ 0 \leq \text{trace } P^k \leq \overline{P}, \ d\Gamma - \text{p.p. sur } \Gamma,$$

et donc

$$\left| P^k \right|_{L^\infty(\Gamma)} \leq \overline{P}, \text{ pour tout entier naturel } k.$$

De plus, il résulte de l'inéquation en pression, pour le choix de la fonction-test

$$v = P^k + \xi, \ \xi \text{ étant prise arbitrairement dans } H_o^1(\Omega),$$

que l'on dispose de l'égalité variationnelle :

$$\int_\Omega d_{*_k} \nabla P^k . \nabla \xi \, dx$$

$$= 1/h \int_\Omega \left\{ S_g^{k-1} \left(\rho_g \left(P^{k-1} \right) - 1 \right) - S_g^k \left(\rho_g \left(P^k \right) - 1 \right) \right\} \xi \, dx,$$

pour toute fonction ξ de $H_o^1(\Omega)$, avec, pour tout k de N^*,

$$\left\{ S_g^{k-1} \left(\rho_g \left(P^{k-1} \right) - 1 \right) - S_g^k \left(\rho_g \left(P^k \right) - 1 \right) \right\} \in L^\infty(\Omega),$$

d_{*_k}, élément de $L^\infty(\Omega)$, étant en outre minoré par une constante strictement positive, d'après (1.13).

Le théorème 13.1 de O.A. Ladyzenskaja et N.N. Ural'ceva [123] s'applique et permet d'affirmer que P^k est borné dans Ω.

On remarquera que $\left| P^k \right|_{L^\infty(\Omega)}$ est majoré par une constante C dépendant *a priori* de h. $\square$

Remarques. Une proposition analogue pourrait être obtenue en cherchant à chaque itération P^k dans le convexe $H^* \cap C^+$, toute chose étant égale par ailleurs; dès lors, en vérifiant que toutes les démonstrations précédentes peuvent être reconduites pour cette nouvelle contrainte, on aurait plus précisément

$$\forall k \in N^*, \ 0 \leq P^k \leq \overline{P}, \ \mathcal{L}^3 - \text{p.p. dans } \Omega,$$

de sorte que $(P)_h$, dans cette variante, reste dans un borné fixe de $L^\infty(Q)$, lorsque h tend vers zéro, et on dispose donc des résultats de stabilité inconditionnelle analogue à ceux énoncés à la proposition 2.15..

Des résultats d'unicité partiels peuvent être obtenus en introduisant des approximations lipschitziennes adéquates de la fonction de Heaviside ; on consultera [95] pour le détail des démonstrations.

Signalons enfin l'étude de F. Fabrie et M. Saad [90] dont le but est de montrer que sous une condition **théorique** liant les fonctions de perméabililité relative, le problème analytique des écoulements triphasiques incompressibles est bien posé dans une formulation faible continue régularisée ; une condition suffisante est explicitée en vue d'établir que le problème dégénéré reste bien posé.

On clôt ce chapitre en indiquant que diverses informations relatives au comportement asymptotique des solutions de problèmes issus des modélisations de l'ingénierie pétrolière peuvent être trouvées dans les études de S.N. Antontsev, J.I. Diaz et A.V. Domansky [14], G. Chavent et J. Jaffré [62], L.C. Evans et A. Friedman [84], L.A. Peletier [146].

CHAPITRE 3

ETUDE GENERALE DES EQUATIONS AUTONOMES DE DIFFUSION-CONVECTION

3.1. Résultats d'existence, d'unicité et de régularité.
Notions de solutions fortes.

Ce chapitre présente une étude générale des problèmes de Cauchy associés aux équations **dégénérées** de diffusion-transport sur des ouverts cylindriques bornés $]0, T[\times \Omega$, de type **divergentiel** :

$$(\mathcal{E}) \qquad \frac{\partial u}{\partial t} - \Delta \varphi(u) + \mathbf{div}\ (g(u) \nabla p) = 0\ ,$$

dans la perspective particulière des applications en modélisation de **l'ingénierie pétrolière ou de la pédologie (hydrogéologie)**.

En conséquence, l'ouvert Ω, représentant la roche-réservoir ou le massif poreux, possède une frontière supposée lipschitzienne, partitionnée en diverses régions de nature spécifique, selon la description donnée au chapitre 1, §. 1.2.1. de façon à prendre en compte des conditions de bord mêlées et unilatérales conformes à la pratique industrielle ; l'exigence du réalisme et du pragmatisme crée des difficultés propres que l'analyse de l'équation $(\mathcal{E})$ dans l'espace tout entier ou liée à des conditions académiques de Dirichlet homogènes évacue implicitement.

Sous cet éclairage, on considère le problème de Cauchy associé à l'équation $(\mathcal{E})$ par une donnée initiale *a priori* peu régulière, et relatif à des conditions de bord traduisant un effet de puits superficiel, des conditions de transfert ou de raccord imposées ; en outre, ∇p représente un champ **stationnaire** de gradient de pression régie par un problème variationnel elliptique annexe et on suppose désormais que :

$$(3.1) \qquad p \in W^{1,+\infty}(\Omega)\ ,\quad \Delta p = 0 \text{ au sens de } \mathcal{D}'(\Omega).$$

Le théorème de Morrey et la propriété d'hypoellipticité du laplacien (*cf.* [47], pp. 166 et 189) impliquent immédiatement que pour le choix convenable d'un représentant, $p \in \mathcal{C}^{0,1}(\overline{\Omega}) \cap \mathcal{C}^{\infty}(\Omega)$, p étant alors harmonique au sens classique (*cf.* aussi [72], t. 1, vol. 2, p. 304).

La situation-modèle considérée ici est celle du modèle **Dead Oil incompressible non thermique avec un effet de puits et de capillarité**, décrit au chapitre 1, §. 1.3.2. (analysé par l'approche d'une formulation affaiblie au chapitre 2, §. 2.2.), lorsque la fonction d représentative de la mobilité globale est prise **constante**. Il importe alors de procéder à l'étude liminaire du champ de pression, pour dégager des circonstances propres à justifier l'hypothèse (3.1).

Renforçant légèrement les hypothèses (1.4) et (1.18), on suppose que f, la vitesse de filtration de l'eau injectée, non négative et non identiquement nulle, est élément de $H^{1/2}(\Gamma_e)$ et que la perméabilité λ de la paroi Γ_s, *a priori* non constante, vérifie :

λ est une fonction de $C^o\left(\overline{\Gamma_s}\right)$, non négative, telle que
$\Lambda^+ = \{x \in \Gamma_s,\ \lambda(x) > 0\}$ soit de $d\Gamma$ − mesure non nulle.

Reprenant (2.24), on observe que la pression p est alors donnée par la solution du problème variationnel suivant, puisque d est une constante strictement positive :

$$(3.2) \quad \left\{ \begin{array}{l} p \in H^1(\Omega) \text{ et vérifie, pour tout } w \text{ de } H^1(\Omega), \\ d\displaystyle\int_\Omega \nabla p.\nabla w\, dx + \int_{\Gamma_s} \lambda(x)\, p\, w\, d\Gamma = \int_{\Gamma_e} f\, w\, d\Gamma. \end{array} \right.$$

On rappelle que par une translation sur l'échelle barométrique, la pression extérieure supposée constante est prise nulle de sorte que p mesure ici en fait la différence de pression existant entre le milieu poreux et l'extérieur. Les propriétés de cette fonction font l'objet des propositions suivantes, dans diverses situations admissibles, l'ouvert Ω de $\mathbb{R}^n$, borné et connexe, étant supposé suffisamment "régulier", en un sens précisé par le contexte.

Proposition 3.1. Lorsque la fonction de perméabilité λ est une **constante** strictement positive, les propriétés de la fonction p donnée par (3.2), peuvent être résumées de la façon suivante :

i) $p \in H^{2-\eta}(\Omega)$, pour tout réel η strictement positif,

ii) $p \in C^\infty(\Omega)$; $p \in C^o\left(\overline{\Omega}\right)$ si $n \leq 3$ (cas désormais retenu),

iii) $p(x) \geq 0$ pour tout x de $\overline{\Omega}$, $p(x) > 0$ pour tout x de $\Omega \cup \Gamma_s$,

iv) p vérifie : $\triangle p = 0$ dans Ω (au sens classique),

$$d\frac{\partial p}{\partial n} = f \ \text{ sur } \Gamma_e, \quad \frac{\partial p}{\partial n} = 0 \ \text{ sur } \Gamma_l, \quad -d\frac{\partial p}{\partial n} = \lambda p \ \text{ sur } \Gamma_s = \Lambda^+,$$

v) $-d\dfrac{\partial p}{\partial n} > 0$ en tout point de Γ_s,

ce qui s'interprète par le fait, selon (1.17), qu'**en tout point** de Σ_s, le **vecteur-vitesse** de **filtration totale** des deux fluides est **strictement sortant**.

Démonstration. Le point iv) résulte de l'interprétation de l'équation (3.2) : la dérivée normale $\dfrac{\partial p}{\partial n}$ a ici un sens et définit *a priori* un élément de $H^{-1/2}(\Gamma)$ par le fait que p, harmonique, est dans $H^1(\Omega)$. Plus précisément, il s'ensuit que $\dfrac{\partial p}{\partial n} \in L^2(\Gamma)$ d   s conditions de bord et donc, $p \in H^{3/2}(\Omega)$.

D'après les théorèmes généraux de traces [133], on dispose de la situation locale suivante, grâce à la condition de Robin sur Γ_s :

$$\frac{\partial p}{\partial n}\mid_{\Gamma_e} \in H^{1/2}(\Gamma_e) \ , \ \frac{\partial p}{\partial n}\mid_{\Gamma_s} \in H^1(\Gamma_s) \ , \ \frac{\partial p}{\partial n} = 0 \text{ sur } \Gamma_l \ .$$

On en déduit, puisque l'on a : $\overline{\Gamma_e} \cap \overline{\Gamma_s} = \emptyset$, $\Gamma = \overline{\Gamma_e} \cup \Gamma_l \cup \overline{\Gamma_s}$, et que toute fonction de $H^{1/2}(\Gamma_e) \cap H^1(\Gamma_s)$ **prolongée** par zéro sur Γ_l appartient à $H^{1/2-\eta}(\Gamma)$, pour tout $\eta > 0$, arbitrairement petit, d'après [133] pp. 66 et 38-40 ou [108] (chapitre 4), que iv) implique l'appartenance de p à $H^{2-\eta}(\Omega)$, d'après les résultats de régularité relatifs au problème de Neumann. Par un théorème d'injection de Sobolev, on sait qu'alors p appartient à $C^o(\overline{\Omega})$, pour $n \leq 3$.

Le point ii) découle du fait que les distributions harmoniques sont analytiques (*cf.* [72], t. 1, pp. 294 et 336). La première assertion de iii) résulte de la non-négativité de f, en prenant dans (3.2), $w = -p^-$.

Le point v) est conséquence du **principe du maximum fort** de E. Hopf et se démontre par l'absurde ; il valide en outre la deuxième assertion de iii). En effet, puisque l'on a la condition de Robin

$$-d\,\frac{\partial p}{\partial n} = \lambda\,p \ \text{ sur } \Gamma_s, \text{ et que } p \text{ appartient à } C^o(\Gamma),$$

on en déduit que $\dfrac{\partial p}{\partial n}$ appartient à $C^o(\Gamma_s)$ et se trouve donc défini en tout point de Γ_s ; en outre, puisque la trace de p est positive sur Γ_s , il en résulte que :

$$-d\,\frac{\partial p}{\partial n} \geq 0 \ , \ \text{ en tout point de } \Gamma_s \ .$$

Montrons la stricte inégalité en tout point, par l'absurde, en supposant qu'en un point x_o de Γ_s , on ait $\dfrac{\partial p}{\partial n}(x_o) = 0$. On aurait alors $p(x_o) = 0$ et donc, d'après iii), p y atteindrait son minimum. Dès lors, les cinq conditions suivantes:

a) p est harmonique,   b) $p \in C^o(\overline{\Omega}) \cap C^2(\Omega)$,

c) $p(x) > p(x_o)$, pour tout $x \in \Omega$, ouvert **borné** et **connexe**, d'après le principe du maximum classique et le fait que p est non constante car f est non identiquement nul ([72], t. 1, vol. 2, p. 289),

d) Ω vérifie la **condition de la boule intérieure** le long de Γ_s, si Ω est suffisamment régulier ([72], t. 1, vol. 2, p. 437*)*,

e) l'expression $\dfrac{\partial p}{\partial n}(x_o)$ a un sens, entraînent, d'après le lemme 3.4. de D. Gilbarg et N.S. Trudinger [104], (*cf.* aussi [72], *loc. cit.*), que $\frac{\partial p}{\partial n}(x_o)$ est strictement négatif, d'où la contradiction recherchée. □

En réitérant les résultats de régularité relatifs au problème de Neumann, associés aux techniques d'interpolation ([133], chapitre 1, par exemple), on obtient des résultats de régularité supplémentaires, lorsque les données sont suffisamment régulières. A titre d'exemple, on indique sans démonstration (il s'agit pour l'essentiel d'un procédé de bootstrap, *cf.* [93], chap. 3) la

Proposition 3.2. Lorsque la frontière Γ est définie par des cartes locales dont les dérivées jusqu'à l'ordre 5 sont lipschitziennes, lorsque les fonctions représentatives de la vitesse de filtration de l'eau injectée et de la perméabilité de la frontière de récupération vérifient:

$$f \in H_o^2(\Gamma_e) \ , \ \lambda \in C_o^2(\Gamma_s) \ ,$$

alors p, la solution de l'équation variationnelle (3.2), vérifie en outre :

$$p \in H^{7/2}(\Omega) \text{ et donc, } p \in C^1(\overline{\Omega}), \text{ si } n \leq 4.$$

De plus, l'orientation du vecteur-vitesse de filtration totale des deux fluides est précisée par les relations :

$$\frac{\partial p}{\partial n} = 0 \text{ sur } \Gamma_l \cup (\Gamma_s \setminus \Lambda^+) , \ d\frac{\partial p}{\partial n} = f \text{ sur } \Gamma_e , \ -d\frac{\partial p}{\partial n} > 0 \text{ sur } \Lambda^+.$$

Remarque 3.1. L'intérêt de choisir λ , la perméabilité de la paroi Γ_s, nulle sur le bord de Γ_s est que la dérivée normale de p ne présente pas de sauts à la traversée de la frontière séparant Γ_l et Γ_s (la même remarque vaut pour f et Γ_e), et donc, dans le calcul de la dérivée au sens des distributions, il ne s'introduit pas de masses superficielles, ce qui permet d'obtenir des résultats de régularité. Cette hypothèse ne paraît pas artificielle ; en effet, on peut condenser les conditions de bord

$$\frac{\partial p}{\partial n} = 0 \text{ sur } \Gamma_l \ , \ -d\frac{\partial p}{\partial n} = \lambda(x) \, p \text{ sur } \Gamma_s,$$

sous la forme synoptique :

$$-d\frac{\partial p}{\partial n} = \tilde{\lambda}(x)p \text{ sur } \Gamma_l \cup \Gamma_s \ , \ \tilde{\lambda}(x) = 0 \text{ sur } \Gamma_l \ , \ \tilde{\lambda}(x) = \lambda(x) \text{ sur } \Gamma_s,$$

l'imperméabilité de la paroi Γ_l se traduisant par la nullité de la fonction de transfert $\tilde{\lambda}$ sur Γ_l, atteinte sans variations brutales préalables.

On se place alors dans le cadre général du chapitre 2, §.2.1.2., *i.e.*, par un bref rappel de notations pour la commodité du lecteur, on est convenu de noter

$$V = \left\{ v \in H^1(\Omega) \ , \ v \mid_{\Gamma_e} = 0 \right\}, \ K = \left\{ v \in V \ , \ v \mid_{\Gamma_s} \geq 0 \right\},$$

φ une fonction strictement croissante de $C^1([0,1])$, avec :
$$\varphi(0) = \varphi'(0) = 0,$$
φ' s'annulant éventuellement sur $]0,1]$ et φ^{-1} étant höldérienne,
ψ une fonction numérique définie et lipschitzienne sur $[0,1]$,
avec : $-1 = \psi(0) \leq \psi(r) \leq \psi(1) = 1$ pour tout $r \in [0,1]$,
$$F(r) = \int_0^r \sqrt{\varphi'(\tau)} \, d\tau \ \text{ pour tout } r \in [0,1].$$

On dispose alors du résultat d'**existence** et d'**unicité** suivant, dans le cas d'une donnée initiale *a priori* peu régulière, conforme à la pratique.

Proposition 3.3. Sous les hypothèses et notations générales précédentes et étant donnés :
i) u_o , une fonction $\mathcal{L}^n$–mesurable sur Ω, vérifiant

$$0 \leq u_o \leq 1, \ \mathcal{L}^n - \text{p.p. dans } \Omega,$$

ii) un champ de gradient de pression ∇p conforme à (3.1) et (3.2), et supposant de plus que la fonction numérique

$$\gamma = \psi \circ \varphi^{-1} \text{ est } \textbf{höldérienne} \text{ d'exposant } \tfrac{1}{2} \text{ (au moins)},$$

(ou plus généralement, que la fonction $\psi \circ \varphi^{-1}$ admet un module de continuité dont le carré est une fonction d'Osgood),

alors, il existe **une** fonction u et **une seule** telle que :

$$0 \leq u \leq 1 \ , \quad \mathcal{L}^{n+1}\text{–p.p. dans } Q,$$

$$u \in C^o\left([0,T]; L^1(\Omega)\right) \ , \ u(0,.) = u_o \ , \ \mathcal{L}^n\text{–p.p. dans } \Omega,$$
$$\varphi(u) \in L^2(0,T;V) \cap C_s^o(]0,T];V) \ \text{ et } \ \forall t > 0, \ \varphi(u(t)) \in K,$$
$$\frac{\partial u}{\partial t} \in L^2(0,T;V'), \ \sqrt{t} \, \frac{\partial}{\partial t} F(u) \ \text{ et } \ \sqrt{t} \, \frac{\partial}{\partial t} \varphi(u) \in L^2(Q),$$

solution de l'inéquation variationnelle d'évolution **dégénérée** de **diffusion-transport**, presque partout sur $]0,T[$,

$$< \frac{\partial u}{\partial t}, v - \varphi(u) >_{V',V} + \int_\Omega \nabla \varphi(u) . \nabla(v - \varphi(u)) \, dx$$
$$+ \frac{d}{2} \int_\Omega (\psi(u) - 1) \nabla p . \nabla(v - \varphi(u)) \, dx \geq 0, \text{ pour tout } v \text{ de } K.$$

En outre, pour **tout** $t \geq 0$, l'application $S(t) : u_o \to u(t,.)$ définit un **semi-groupe continu de T-contractions dans** $L^1(\Omega)$, **préservant** donc **l'ordre** au sens où :

$$u_o \leq \hat{u}_o \,, \, \mathcal{L}^n - \text{p.p. dans } \Omega \,,$$

implique, pour tout $t \in [0, T]$,

$$S(t) u_o \leq S(t) \hat{u}_o \,, \, \mathcal{L}^n - \text{p.p. dans } \Omega.$$

En particulier, si u (resp. $\hat{u}$) est la solution relative à l'état initial u_o (resp. $\hat{u}_o$) on a, pour tout s et tout t tels que : $0 \leq s \leq t \leq T$,

$$\int_\Omega \left(u(t,x) - \hat{u}(t,x) \right)^+ dx \leq \int_\Omega \left(u(s,x) - \hat{u}(s,x) \right)^+ dx,$$

et donc, *a fortiori*,

$$\int_\Omega |u(t,x) - \hat{u}(t,x)| \, dx \leq \int_\Omega |u(s,x) - \hat{u}(s,x)| \, dx.$$

En double conséquence, on dispose des estimations suivantes, en considérant la solution à divers instants , le gradient de pression étant ici **stationnaire** :

$$(3.3) \quad \left\{ \begin{array}{l} \displaystyle\int_\Omega \left(u(t+h,x) - u(t,x) \right)^+ dx \leq \int_\Omega \left(u(h,x) - u_o(x) \right)^+ dx, \\ \text{pour tout couple } (t, t+h) \text{ avec } 0 \leq t \leq t+h \leq T, \end{array} \right.$$

$$(3.4) \quad \left\{ \begin{array}{l} \displaystyle\int_\Omega |u(t+h,x) - u(t,x)| \, dx \leq \int_\Omega |u(|h|,x) - u_o(x)| \, dx, \\ \text{pour tout couple } (t, t+h) \in [0,T]^2. \end{array} \right.$$

Démonstration. La proposition 2.4. revisitée dans le cas particulier où la fonction d est constante, fournit immédiatement l'existence d'une solution u, telle que :

$$0 \leq u \leq 1, \, \mathcal{L}^{n+1} - \text{p.p. dans } Q, \quad u \in \mathcal{C}^o\left([0,T]; L^2(\Omega)_{faible} \right),$$

$$F(u), \, \varphi(u) \in L^2(0,T;V) \,\,, \quad \frac{\partial u}{\partial t} \in L^2(0,T;V') \,,$$

$$\varphi(u(t)) \in K \text{ p.p. en } t, \quad u(0,.) = u_o, \, \mathcal{L}^n - \text{p.p. dans } \Omega,$$

avec la propriété essentielle du **raccord continu** en 0^+ :

$$L^1(\Omega) - \lim_{t \to 0^+} u(t) = u_o.$$

Ces seules propriétés suffisent en fait à établir l'unicité. En effet, la démonstration de la proposition 2.5., valable **en dimension d'espace quelconque**, indique que si u et $\hat{u}$ sont deux éventuelles solutions associées à l'état initial u_o, on a

$$\frac{d}{dt} \int_\Omega \left(u\left(.,x\right) - \hat{u}\left(.,x\right) \right)^+ dx \le 0 \ , \ \text{au sens de } \mathcal{D}'\left(]0, T[\right).$$

Il s'ensuit que la fonction $I : t \rightarrow \int_\Omega \left(u\left(t,x\right) - \hat{u}\left(t,x\right) \right)^+ dx$ à valeur dans $[0, \mathcal{L}^n\left(\Omega\right)]$, définie en tout instant t de $[0, T]$, puisque les solutions sont scalairement continues de $[0, T]$ dans $L^1\left(\Omega\right)$, admet pour dérivée-distribution une mesure **négative**. D'après le théorème II, p. 53, de L. Schwartz [158], la fonction I admet dans sa classe, au sens de l'égalité $\mathcal{L}^1$–presque partout, un représentant $\tilde{I}$ borné et décroissant au sens large, de sorte que, pour presque tout $t \in]0, T[$,

$$0 \le \tilde{I}(t) \le \tilde{I}(0^+),$$

où :

$$\tilde{I}(0^+) = \lim_{t \to 0^+} \tilde{I}(t) = \lim_{t \to 0^+} I(t) = 0,$$

d'après la propriété de forte continuité des solutions dans $L^1\left(\Omega\right)$ en $t = 0^+$. Dès lors, la fonction I est nulle presque partout sur $]0, T[$ et on obtient le résultat d'unicité en tirant parti des rôles symétriques joués par u et $\hat{u}$, l'égalité

$$u(t,.) = \hat{u}(t,.), \ \mathcal{L}^n - \text{presque partout dans } \Omega,$$

ayant lieu, dans une première étape, presque partout sur $]0, T[$, puis pour tout t de $[0, T]$ par l'argument de continuité des solutions de $[0, T]$ dans $L^2\left(\Omega\right)$ faible.

Par une analyse plus fine, on remarque que la fonction $\varphi(u)$ est scalairement continue de $]0, T]$ à valeur dans V (cette propriété est établie immédiatement ci-après, sans qu'il y ait cercle vicieux !), et donc fortement continue de $]0, T]$ à valeur dans $L^2\left(\Omega\right)$, en raison de la compacité de l'injection canonique de V dans $L^2\left(\Omega\right)$. Puisque la fonction φ^{-1} est höldérienne d'exposant θ, il s'ensuit que

$$u \in \mathcal{C}^o\left(]0, T]; L^{2/\theta}\left(\Omega\right)\right).$$

Par la condition de raccord continu en $t = 0^+$ dans $L^1\left(\Omega\right)$ et le fait que la solution u est bornée dans Q, on en déduit finalement que

$$u \in \mathcal{C}^o\left([0, T], L^q\left(\Omega\right)\right), \text{pour tout } q \in [1, +\infty[.$$

Retenant désormais que les solutions considérées appartiennent à l'espace $\mathcal{C}^o\left([0, T], L^1\left(\Omega\right)\right)$, on dispose de fait, plus généralement, lorsque u et $\hat{u}$ sont respectivement associées aux conditions initiales u_o et $\hat{u}_o$, de la propriété de **troncature** ou de **T-contraction** dans $L^1\left(\Omega\right)$,

$$\int_\Omega \left(u\left(t,x\right) - \hat{u}\left(t,x\right) \right)^+ dx \le \int_\Omega \left(u_o\left(x\right) - \hat{u}_o\left(x\right) \right)^+ dx, \text{ pour } t \in [0, T],$$

d'où découlent un principe de comparaison par conservation de l'ordre et la mise en évidence du semi-groupe **continu** de T-contractions dans $L^1\left(\Omega\right)$.

Pour prouver que :

$$\varphi(u) \in C_s^o\left(\left]0,T\right];V\right), \; \sqrt{t}\,\frac{\partial}{\partial t}F(u) \text{ et } \sqrt{t}\,\frac{\partial}{\partial t}\varphi(u) \in L^2(Q),$$

il suffit d'établir, selon le lemme 8.1., p. 297 de [133], que l'on dispose sur la solution u_k du problème $(\mathcal{P}_k)$ approché par la méthode de viscosité en remplaçant φ par $\varphi \cdot + \frac{1}{k}\mathbf{I}_{d_{[0,1]}}$, d'estimations *a priori* indépendantes de k et portant sur les quantités, pour tout $\delta > 0$:

$$\|\varphi(u_k)\|_{L^\infty(\delta,T;V)} \; , \; \left\|\sqrt{t}\,\frac{\partial}{\partial t}F(u_k)\right\|_{L^2(Q)} , \left\|\sqrt{t}\,\frac{\partial}{\partial t}\varphi(u_k)\right\|_{L^2(Q)}$$

Ainsi, d'un résultat classique de compacité et compte tenu de la propriété d'unicité, on saura en outre que lorsque $k \to +\infty$,

$$\varphi(u_k) \rightharpoonup \varphi(u) \text{ dans } L^\infty(\delta,T;V) \text{ faible étoile,}$$

$$\frac{\partial\varphi(u_k)}{\partial t} \rightharpoonup \frac{\partial\varphi(u)}{\partial t} \text{ faiblement dans } L^2\left(\delta,T;L^2(\Omega)\right),$$

$$\varphi(u_k) \to \varphi(u) \text{ dans } C^o\left(\left[\delta,T\right];L^2(\Omega)\right),$$

ce qui implique que $\varphi(u)$ est scalairement continu de $]0,T]$ à valeur dans V et qu'en particulier, pour tout $t > 0$, $\varphi(u)(t)$ a un sens et définit un élément de V et plus précisément de K.

Or, d'une part, pour une donnée u_o *a priori* peu régulière, *i.e.*, $u_o \in L^\infty(\Omega)$, on sait (*cf.* [93], chap. 3, prop. 3.5) que le problème $(\mathcal{P}_k)$ admet sous les hypothèses de la proposition 3.3. une unique solution u_k telle que :

$$\sqrt{t}\,\frac{\partial u_k}{\partial t} \in L^2(Q) \text{ et } u_k \in C^o\left(\left]0,T\right];V_{faible}\right),$$

$$\left\|\frac{\partial u_k}{\partial t}\right\|_{L^2(0,T;V')} + \|\varphi_k(u_k)\|_{L^2(0,T;V)} + \|F_k(u_k)\|_{L^2(0,T;V)} \leq C,$$

où C est une constante indépendante de k.

D'autre part, on a déjà observé que u_k est également solution de l'inéquation suivante, grâce au fait que φ_k est lipschitzienne, strictement croissante et nulle à l'origine,

$$< \frac{\partial u_k}{\partial t}, v - \varphi_k(u_k) > + ((\varphi_k(u_k), v - \varphi_k(u_k)))$$
$$+ \frac{d}{2}\int_\Omega (\psi(u_k) - 1)\, \nabla p \cdot \nabla(v - \varphi_k(u_k))\, dx \geq 0,$$
$$\text{pour tout } v \text{ de } K, \text{ p.p. en } t,$$

ce qui implique en particulier par un argument de **monotonie** que l'on a

$$< \frac{\partial u_k}{\partial t}, v - \varphi_k(u_k) > + ((v, v - \varphi_k(u_k)))$$

$$+ \frac{d}{2} \int_\Omega (\psi(u_k) - 1) \nabla p \cdot \nabla (v - \varphi_k(u_k)) \, dx \geq 0,$$

$$\text{pour tout } v \in K, \text{ p.p. sur }]0, T[.$$

On met ici en œuvre une technique de portée générale qui consiste à construire une **régularisation** de la fonction $\frac{\partial}{\partial t} \varphi_k(u_k)$; l'objectif recherché est d'obtenir sur l'expression régularisée, plus adaptée aux calculs, des estimations *a priori* qui, par hérédité, resteront valables pour la suite $\left(\frac{\partial}{\partial t} \varphi_k(u_k) \right)_{k \in N^*}$.

On choisit alors dans cette dernière inéquation $v = U_m$, la solution de l'équation différentielle ordinaire sur le convexe K,

$$\begin{cases} \frac{1}{m} U'_m + U_m = \varphi_k(u_k) \text{ sur }]\delta, T[, \ k \text{ étant fixé}, \ m \in N^*, \\ \delta \text{ étant un réel fixé}, 0 < \delta < T, \\ U_m(\delta) = \varphi_k(u_k(\delta)), \text{élément de } K. \end{cases}$$

Puisque $\frac{\partial}{\partial t} \varphi_k(u_k)$ est dans $L^2(\delta, T; H)$, il en résulte que

$$\frac{1}{m} U''_m + U'_m = \frac{\partial}{\partial t} \varphi_k(u_k) \quad \text{sur }]\delta, T[, \ U'_m(\delta) = 0,$$

et lorsque m tend vers l'infini, U_m tend vers $\varphi_k(u_k)$ dans $L^2(\delta, T; V)$ fort et U'_m tend vers $\frac{\partial}{\partial t} \varphi_k(u_k)$ dans $L^2(\delta, T; H)$ fort ; en outre, il est bien connu que $U_m(t)$ appartient à K, quel que soit $t \geq \delta$.

Il vient alors, presque partout sur $]\delta, T[$,

$$< \frac{\partial u_k}{\partial t}, U'_m > + ((U_m, U'_m)) \leq -\frac{d}{2} \int_\Omega (\psi(u_k) - 1) \nabla p \cdot \nabla U'_m \, dx.$$

Multipliant cette inégalité par $(s - \delta)$ et intégrant entre δ et t, avec : $0 < \delta \leq s < t \leq T$, il vient, compte tenu du fait que u_k est dans $H^1(Q_\delta)$, $Q_\delta =]\delta, T[\times \Omega$, et que ψ est lipschitzienne, ce qui permet d'utiliser la règle de M. Marcus et V.J. Mizel rappelée au chapitre 2 pour tout représentant borélien borné de ψ',

$$\int_\delta^t (s - \delta) < \frac{\partial u_k}{\partial t}, U'_m > ds + \frac{1}{2} (t - \delta) \|U_m(t)\|^2$$

$$\leq \frac{1}{2} \int_\delta^t \|U_m(s)\|^2 \, ds - (t - \delta) \frac{d}{2} \int_\Omega (\psi(u_k(t)) - 1) \nabla p \cdot \nabla U_m(t) \, dx$$

$$+ \frac{d}{2} \int_\delta^t \int_\Omega (\psi(u_k) - 1) \nabla p \cdot \nabla U_m \, dx ds$$

$$+ \frac{d}{2} \int_\delta^t \int_\Omega (s - \delta) \psi'(u_k) \frac{\partial u_k}{\partial t} \nabla p \cdot \nabla U_m \, dx ds.$$

Fixant $t > \delta$, on en déduit, après des majorations élémentaires, que lorsque m tend vers l'infini, à k fixé, $U_m(t)$ reste dans un borné fixe de V, et donc, on peut extraire une sous-suite (dépendant *a priori* de t) notée $U_{m'}(t)$, convergeant faiblement vers $\varphi_k(u_k(t))$ dans V, la valeur limite étant justifiée par le fait que lorsque m tend vers l'infini, toute la suite U_m tend vers $\varphi_k(u_k)$ dans $C([\delta, T]; H)$ par exemple.

Passant à la limite, lorsque m' tend vers l'infini, k étant fixé, il vient par la semi-continuité inférieure de la norme de V pour la topologie faible $\sigma(V, V')$,

$$
\int_\delta^t \int_\Omega (s - \delta) \, \varphi_k'(u_k) \, \frac{\partial u_k}{\partial t}^2 \, dxds \; + \frac{1}{2}(t - \delta) \|\varphi_k(u_k(t))\|^2
$$
$$
\leq \frac{1}{2} \int_\delta^t \|\varphi_k(u_k)\|^2 \, ds \; - (t - \delta)\frac{d}{2} \int_\Omega (\psi(u_k(t)) - 1) \nabla p . \nabla \varphi_k(u_k(t)) \, dx
$$
$$
+ \frac{d}{2} \int_\delta^t \int_\Omega (\psi(u_k) - 1) \nabla p . \nabla \varphi_k(u_k) \, dxds
$$
$$
+ \frac{d}{2} \int_\delta^t \int_\Omega (s - \delta) \psi'(u_k) \frac{\partial u_k}{\partial t} \nabla p . \nabla \varphi_k(u_k) \, dxds .
$$

Utilisant l'inégalité de Cauchy-Schwarz, on maîtrise le dernier terme par

$$
\left| \int_\delta^t \int_\Omega (s - \delta) \psi'(u_k) \frac{\partial u_k}{\partial t} \nabla p . \nabla \varphi_k(u_k) \, dxds \right|^2
$$
$$
\leq \int_\delta^t \int_\Omega (s - \delta) \left(\frac{\partial F_k(u_k)}{\partial t} \right)^2 \, dxds
$$
$$
\times \int_\delta^t \int_\Omega (s - \delta) (\psi'(u_k))^2 (\nabla p . \nabla F_k(u_k))^2 \, dxds .
$$

Tenant compte de (3.2) qui implique pour le choix de la fonction-test

$$
w = \int_0^{\varphi_k(u_k)} \left(\psi \circ \varphi_k^{-1}(r) - 1 \right) dr
$$

que la quantité

$$
(t - \delta) \frac{d}{2} \int_\Omega (\psi(u_k(t)) - 1) \nabla p . \nabla \varphi_k(u_k(t)) \, dx
$$

est positive ou nulle,

et utilisant les estimations antérieures, on en déduit finalement l'inégalité

$$
\int_\delta^t \int_\Omega (s - \delta) \, \varphi_k'(u_k) \, \frac{\partial u_k}{\partial t}^2 \, dxds \; + \frac{1}{2}(t - \delta) \|\varphi_k(u_k(t))\|^2
$$
$$
\leq C_1 + C_2 \sqrt{\int_\delta^t \int_\Omega (s - \delta) \, \varphi_k'(u_k) \, \frac{\partial u_k}{\partial t}^2 \, dxds} \, ,
$$

où C_1 et C_2 sont deux constantes indépendantes de k .

Il en résulte en particulier les trois nouvelles estimations suivantes, lorsque k tend vers l'infini,

$\dfrac{\partial}{\partial t} F(u_k)$ et $\dfrac{\partial}{\partial t} \varphi(u_k)$ restent dans un borné fixe de $L^2(2\delta, T; H)$,

$\varphi_k(u_k)$ reste dans un borné fixe de $L^\infty(2\delta, T; V)$, par exemple.

Plus précisément, faisant tendre δ vers zéro dans l'inégalité ci-dessus, en tenant compte de ce que $\sqrt{t}\, \dfrac{\partial u_k}{\partial t}$ est dans $L^2(Q)$, il s'ensuit que lorsque $k \to +\infty$,

$$\sqrt{t}\, \frac{\partial}{\partial t} F(u_k) \quad \text{et} \quad \sqrt{t}\, \frac{\partial}{\partial t} \varphi(u_k) \quad \text{restent dans un borné fixe de } L^2(Q),$$

ce qui garantit les propriétés supplémentaires de régularité annoncées.

Remarque 3.2. On a utilisé, à la manière de [49], une équation différentielle ordinaire auxiliaire laissant invariant K pour obtenir des estimations *a priori* sur une expression régularisée de la solution, la régularisation permettant de justifier des calculs formels. Une autre approche (*cf.* par exemple R.J. DiPerna et P.L. Lions [79], Ph. Bénilan et R. Gariepy [32]) de régularisation par convolution permet des estimations **locales** dans Q ; il suffit pour cela d'introduire une suite régularisante η_h dans $\mathbb{R}^{n+1}$, pour un paramètre $h > 0$, à support dans la boule euclidienne centrée à l'origine, de rayon h.

Pour toute fonction $g \in L^1_{loc}(Q)$, on pose :

$g^{(h)} = g * \eta_h$ sur l'ouvert $Q_{(h)} = \{(t, x) \in Q \;,\; \text{dist}((t, x), \partial Q) > h\}$

et on observe que $u^{(h)}$ vérifie au sens classique l'équation de type divergentiel

$$\frac{\partial}{\partial t} u^{(h)} = \Delta\left((\varphi(u))^{(h)}\right) + \frac{d}{2}\, div\left((\psi(u)\nabla p)^{(h)}\right) \quad \text{dans } Q_{(h)}. \quad \square$$

D'une donnée initiale u_o plus régulière résultent des informations supplémentaires sur la régularité de la solution.

A titre d'exemple caractéristique, à la manière de [37], [97], on établit la propriété suivante, utile pour le chapitre suivant :

Proposition 3.4. Dans le cadre de la proposition 3.3., lorsque l'état initial u_o vérifie la condition

$$\varphi(u_o) \in V \;, \quad \mathbf{U}_o = \nabla \varphi(u_o) + \frac{d}{2}\, \psi(u_o)\, \nabla p \in \overline{BV}(\Omega)^n \;,$$

$\overline{BV}(\Omega)$ désignant l'ensemble des classes de fonctions de $L^1_{loc}(\Omega)$ dont les dérivées distributions premières sont des mesures de Radon sommables sur Ω, *i.e.*, des éléments de $\mathcal{M}(\Omega)$,

la solution u possède les propriétés supplémentaires suivantes :

$$u \in BV\left(0, T; L^1(\Omega)\right),$$

$$\varphi(u) \in H^1(Q) \cap \mathcal{C}^o\left([0, T]; V_{faible}\right) \cap W^{1, +\infty}\left(0, T; L^1(\Omega)\right).$$

Principe de la démonstration. Le point nouveau essentiel concerne en fait ici l'appartenance de u à $BV\left(0,T;L^1(\Omega)\right)$. De fait, on va démontrer davantage, à savoir qu'il existe une constante $C_o = C_o\left(\mathbf{U}_o\right)$, telle que pour tout couple (s,t) avec : $0 \leq s \leq t \leq T$,

$$(3.5) \qquad |u(t) - u(s)|_{L^1(\Omega)} \leq C_o\,(t-s)\,,$$

et dès lors, selon les notations de H. Brézis [48], p. 143,

$$u \in \widetilde{W}^{\,1,+\infty}\left(0,T;L^1(\Omega)\right) \subset BV\left(0,T;L^1(\Omega)\right)\,,$$

où l'on peut prendre pour constante de Lipschitz

$$C_o = |div\,\mathbf{U}_o|\,(\Omega) + \int_{\Gamma_l\cup\Gamma_s} |\gamma\,(\mathbf{U}_o)\,.\mathbf{n}|\;d\mathcal{H}_{n-1} + \frac{1}{2}\int_{\Gamma_e} f\;d\Gamma,$$

lorsque l'on note

$|div\,\mathbf{U}_o|\,(\Omega)$ la variation totale de la mesure de Radon sommable sur Ω , $div\,\mathbf{U}_o$,

$\mathcal{H}_{n-1}$ la mesure $(n-1)$-dimensionnelle de Hausdorff sur $\mathbb{R}^n$,

$\gamma\,(\mathbf{U}_o)$ la trace de $\mathbf{U}_o$, au sens des fonctions vectorielles de composantes $\mathcal{L}^n$-intégrables et à variation bornée sur un ouvert borné lipschitzien (*cf.* L.C. Evans et R. Gariepy [85], p. 177 et les rappels donnés au chapitre 4, §. 4.1.), définie ici $\mathcal{H}_{n-1}\lfloor\Gamma$-presque partout et appartenant à $L^1\left(\Gamma;\mathcal{H}_{n-1}\right)^n$.

Compte tenu de la relation (3.4), il suffit de montrer que pour tout $t \in [0,T]$,

$$|u(t) - u_o|_{L^1(\Omega)} \leq C_o\,t.$$

On introduit, pour $\varepsilon > 0$, H_ε, l'approximation Yosida du graphe maximal monotone du signe. Pour le choix dans l'inéquation de la fonction-test loisible

$$v = \varphi\,(u) - \varepsilon\,H_\varepsilon\,(\varphi\,(u) - \varphi\,(u_o))\,,$$

et notant $w = \varphi\,(u) - \varphi\,(u_o)$, on obtient, presque partout sur $]0,T[$,

$$< \frac{\partial u}{\partial t}, H_\varepsilon\,(w) > +\;((w, H_\varepsilon\,(w)))$$

$$+ \frac{d}{2}\int_\Omega (\psi\,(u) - \psi\,(u_o))\,\nabla p.\nabla H_\varepsilon\,(w)\;dx$$

$$\leq -\int_\Omega \left(\nabla\varphi\,(u_o) + \frac{d}{2}\,\psi\,(u_o)\,\nabla p\right).\nabla H_\varepsilon\,(w)\;dx$$

$$+ \frac{d}{2}\int_\Omega \nabla p.\nabla H_\varepsilon\,(w)\;dx.$$

Observons que, d'après (3.2), on dispose des relations, p.p. sur $]0,T[$:

$$\frac{d}{2} \int_\Omega \nabla p . \nabla H_\epsilon(w) \, dx = -\frac{1}{2} \int_{\Gamma_\bullet} \lambda(x) \, p \, H_\epsilon(w) \, d\Gamma,$$

$$\left| \int_{\Gamma_\bullet} \lambda(x) \, p \, H_\epsilon(w) \, d\Gamma \right| \le \int_{\Gamma_\bullet} \lambda(x) \, p \, d\Gamma,$$

$$\int_{\Gamma_\bullet} \lambda(x) \, p \, d\Gamma = \int_{\Gamma_\epsilon} f \, d\Gamma.$$

Ecrivant par convention $H'_\epsilon = \frac{1}{\epsilon} \mathbf{1}_{[-\epsilon, \epsilon]}$, fonction borélienne bornée, et tenant compte du fait que la fonction $\psi \circ \varphi^{-1}$ est höldérienne d'ordre $\frac{1}{2}$, on en déduit pour une constante $C > 0$ convenable, que l'on a, presque partout sur $]0, T[$,

$$(3.6) \quad \begin{cases} < \dfrac{\partial u}{\partial t}, H_\epsilon(w) > - C \displaystyle\int_\Omega H'_\epsilon(w) \, w \, |\nabla p|^2 \, dx \\[2mm] \le - \displaystyle\int_\Omega \mathbf{U}_o . \nabla H_\epsilon(w) \, dx + \dfrac{1}{2} \displaystyle\int_{\Gamma_\epsilon} f \, d\Gamma. \end{cases}$$

Puisque w appartient à $L^2(0, T; V)$, on peut considérer, pour tout $t \in]0, T[\setminus \mathcal{Z}$ avec $\mathcal{L}^1(\mathcal{Z}) = 0$, d'une part,

$$I_\epsilon(t) = - \int_\Omega \mathbf{U}_o . \nabla H_\epsilon(w) \, dx, \text{ où } H_\epsilon(w) = H_\epsilon(w(t, .)) \in V.$$

On note $\mathbf{U}_o^i$ la $i^{ème}$ composante de $\mathbf{U}_o$. D'après l'appartenance de $\mathbf{U}_o$ à $\overline{BV}(\Omega)^n$, on sait que pour tout j variant de 1 à n, $\dfrac{\partial}{\partial x_j} \mathbf{U}_o^i$ est une mesure de Radon sommable sur Ω, $\mathcal{H}_{n-1}$−absolument continue (cf. sur ce point A.I. Vol'pert [166], p. 236, alinéa 7.3.).

Par ailleurs, en notant selon un procédé général, $\overline{\mathbf{U}_o^i}$ la fonction borélienne demi-somme des $\mathcal{L}^n$−limites approximatives supérieure et inférieure de $\mathbf{U}_o^i$ (au sens de H. Federer [91] ou [85], p. 47), on a $\mathbf{U}_o^i = \overline{\mathbf{U}_o^i}$, $\mathcal{L}^n$−p.p. dans Ω, puisque $\Gamma_{\mathbf{U}_i^\circ}$ (le complémentaire de l'ensemble des points de $\mathcal{L}^n$−approximative continuité de $\mathbf{U}_o^i$) est $\mathcal{L}^n$−négligeable (cf. le rappel, p. 121, i).

D'autre part, puisque l'élément $H_\epsilon(w)$ appartient à $W^{1,1}(\Omega)$ à tout instant t de $]0, T[\setminus \mathcal{Z}$, chaque composante de $\nabla H_\epsilon(w)$ définit une mesure de Radon sommable, $\mathcal{L}^n$−absolument continue. On peut donc écrire

$$I_\epsilon(t) = - \sum_{i=1}^n \int_\Omega \mathbf{U}_o^i \, d \left[\frac{\partial}{\partial x_i} H_\epsilon(w(t)) \right] , \quad t \in]0, T[\setminus \mathcal{Z}.$$

On observe en outre que, pour $t \in]0, T[\setminus \mathcal{Z}, i \in \{1, ..., n\}$,

i) $\overline{H_\epsilon(w(t))}$, fonction borélienne définie selon [91] en tout point de Ω, est mesurable et intégrable par rapport à la mesure borélienne bornée $\dfrac{\partial}{\partial x_i} \mathbf{U}_o^i$ pour la raison que $H_\epsilon(w(t))$ appartient à $L^\infty(\Omega)$ (cf. §. 3.5.2.).

ii) $\overline{U_o^i}$ est intégrable par rapport à la mesure $\dfrac{\partial}{\partial x_i} H_\epsilon(w)$, car $\overline{U_o^i}$ et $\dfrac{\partial}{\partial x_i} H_\epsilon(w)$ sont des éléments de $L^2(\Omega)$.

Il s'ensuit, d'après le résultat 14.4., p. 251 de A.I. Vol'pert [166] que l'on dispose de la double information, pour $t \in \,]0, T[\,\backslash\, \mathcal{Z}$:

$$\text{pour tout } i \in \{1, 2, ..., n\}, \quad U_o^i\, H_\epsilon(w(t)) \in \overline{BV}(\Omega) \cap L^1(\Omega),$$

$$\frac{\partial}{\partial x_i}\left(U_o^i\, H_\epsilon(w(t))\right) = \overline{U_o^i}\, \frac{\partial}{\partial x_i} H_\epsilon(w(t)) + \overline{H_\epsilon(w(t))}\, \frac{\partial}{\partial x_i} U_o^i \quad \text{dans } \mathcal{M}(\Omega).$$

Mais, comme $\overline{H_\epsilon(w(t))} = H_\epsilon(w(t))$, $\mathcal{H}_{n-1}$-p.p. dans Ω pour un représentant $\mathcal{H}_{n-1}$-p.p. $(\mathcal{L}^n)$ approximativement continu du fait que $H_\epsilon(w(t))$ appartient à $W^{1,1}(\Omega) \cap L^\infty(\Omega)$ (cf. le lemme 1 de [97] ou p. 123 de cet ouvrage) et puisque $\dfrac{\partial}{\partial x_i} U_o^i$ est $\mathcal{H}_{n-1}$-absolument continue, il vient, pour $t \in \,]0, T[\,\backslash\, \mathcal{Z}$,

$$\frac{\partial}{\partial x_i}\left(U_o^i\, H_\epsilon(w(t))\right) = U_o^i\, \frac{\partial}{\partial x_i} H_\epsilon(w(t)) + H_\epsilon(w(t))\, \frac{\partial}{\partial x_i} U_o^i \quad \text{dans } \mathcal{M}(\Omega).$$

En définitive, l'usage des formules de différentiation d'un produit, généralisées dans $\overline{BV}(\Omega) \cap L^\infty(\Omega)$, conduit dans ces conditions à l'expression

$$I_\epsilon(t) = -\int_\Omega d\left[div\,(U_o\, H_\epsilon(w(t)))\right] + \int_\Omega H_\epsilon(w(t))\, d\left[div\, U_o\right].$$

Puisque l'on a, pour $t \in \,]0, T[\,\backslash\, \mathcal{Z}$, et pour le représentant choisi,

$$|H_\epsilon(w(t))| \leq 1, \; \mathcal{H}_{n-1} - \text{p.p. dans } \Omega,$$

il s'ensuit la première majoration uniforme, pour $t \in \,]0, T[\,\backslash\, \mathcal{Z}$,

$$\left|\int_\Omega H_\epsilon(w(t))\, d\left[div\, U_o\right]\right| \leq |div\, U_o|\,(\Omega).$$

De plus, puisque pour tout i, $U_o^i H_\epsilon(w(t)) \in \overline{BV}(\Omega) \cap L^1(\Omega)$, on dispose de la formule d'intégration de Gauss-Green généralisée, (cf. [85], p. 177, [18] et aussi le chapitre 4, p. 131, où ces notions seront détaillées) :

$$\int_\Omega d\left[div\,(U_o\, H_\epsilon(w(t)))\right] = \int_\Gamma \gamma\,(U_o\, H_\epsilon(w(t)))\,.\mathbf{n}\, d\mathcal{H}_{n-1}\,.$$

Or, $\gamma\,(U_o H_\epsilon(w(t))) = 0$, $\mathcal{H}_{n-1}\lfloor\Gamma$-p.p. sur Γ_e, du fait que $H_\epsilon(w(t))$, pour $t \in \,]0, T[\,\backslash\, \mathcal{Z}$, appartient à V et donc, par utilisation de la majoration

$$|\gamma\,(H_\epsilon(w(t)))| \leq 1, \quad \mathcal{H}_{n-1}\lfloor\Gamma - \text{p.p.},$$

il vient la seconde majoration uniforme, pour $t \in \,]0, T[\,\backslash\, \mathcal{Z}$,

$$\left| \int_\Omega d\left[div \ \left(\mathbf{U}_o H_\epsilon \left(w \left(t \right) \right) \right) \right] \right| \leq \int_{\Gamma_\bullet \cup \Gamma_l} \left| \gamma \left(\mathbf{U}_o \right) . \mathbf{n} \right| \ d\mathcal{H}_{n-1} \ .$$

Ainsi, en regroupant ces majorations, pour $t \in \left] 0, T \right[\setminus \mathcal{Z}$, on obtient

$$\left| I_\epsilon \left(t \right) \right| + \frac{1}{2} \int_{\Gamma_\epsilon} f \ d\Gamma \ \leq C_o.$$

Par intégration de l'inégalité (3.6) entre 0 et τ, $\tau \in \left] 0, T \right]$ et en utilisant de façon essentielle ici une variante facile du lemme d'intégration de F. Mignot rappelé au chapitre 2 (par la considération que pour presque tout $x \in \Omega$, l'application de $[0, 1]$ dans $[-1, 1]$:

$$r \to H_\epsilon \left(\varphi \left(r \right) - \varphi \left(u_o \left(x \right) \right) \right)$$

est **croissante** au sens large), on obtient

$$\int_\Omega \left(\left[\int_{u_o}^{u(\tau)} H_\epsilon \left(\varphi \left(r \right) - \varphi \left(u_o \right) \right) dr \right] dx \right) - C \int_0^\tau \int_\Omega H'_\epsilon \left(w \right) w \left| \nabla p \right|^2 dx ds \leq C_o \tau.$$

Faisant tendre ε vers 0^+, on établit immédiatement par le théorème de convergence dominée que

$$\forall \tau \in [0, T], \ \left| u \left(\tau \right) - u_o \right|_{L^1(\Omega)} \leq C_o^\bullet \tau,$$

ce qui constitue la propriété recherchée. On peut observer qu'alors, d'après [101], la dérivée distribution (dans $\mathcal{D}'(Q)$) $\dfrac{\partial u}{\partial t}$ est désormais une mesure de Radon sommable sur Q, $\mathcal{H}_n$−absolument continue.

Remarque 3.3. Le cadre de la proposition 3.4. se prête à une **démonstration directe** mais conjoncturelle de **l'unicité**, fondée essentiellement sur l'usage de formules d'intégration par parties valables pour des fonctions de $BV(0, T; L^1(\Omega))$ homéomorphes à des fonctions "régulières". Le principe de la méthode développée par les auteurs dans [97] à partir d'**une idée de Y. Jingxue** [116], puis étendue à des équations de conservation de type non local par J.B. Betbeder et G. Vallet [38], [164], est schématiquement le suivant :

en premier lieu, on convient pour toute fonction v de $L^\infty(Q)$ de choisir pour la classe de v au sens $\mathcal{L}^{n+1}$−presque partout, le **représentant borélien borné**, défini en tout point de Q par la demi-somme des limites $\mathcal{L}^{n+1}$−approximatives inférieure et supérieure de v selon [91], (pp. 158-159, puis pp. 482-486) ou [85], (pp. 46-47).

Ce choix systématique d'un tel **représentant canonique** sera justifié aux §§. 3.5.1.- 3.5.2., puis au §. 4.1.1., p.p. 133, 134 et 136.

En second lieu, considérant avec cette convention de représentation u et $\hat{u}$ deux éventuelles solutions attachées à l'état initial u_o, conforme aux hypothèses requises par l'énoncé de la proposition 3.4., on observe que toute solution est $\mathcal{H}_n$−p.p. $(\mathcal{L}^{n+1})$ approximativement continue sur Q, (résultat non optimal, $cf.$ p. 123), pour la raison que $\varphi(u) \in H^1(Q) \cap L^\infty(Q)$, φ étant un homéomorphisme.

Dès lors, définissant l'**onde de choc relative à une solution** u par le **borélien** constitué dans Q du **complémentaire** de l'ensemble des points de $\mathcal{L}^{n+1}$−approximative continuité de u, on va tirer techniquement argument de l'occurrence dans ce contexte que l'expression $\dfrac{\partial u}{\partial t}$ est une mesure de Radon sommable sur Q, $\mathcal{H}_n$-absolument continue [97], [101] **qui ne charge pas l'onde de choc**, $\mathcal{H}_n$−négligeable.

Ainsi, après introduction, pour le paramètre $\eta > 0$, de la fonction Y_η définie par : $Y_\eta(r) = \dfrac{r^{+^2}}{r^2 + \eta}$ pour $r \in \mathbb{R}$, la démarche analytique consiste finalement à prouver, par une argumentation très technique, que pour $t > 0$ et $Q_t = \,]0, t[\times \Omega$, il est légitime d'écrire, à l'aide de formules d'intégration par parties et de règles généralisées de dérivation de la superposition fonctionnelle, la suite d'égalités :

$$I(t) = \lim_{\eta \to 0+} \int_0^t < \frac{\partial}{\partial t}(u - \hat{u}), Y_\eta(\varphi(u) - \varphi(\hat{u})) >_{V', V} dt$$

$$= \lim_{\eta \to 0+} \int_{Q_t} Y_\eta(\varphi(u) - \varphi(\hat{u})) \; d\left[\frac{\partial}{\partial t}(u - \hat{u})\right] ,$$

intégrale sur un ouvert d'une fonction bornée borélienne par rapport à une mesure de $\mathcal{M}(Q)$, selon la convention de représentation,

$$I(t) = \int_{Q_t} sign_o^+(u - \hat{u}) \; d\left[\frac{\partial}{\partial t}(u - \hat{u})\right] ,$$

la fonction $sign_o^+$ étant borélienne bornée, et donc,

$$I(t) = \int_{Q_t} d\left[\frac{\partial}{\partial t}(u - \hat{u})^+\right] ,$$

(selon la propriété 2, assertion (2.2) de [38], p. 321), puis

$$I(t) = \int_\Omega (u(t, x) - \hat{u}(t, x))^+ dx,$$

(grâce à l'assertion (2.3), propriété 2 de [38]),

ce qui justifie des calculs formels, mais a $priori$ non loisibles sans la connaissance de règles de dérivation à la chaîne dans des sous-ensembles de $BV\left(0, T; L^1(\Omega)\right)$ homéomorphes à $W^{1,1}\left(0, T; L^1(\Omega)\right)$.

Dans la pratique pétrolière, la fonction φ' ne s'annule qu'en des points isolés (par exemple, pour les valeurs extrémales de la saturation) et **de fait**, la solution décrite à la proposition 3.4. est **une solution forte**, grâce à un résultat théorique récent obtenu par Ph. Bénilan et R. Gariepy sur les solutions fortes dans L^1 d'équations paraboliques dégénérées [32].

On énonce alors, dans ce sens (*cf.* aussi la proposition 4.6.), la

Proposition 3.5. On suppose dans le cadre de la proposition 3.4. que la fonction φ' est strictement positive presque partout sur $[0, 1]$, *i.e.*,

$$\mathcal{L}^1 \left\{ r \in [0, 1] \ , \ \varphi'(r) = 0 \right\} = 0.$$

Alors, la solution u est **solution forte** au sens où

$$u \in W^{1,+\infty} \left(0, T; L^1(\Omega) \right),$$

et donc, la dérivée $\dfrac{\partial u}{\partial t}$, fonction de $L^\infty \left(0, T; L^1(\Omega) \right)$, vérifie :

$$\frac{\partial u}{\partial t} = \Delta \varphi(u) + \mathbf{div} \left(\psi(u) \nabla p \right) \ , \ \mathcal{L}^{n+1} - \text{p.p. dans } Q.$$

Principe de la démonstration. L'argumentation de Ph. Bénilan et R. Gariepy se fonde sur les deux propriétés suivantes :

1) Lorsque φ est strictement croissante, de classe $\mathcal{C}^1$ sur $[0, 1]$, la fonction φ^{-1} est absolument continue sur $[0, \varphi(1)]$ si et seulement si φ' est strictement positive presque partout sur $[0, 1]$, d'après le lemme 3.1 de [32].

2) Le résultat principal établi par Ph. Bénilan et R. Gariepy énonce qu'alors, la simultanéité des circonstances suivantes :

$$u \in BV \left(0, T; L^1(\Omega) \right) \ , \ \varphi(u) \in W^{1,1} \left(0, T; L^1(\Omega) \right),$$

(en fait, ici $\varphi(u)$ appartient à $H^1(Q)$, où Q est borné), implique par le théorème 1.1. de [32] que

$$u \in W^{1,1} \left(0, T; L^1(\Omega) \right),$$

et autorise de plus à écrire, pour $\mathcal{L}^1-$presque tout t de $]0, T[$, si l'on note $t \to u(t)$ la section, à x fixé , $u \circ \chi_x$ avec $\chi_x(t) = (t, x)$,

$$\frac{du}{dt}(t) = \left(\varphi^{-1} \right)' \left(\varphi(u(t)) \right) \frac{d\varphi(u)}{dt}(t) \ , \ \text{pour } \mathcal{L}^n - \text{presque tout } x \text{ de } \Omega.$$

Or, comme on l'a fait observer au cours de la démonstration de la proposition 3.4., on sait que $u \in \widetilde{W}^{1,+\infty} \left(0, T; L^1(\Omega) \right)$ et donc finalement, grâce à la proposition A.3 de H. Brézis ([48], p. 145), il s'ensuit que u appartient à $W^{1,+\infty} \left(0, T; L^1(\Omega) \right)$. $\square$

3.2. Le caractère localement hyperbolique

3.2.1. Mise en évidence par la construction d'une sous-solution

Dans le cadre général de la proposition 3.3. où le problème de la détermination d'une solution u est bien posé mathématiquement, on établit le caractère hyperbolique de la propagation décrite par de telles équations à forme divergentielle, en mettant en évidence le lien de causalité existant entre la dégénérescence de l'opérateur de diffusion pour les valeurs extrémales de u et la propagation à vitesse finie des fronts sous certaines conditions d'expérimentation. On montre que durant un laps de temps que l'on va préciser, la frontière de l'ensemble défini pour tout $t > 0$ par $\Lambda_t = \{x \in \Omega,\ u(t,x) = 1\}$, appelée front d'huile à l'instant t, reste en amont d'un **front fictif** progressant à vitesse finie vers les régions productives.

Plus précisément et toute chose restant égale par ailleurs, on suppose que la fonction φ est telle que

$$(3.7) \quad \left\{ \begin{array}{l} \varphi(0) = \varphi'(0) = \varphi'(1) = 0, \\ \varphi'(r) > 0 \text{ pour tout } r \in]0,1[,\ \varphi'' \in L^\infty(0,1). \end{array} \right.$$

En pratique, les fonctions d'état considérées vérifient

$$\varphi'(\tau) = \tau^\alpha (1 - \tau)^\beta g(\tau) \text{ avec } g(\tau) > 0,\ \alpha \geq 1,\ \beta \geq 1.$$

La description du caractère hyperbolique local s'inscrit alors dans le cadre expérimental **tridimensionnel** suivant : on considère un gisement initialement saturé d'huile au voisinage de Γ_s, et on suppose que pour un choix adéquat du système de référence $Oxyz$,

$$(3.8) \quad \left\{ \begin{array}{l} u_o = 1,\ \mathcal{L}^3 - \text{p.p. dans } \Omega \cap \{z > 0\},\ \delta = \inf\{z; (x,y,z) \in \Gamma_s\} > 0 \\ \text{et la composante suivant } Oz \text{ des vecteurs normaux extérieurs} \\ \text{à } \Gamma_l \cap \{z > 0\} \text{ est } d\Gamma - \text{p.p. non positive.} \end{array} \right.$$

Prenant pour paramètres cinématiques

$$m = \left\| \left(\varphi'' \right)^- \right\|_{L^\infty(0,1)} \text{ et } q = \frac{d}{2} \| \psi' \|_{L^\infty(0,1)} \left\| \frac{\partial p}{\partial z} \right\|_{L^\infty(\Omega \cap \{z > 0\})},$$

on établit qu'il existe un intervalle de temps durant lequel le front d'huile reste en amont d'un front fictif, se déplaçant dans la direction Oz à vitesse finie ; pour cela, on introduit une sous-solution globale du problème grâce au résultat suivant :

Proposition 3.6. Quel que soit $\zeta \in]0, \delta[$, il existe un intervalle de temps $[0, T_\zeta]$, où $T_\zeta = \zeta(\delta - \zeta)/(m + q\zeta)$, tel que l'on ait, pour tout $t \in]0, T_\zeta[$ et $\mathcal{L}^3$−presque partout dans Ω,

$$1 \geq u(t, x, y, z) \geq \min(1, \alpha(z - t(m\alpha + q))^+) \quad \text{avec } \alpha = 1/\zeta.$$

De plus, il existe un et un seul paramètre optimal ζ^* dans $]0, \delta[$ assurant la valeur maximale de T_ζ, notée T_{ζ^*}, avec

$$T_{\zeta^*} = \frac{1}{q}\left(1 - \frac{1}{\sqrt{1 + \frac{q\delta}{m}}}\right)\left(\delta - \frac{m}{q}\left(\sqrt{1 + \frac{q\delta}{m}} - 1\right)\right).$$

Principe de la démonstration. Introduisant la fonction $\underline{u}$ définie sur Q par

$$\underline{u}(t, x, y, z) = \min\left(1, \alpha\left(z - t\left(m\alpha + q\right)\right)^+\right) \quad \text{avec } \alpha = 1/\zeta,$$

on établit par des L^1-techniques et la formule de Green que pour toute solution régulière u_k, $k \in N^*$, approchée par la méthode de viscosité, et pour tout s et t, avec : $0 < s < t \leq T_\zeta \leq T$, on a

$$\left\|\left(\underline{u}(t, .) - u_k(t, .)\right)^+\right\|_{L^1(\Omega)} \leq \frac{c}{k} + \left\|\left(\underline{u}(s, .) - u_k(s, .)\right)^+\right\|_{L^1(\Omega)},$$

en posant $c = \alpha T \sup_h \{aire \{\Omega \cap \{z = h\}\} \; ; \; h \in [0, \delta]\}$.

Le résultat s'ensuit en faisant tendre s, puis $\frac{1}{k}$ vers 0^+.

On utilise de façon essentielle le fait que, à t fixé, $\Delta \varphi\left(\underline{u}(t, .)\right)$, calculé au sens de $\mathcal{D}'(\Omega)$, est une fonction bornée, les masses superficielles réparties sur les sections planes

$$\Xi_o(t) = \Omega \cap \{z = t(m\alpha + q)\} \; , \; \Xi_\zeta(t) = \Omega \cap \{z = \zeta + t(m\alpha + q)\}$$

disparaissant du calcul à cause de la **dégénérescence** du terme de diffusion. Précisément, la démonstration se fonde sur l'observation que pour toute fonction numérique σ définie sur $[0, 1]$, à dérivée seconde bornée, on a, à t fixé, au sens de $\mathcal{D}'(\Omega)$, en notant $\underline{u}(t)$ la fonction qui fait correspondre à $(x, y, z) \rightarrow \underline{u}(t, x, y, z)$,

$$\Delta\sigma\left(\underline{u}(t)\right)$$
$$= \alpha^2 \sigma''\left(\underline{u}(t)\right) 1_{\Omega \cap \{t(m\alpha+q) \leq z \leq \zeta + t(m\alpha+q)\}} + \alpha\sigma'(0)\delta_{\Xi_o(t)} - \alpha\sigma'(1)\delta_{\Xi_\zeta(t)}$$

et que plus précisément, selon (3.7), la dégénérescence du terme de diffusion pour les valeurs extrémales de la saturation fait disparaître les masses superficielles réparties sur les sections $\Xi_o\,(t)$ et $\Xi_\zeta\,(t)$ dans l'expression de $\Delta\varphi\left(\underline{u}\,(t)\right)$, ce qui permet de construire une sous-solution.

Un résultat analogue pourrait être obtenu pour l'évaluation du déplacement d'un front d'eau, par le fait que $\varphi'\,(0) = 0$; dans ce cas, la condition $\varphi'\,(1) = 0$ n'est pas requise, la positivité de $\varphi'\,(1)$ suffit pour contrôler les signes des expressions rencontrées ; de même, pour l'étude de la propagation du front d'huile, la condition $\varphi'\,(0) = 0$ ne joue pas un rôle déterminant, seul est nécessaire le fait que $\varphi'\,(1)$ s'annule.

Remarque 3.4. Cette démonstration est généralisée dans [98] pour permettre la prise en compte de l'exploitation d'un gisement par plusieurs puits d'orientation non imposée. Le détail de ces diverses démonstrations pourra être trouvé dans [98] ou [99]. Lorsque le problème est non dégénéré, il est bien connu que la propagation a lieu partout instantanément, s'accompagnant d'effets régularisants immédiats : en cela, le comportement de la solution u est fondamentalement différent du comportement des solutions "visqueuses" u_k (*cf.* aussi, sur ce point, le chapitre 4, proposition 4.5.).

3.2.2. La méthode de localisation de l'énergie
(d'après les travaux de S.N. Antontsev, J.I. Diaz et L. Véron)

La proposition 3.6. met essentiellement en évidence, en le quantifiant, un phénomène de propagation à vitesse finie pour l'équation quasi linéaire dégénérée de diffusion-convection :

la méthode utilisée se fonde sur un **principe du maximum et de conservation d'ordre** et sur la construction effective d'une sous-solution globale du problème. Ce caractère local de propagation hyperbolique avait été dégagé dès 1979 sur certains cas particuliers par un procédé très différent, grâce aux méthodes de localisation de l'énergie, par les auteurs A.S. Kalashnikov, S.N. Antontsev (*cf.* [13] et sa bibliographie), puis étudié par S.N. Antontsev, J.I. Diaz, L. Véron (*cf.* [12] et sa bibliographie).

Le principe est le suivant (cas d'un front d'eau) :

notant $B\,(x_o, \rho)$ la boule euclidienne de centre x_o de Ω et de rayon ρ, avec :
$$0 < \rho < d\,(x_o, \Gamma)$$

on introduit grâce à des inégalités de Hölder-Young d'interpolation et de traces ([77], [78]) et le lemme d'intégration de F. Mignot (cf. 2.1.1.), une inéquation différentielle non linéaire en l'inconnue E, **fonction d'énergie**, définie par

$$E\,(t, \rho) = \int_o^t \int_{B(x_o, \rho)} |\nabla\varphi\,(u\,(s, x))|^2\, dx\, ds$$

du type, pour un certain $\mu = \mu(\varphi) > 2$, $\omega \geq 0$ et $C > 0$,

$$G\left(E(t,\rho) + \sup_{0 \leq \tau \leq t} \text{ess} \int_{B(x_o,\rho)} u^\mu(\tau,x)\,dx\right) \leq C\,t^\omega\,\frac{\partial E}{\partial \rho}(t,\rho)\ ,$$

où G est une fonction numérique continue, non décroissante, nulle en zéro, telle que $1/G$ appartienne à $L^1(0,R)$, $R > 0$.

La géométrie des boules où est localisée l'énergie joue un rôle essentiel dans cette démarche, puisque la présence de l'expression $\dfrac{\partial E}{\partial \rho}(t,\rho)$ provient de la contribution des termes apparaissant sur la sphère $\partial B(x_o,\rho)$ dans des intégrations par parties et sous l'effet de troncatures régulières, par l'observation que sous des hypothèses convenables (*cf.* [85], p. 118),

$$\frac{\partial E}{\partial \rho}(t,\rho) = \int_o^t \int_{\partial B(x_o,\rho)} |\nabla\varphi(u)|^2\,d\Gamma ds, \text{ pour } \mathcal{L}^1\text{-presque tout } \rho > 0.$$

Par le traitement de telles inéquations (*cf.* [12], [13]), vérifiées si $u_o = 0$, p.p. dans $B(x_o,\rho)$, pour un certain $\rho > 0$, on montre que, pour tout ρ_o de $]0,\rho[$, on peut trouver $t_o > 0$ tel que :

$$u(t,.) = 0, \text{ presque partout dans } B(x_o,\rho_o), \text{ pour tout } t \in]0,t_o[,$$

(le même type de propriété est obtenu si $u_o = 1$ p.p. dans $B(x_o,\rho)$)

ce qui établit le fait que toute perturbation n'est pas ressentie partout instantanément mais ne paraît pas permettre de retrouver le résultat quantitatif présenté à la proposition 3.6.. Cependant, cette méthode est très puissante par le **caractère local** des propriétés nécessaires à sa mise en oeuvre et peut s'adapter indépendamment des conditions aux limites retenues pour modéliser le gisement. En outre, selon S.N. Antontsev et J.I. Diaz ([12], th. 3, p. 309), la méthode est applicable pour un champ de pression non stationnaire **non borné**, dès que

$$p \in L^\infty\left(0,T;W^{1,q}(B(x_o,\rho))\right)$$

pour un certain $q > 2$, hypothèse facilement satisfaite en pratique, par le résultat de N.G. Meyers, selon le §. 2.3.2.

3.3. L'instant de percée du fluide mouillant déplaçant

3.3.1. Définition dans un cadre L^1.

La définition de l'instant de percée en dimension quelconque appelle les considérations liminaires suivantes : dans [62], G. Chavent définit, dans un cadre classique, l'instant de percée de l'eau en un point x de la frontière de production, *i.e.* le premier instant où l'on peut constater l'éruption de l'eau au point x de Γ_s, par :

$$T_p(x) = \inf \{t \in [0,T] \; ; \; u(t,x) = 0\},$$

et l'instant de percée absolu, T_p, premier instant où l'on peut voir sourdre le fluide déplaçant sur la frontière de production, est donné par la formulation :

$$T_p = \inf \{T_p(x), \; x \in \Gamma_s\} = \inf \{t \in [0,T]; \; \exists x \in \Gamma_s \; | \; u(t,x) = 0\},$$

soit, en posant : $\Gamma_s(t) = \{x \in \Gamma_s \; ; \; u(t,x) = 0\}$,

$$T_p = \inf \{t \in [0,T] \; | \; \Gamma_s(t) \text{ est non vide}\}.$$

Or, dans le cadre de la proposition 3.3., on n'est pas en mesure de donner un sens à ces définitions ponctuelles, faute de résultats de régularité suffisante ; pour tout $t > 0$, on sait que $\varphi(u(t))$ a un sens et définit un élément de V, et donc, grâce au fait que la fonction φ^{-1} est höldérienne d'exposant θ et d'après le théorème de Sobolev-Peetre, on peut définir pour tout $t > 0$ une trace sur Γ, telle que

$$\begin{cases} u_{|\Gamma} \in L^q(\Gamma) \text{ avec } q = \dfrac{2}{\theta} \dfrac{n-1}{n-2s} \text{ pour tout } s \in]\tfrac{1}{2}, 1[, \text{ si } n \geq 2, \\ u(t,.) \in \mathcal{C}^o([0,1]) \text{ dans le cas monodimensionnel.} \end{cases}$$

Donc, sauf dans le cas monodimensionnel, la définition précédente fait difficulté, puisque l'on travaille dans des classes de fonctions dont la trace sur le bord du gisement pétrolifère est définie $d\Gamma$-presque partout.

Cependant, dans le cadre L^1, comme nous l'a indiqué Ph. Bénilan (communication personnelle, novembre 1980), on peut toujours considérer $\Gamma_s(t)$, défini à un ensemble $d\Gamma$-négligeable près de Γ_s, et donc, prendre, au sens de la mesure superficielle sur Γ :

$$T_p = \inf \{t \in [0,T] \; ; \; \Gamma_s(t) \text{ est non négligeable}\}.$$

Dès lors, puisque l'on a :

$$\Gamma_s(t) = \underset{k>0}{\cap} \{x \in \Gamma_s \; ; \; sign_o^+(k - u(t,x)) = 1\}, \; sign_o^+ = \mathbf{1}_{\mathbb{R}^{+*}},$$

l'instant de percée $T_p(u)$, relatif à la solution u, se définit en dimension d'espace quelconque par :

$$T_p(u) = \inf \left\{t \in [0,T] \; ; \; \inf_{k>0} \int_{\Gamma_s} sign_o^+(k - u(t,.)) \, d\Gamma > 0\right\}.$$

L'intérêt de cette formulation est qu'elle fait intervenir des quantités que l'on peut atteindre en utilisant des approximations régulières adéquates de la fonction $sign_o^+$, et surtout, elle permet de s'affranchir du cadre classique des définitions ponctuelles.

3.3.2. Existence et évaluation de l'instant de percée

On se place dans le cadre du paragraphe 3.2.1.

La proposition 3.6. implique que, sous l'hypothèse (3.8), pour T assez grand, la fonction u représentative de la saturation d'huile vaut 1 le long de Γ_s jusqu'à l'instant T_{ζ^*} au moins. Cette observation permet donc de prouver l'existence de l'instant de percée $T_p(u)$, strictement positif et **observable** au sens où

$$0 < T_{\zeta^*} \leq T_p(u) \leq \frac{\displaystyle\int_\Omega u_o\, dx}{\displaystyle\int_{\Gamma_e} f\, d\Gamma} < T,$$

pour une étude suffisamment prolongée du phénomène.

Le seul point à prouver concerne l'estimation par excès de $T_p(u)$, qui est intuitivement évidente : cette valeur représente le temps nécessaire à l'injection d'eau en quantité égale au volume initialement occupé par l'huile. Ainsi donc, compte tenu de l'incompressibilité des fluides et du milieu, il y aurait contradiction à supposer que l'eau s'accumule dans le gisement sans percer au delà de cet instant. Il est intéressant de retrouver **par le calcul** dans la modélisation mathématique ce résultat trivial pour l'expérimentateur.

Pour $\varepsilon > 0$, on considère la fonction χ_ε définie par

$$\chi_\varepsilon(r) = \frac{r}{r+\varepsilon} \quad \text{sur } [0, \varphi(1)].$$

Pour le choix de la fonction-test

$$v = \varphi(u) - \frac{1}{Lip(\chi_\varepsilon)} \chi_\varepsilon(\varphi(u))$$

dans l'inéquation relative à u, on a, p.p. sur $]0, T[$,

$$< \frac{\partial u}{\partial t}, \chi_\varepsilon(\varphi(u)) > + \int_\Omega \nabla\varphi(u) . \nabla\chi_\varepsilon(\varphi(u))\ dx$$
$$+ \frac{d}{2} \int_\Omega (\psi(u) - 1) \nabla p . \nabla\chi_\varepsilon(\varphi(u))\ dx \leq 0.$$

Or, pour le choix de la fonction-test

$$w_\varepsilon = \int_0^{\chi_\varepsilon(\varphi(u))} \left[(\psi \circ \varphi^{-1} \circ \chi_\varepsilon^{-1})(r) - 1 \right]\ dr$$

dans l'équation en pression (3.2), il vient, p.p. sur $]0, T[$,

$$\frac{d}{2} \int_\Omega (\psi(u) - 1) \nabla p . \nabla\chi_\varepsilon(\varphi(u))\ dx = -\frac{1}{2} \int_{\Gamma_e} \lambda(x)\, p\, w_\varepsilon\, d\Gamma.$$

Soit alors $t < T_p(u)$; intégrant l'inégalité sur $[0, t]$ grâce au lemme de F. Mignot (cf. chap. 2) et utilisant **spécifiquement** le fait que presque partout sur

Γ_s, $\varphi(u)_{|\Gamma_s} > 0$, p.p. sur $]0,t[$, il vient, par convergence dominée, en passant à la limite, lorsque $\varepsilon \to 0^+$,

$$\int_\Omega u(t,x)dx - \int_\Omega u_o(x)\,dx \le \frac{t}{2}\left(\psi(0) - 1\right)\int_{\Gamma_s} \lambda(x)\; p\; d\Gamma \;;$$

or, $\psi(0) = -1$ et d'après (3.2), $\displaystyle\int_{\Gamma_s} \lambda(x)\; p\; d\Gamma = \int_{\Gamma_e} f\; d\Gamma$, ce qui établit que

$$t \le \frac{\displaystyle\int_\Omega u_o\; dx}{\displaystyle\int_{\Gamma_e} f\; d\Gamma}. \qquad \square$$

3.3.3. Influence de la capillarité

Pour apprécier l'influence de la pression capillaire, représentée dans le modèle par la fonction φ, on convient d'introduire la famille d'inéquations obtenues en remplaçant φ par $\kappa\varphi$, $\kappa \in]0,1]$, où κ a pour effet de moduler le rôle de la diffusion capillaire. En particulier, on note dans le cadre des §. 3.3.1. et 3.3.2., u_κ la solution correspondante et $T_p(u_\kappa)$ l'instant de percée associé ; cette notation ouvre immédiatement, lorsque $\kappa \to 0^+$, la question de l'étude du problème de perturbations singulières associé au modèle Dead Oil avec effet de puits, lorsque l'effet de la pression capillaire devient négligeable et qui fait l'objet du chapitre 4. Dans ce sens, l'étude précédente montre que lorsque $\kappa \to 0^+$, la suite $T_p(u_\kappa)$ admet au moins une valeur d'adhérence T_p^*, avec l'estimation *a priori* :

$$T_p^* \in \left[\frac{2\delta}{d\;\|\psi'\|_{L^\infty(0,1)}\;\|p_{,z}\|_{L^\infty(\Omega \cap \{z \ge 0\})}} \;,\; \frac{\displaystyle\int_\Omega u_o\; dx}{\displaystyle\int_{\Gamma_e} f\; d\Gamma}\right].$$

3.4. Lien avec les solutions au sens de Kruskov
Le cas particulier de l'imbibition

Soit Ω un domaine borné non vide de $\mathbb{R}^n$, $n \ge 1$, de frontière lipschitzienne pour $n \ge 2$. On introduit deux fonctions numériques φ et ψ, définies et continues sur $[0,1]$, prises nulles en 0 par simple normalisation, φ étant en outre de classe $\mathcal{C}^1$, strictement croissante et φ^{-1} höldérienne. La fonction $\gamma = \psi \circ \varphi^{-1}$ est donc continue.

Fixant $\mathbf{G}$ dans $\mathbb{R}^n$ et T un réel strictement positif, on considère le problème $(\mathcal{P})$ suivant : pour u_o donné dans $L^\infty(\Omega)$ et vérifiant

$$0 \le u_o \le 1, \quad \mathcal{L}^n\text{--p.p. dans }\Omega,$$

$$(\mathcal{P}) \begin{cases} \text{trouver } u \in L^{\infty}(Q), \text{ tel que : } u \in \mathcal{C}^{o}([0,T];L^1(\Omega)), \\ 0 \leq u \leq 1, \ \mathcal{L}^{n+1} - \text{p.p. dans } Q, \ \varphi(u) \in L^2\left(0,T;H_0^1(\Omega)\right), \\ \dfrac{\partial u}{\partial t} \in L^2\left(0,T;H^{-1}(\Omega)\right), \ u(0,.) = u_o, \ \mathcal{L}^n - \text{p.p. dans } \Omega, \\ \dfrac{\partial u}{\partial t} - \triangle \varphi(u) - \mathbf{div}\left(\psi(u)\,\mathbf{G}\right) = 0 \quad \text{dans } \mathcal{D}'(Q). \end{cases}$$

Le problème $(\mathcal{P})$ tire son origine de la modélisation de l'évolution des saturations réduites de phases eau-huile dans un massif poreux entièrement immergé dans l'eau ; dans ce cas, le vecteur $\mathbf{G}$ prend en compte la différence des masses volumiques et l'accélération due à la pesanteur, les fonctions φ et ψ étant définies par le chapitre 2, p.p. 35-36.

La preuve de l'existence d'une telle solution au problème $(\mathcal{P})$ ne fait pas difficulté et peut être établie de diverses manières ([29], [33], [94]) fondées sur des techniques de régularisation des fonctions φ^{-1} et ψ par des fonctions lipschitziennes, à l'instar des méthodes développées au chapitre 2 ou par la théorie des semi-groupes .

Dans des situations particulières, l'unicité est prouvée moyennant la connaissance d'informations supplémentaires sur la régularité de la condition initiale ([33], [57], [100]) et/ou sur le comportement local comparé des fonctions φ et ψ en les points d'annulation de φ' (i.e. pour les valeurs de u en lesquelles le problème $(\mathcal{P})$ est dégénéré), essentiellement traduit par la condition que $\gamma = \psi \circ \varphi^{-1}$ soit höldérienne d'ordre $1/2$, à l'instar de la proposition 3.3. et des références [66], [94], [97] ou [51] (cas lipschitzien).

L'originalité de ces développements est d'établir, en dimension quelconque, par l'adaptation des idées J. Carrillo [54], [55] et [56], l'unicité globale des solutions faibles sous l'**hypothèse "naturelle"** : $u_o \in L^{\infty}(\Omega)$ et par la seule considération que la fonction γ est continue ; lorsque γ n'est pas continue (ψ étant remplacée par exemple par le graphe maximal monotone associé à la fonction de Heaviside et $\varphi = I_d$), la propriété d'unicité peut être prise en défaut. De fait, la continuité de la fonction γ assure que toute solution de $(\mathcal{P})$ est une **solution du type de Kruskov**, i.e. **vérifie implicitement une condition d'entropie**, selon la

Proposition 3.7. Toute solution u du problème $(\mathcal{P})$ est une solution du type de Kruskov, au sens où,

$$\forall k \in [0,1[, \ \forall \xi \in H^1(Q), \ \xi \geq 0, \ \xi(0,.) = \xi(T,.) = 0,$$

$$\int_{Q \cap \{u > k\}} \left\{ (\nabla \varphi(u) + (\psi(u) - \psi(k))\,\mathbf{G}).\nabla \xi - (u-k)\frac{\partial \xi}{\partial t} \right\} dx dt \leq 0.$$

Démonstration. Il suffit en fait de prouver la propriété pour toute fonction $\xi = \xi^t . \xi^x$ non négative de $\mathcal{D}\left(]0, T[\right) \otimes \mathcal{D}\left(\overline{\Omega}\right)$; pour $\varepsilon > 0$, on obtient, en introduisant :

$$v_\varepsilon = p_\varepsilon\left(\varphi\left(u\right) - \varphi\left(k\right)\right) \xi, \text{ avec } p_\varepsilon\left(r\right) = \min\left(\frac{r^+}{\varepsilon}, 1\right),$$

$$\int_0^T < \frac{\partial u}{\partial t}, v_\varepsilon > dt \ + \int_Q \left\{\nabla\varphi\left(u\right) + \left(\psi\left(u\right) - \psi\left(k\right)\right)\mathbf{G}\right\}.\nabla v_\varepsilon \, dxdt = 0.$$

Il suffit alors d'observer que, d'après le lemme d'intégration de F. Mignot (§. 2.1.1.), les fonctions p_ε et φ étant **croissantes**, on a

$$\int_0^T < \frac{\partial u}{\partial t}, v_\varepsilon > dt$$

$$= \int_0^T \frac{\partial}{\partial t}\left\{\int_\Omega \left[\int_k^u p_\varepsilon\left(\varphi\left(r\right) - \varphi\left(k\right)\right) dr\right] \xi^x dx\right\} \xi^t dt$$

$$= -\int_Q \left[\int_k^u p_\varepsilon\left(\varphi\left(r\right) - \varphi\left(k\right)\right) \, dr\right] \frac{\partial\xi}{\partial t} \, dxdt,$$

et, d'après le lemme de G. Stampacchia (proposition 2.2.,§. 2.1.1.),

$$\int_Q \left(\psi\left(u\right) - \psi\left(k\right)\right)\mathbf{G}.\nabla p_\varepsilon\left(\varphi\left(u\right) - \varphi\left(k\right)\right) \xi \, dxdt$$

$$= -\int_Q H\left(u, k\right)\mathbf{G}.\nabla\xi \, dxdt, \text{ en posant :}$$

$$H\left(u, k\right) = \int_0^{\varphi(u) - \varphi(k)} \left(\gamma\left(r + \varphi\left(k\right)\right) - \psi\left(k\right)\right) p_\varepsilon'\left(r\right) dr \ , \ p_\varepsilon' = \frac{1}{\varepsilon}\mathbf{1}_{[0,\varepsilon]}.$$

Le résultat est obtenu par le théorème de convergence dominée de Lebesgue, en notant qu'à (t, x) fixé dans $Q \setminus \mathcal{Z}$, avec $\mathcal{L}^{n+1}\left(\mathcal{Z}\right) = 0$, on a, pour ε assez petit,

$$H\left(u, k\right) = sign_o^+\left(u - k\right) \frac{1}{\varepsilon} \int_0^\varepsilon \left\{\gamma\left(r + \varphi\left(k\right)\right) - \gamma\left(\varphi\left(k\right)\right)\right\} dr,$$

de limite simple nulle, lorsque $\varepsilon \to 0^+$, puisque γ est **continue**.

L'unicité de la solution faible s'obtient en reconduisant avec des adaptations l'argumentation qui assure que toute solution faible est du type Kruskov, *i.e.*, vérifie implicitement une condition d'entropie sans hypothèse particulière de régularité sur l'état initial.

L'unicité résulte en effet immédiatement de la

Proposition 3.8. Soient u et $\hat{u}$ deux solutions de $(\mathcal{P})$ associées respectivement aux données initiales u_o et $\hat{u}_o$, *a priori* non régulières.

Alors, pour tout $\xi \in H^1(Q)$, $\xi \geq 0$, $\xi(0,.) = \xi(T,.) = 0$, il vient,

$$\int_{Q \cap \{u > \hat{u}\}} \left[\{ \nabla(\varphi(u) - \varphi(\hat{u})) + (\psi(u) - \psi(\hat{u})) \, \mathbf{G} \} . \nabla \xi \right] \, dx dt$$

$$\leq \int_{Q \cap \{u > \hat{u}\}} (u - \hat{u}) \frac{\partial \xi}{\partial t} \, dx dt \, .$$

En effet, prenant ξ arbitrairement dans $\mathcal{D}^+ (]0,T[) \otimes \mathbf{1}_\Omega$, on obtient

$$\frac{d}{dt} \int_\Omega (u - \hat{u})^+ \, dx \leq 0 \text{ au sens de } \mathcal{D}' (]0,T[) \, ,$$

d'où, plus généralement, un principe de comparaison, puisque les solutions sont continues de $[0,T]$ à valeur dans $L^1(\Omega)$.

Démonstration de la proposition 3.8.. On utilise les techniques usuelles du traitement des problèmes hyperboliques non linéaires du premier ordre (mais, ici, hors du cadre $BV(Q)$) en reconduisant essentiellement l'argumentation des assertions validant la condition d'entropie. On considère un recouvrement ouvert $\{\mathcal{O}_i\}_{i=0}^I$ de $\overline{\Omega}$ avec $\overline{\mathcal{O}}_o \subset \Omega$, $I \in \mathbb{N}$ et une partition de l'unité subordonnée à ce recouvrement. On vérifie alors qu'il suffit de prouver l'inégalité pour toute fonction $\theta \otimes \xi$ de $\mathcal{D}^+ (]0,T[) \otimes \mathcal{D}^+ (\mathcal{O}_i)$, $i \in \{0,1,...,I\}$. Pour $\delta > 0$, on introduit $\rho_\delta^{(1)}$ et $\rho_\delta^{(n)}$ deux suites régularisantes respectivement sur $\mathbb{R}$ et $\mathbb{R}^n$ et, suivant J. Carrillo [55], pour tout i fixé dans $\{1,...,I\}$, on choisit ν dans $\mathbb{R}^n$, indépendant de δ, de sorte que pour δ assez petit, la fonction ξ_δ de $\mathcal{D}(\mathbb{R}^{2n})$ définie par :

$$\xi_\delta(x,y) = \xi \left(\frac{x+y}{2} \right) \rho_\delta^{(n)} \left(\frac{x-y}{2} + \nu \delta \right)$$

soit construite de façon que :

$$\forall x \in \Omega, \ \xi_\delta(x,.) \in \mathcal{D}(\Omega) \, .$$

Notant, pour δ assez petit, θ_δ la fonction de $\mathcal{D}\left(]0,T[^2\right)$ définie par

$$\theta_\delta(t,s) = \theta \left(\frac{t+s}{2} \right) \rho_\delta^{(1)} \left(\frac{t-s}{2} \right),$$

on introduit finalement la fonction Λ de $H_o^1(Q \times Q)$ définie, pour tout réel $\varepsilon > 0$, par

$$\Lambda(t,s,x,y) = p_\varepsilon(\varphi(u)(t,x) - \varphi(\hat{u})(s,y)) \, \xi_\delta(x,y) \, \theta_\delta(t,s) \, ,$$

où p_ε est défini au cours de la démonstration de la proposition 3.7, *i.e.*,

$$\forall r \in \mathbb{R}, \ p_\varepsilon(r) = \min \left(\frac{r^+}{\varepsilon}, 1 \right) \, .$$

On a alors,

$$0 =$$
$$\left\{ \int_Q \left(\int_0^T <\frac{\partial u}{\partial t}, \Lambda> dt \right) ds dy - \int_Q \left(\int_0^T <\frac{\partial \hat{u}}{\partial s}, \Lambda> ds \right) dt dx \right\}$$

$$+ \int_{Q \times Q} \{ [\nabla \varphi(u)](t,x) . \nabla_x \Lambda - [\nabla \varphi(\hat{u})](s,y) . \nabla_y \Lambda \} \, dx dy ds dt$$

$$+ \int_{Q \times Q} (\psi(u(t,x)) - \psi(\hat{u}(s,y))) \, \mathbf{G} . \{ \nabla_x \Lambda + \nabla_y \Lambda \} \, dx dy ds dt$$

$$= I_1 + I_2 + I_3.$$

La première étape consiste à faire tendre ε vers 0^+, δ étant fixé assez petit ; les difficultés techniques essentielles sont surmontées de la manière suivante :

i) reprenant l'argumentation fondée sur le lemme d'intégration de F. Mignot, on prouve que :

$$\lim_{\varepsilon \to 0+} (-I_1) =$$

$$\int_{Q \times Q} (u(t,x) - \hat{u}(s,y))^+ \, \theta'\left(\frac{t+s}{2}\right) \rho_\delta^{(1)}\left(\frac{t-s}{2}\right) \xi_\delta(x,y) \, dx dy dt ds.$$

ii) observant que, p.p. $t \in]0,T[$, p.p. $s \in]0,T[$, $\Lambda \in H_o^1(\Omega \times \Omega)$, on a

$$I_2 =$$
$$\int_{Q \times Q} (\{ [\nabla \varphi(u)](t,x) - [\nabla \varphi(\hat{u})](s,y) \} . \{ \nabla_x \Lambda + \nabla_y \Lambda \}) \, dx dy ds dt$$

$$\geq \int_{Q \times Q} \left[\{ [\nabla \varphi(u)](t,x) - [\nabla \varphi(\hat{u})](s,y) \} . \nabla \xi\left(\frac{x+y}{2}\right) \right.$$

$$\left. \times p_\varepsilon (\varphi(u)(t,x) - \varphi(\hat{u})(s,y)) \, \rho_\delta^{(n)}\left(\frac{x-y}{2} + \nu\delta\right) \theta_\delta(t,s) \right] \, dx dy dt ds.$$

iii) les considérations développées lors du traitement du terme de transport à la démonstration de la proposition 3.7. assurent que :

$$\lim_{\varepsilon \to 0+} I_3 = \int_{Q \times Q \cap \{u > \hat{u}\}} \left[(\psi(u(t,x)) - \psi(\hat{u}(s,y))) \, \mathbf{G} . \nabla \xi\left(\frac{x+y}{2}\right) \right.$$

$$\left. \times \quad \rho_\delta^{(n)}\left(\frac{x-y}{2} + \nu\delta\right) \theta_\delta(t,s) \right] \, dx \, dy \, dt \, ds.$$

Dès lors, l'inégalité recherchée résulte classiquement du passage à la limite, lorsque $\delta \to 0^+$ et de la notion de point de Lebesgue.

3.5. Dimension de Hausdorff de l'onde de choc

3.5.1. Notion d'approximative continuité

En vue de définir rigoureusement la notion intrinsèque d'onde de choc, on rappelle brièvement pour la commodité de lecture quelques propriétés **ponctuelles** des fonctions $\mathcal{L}^m$−mesurables sur $\mathbb{R}^m$, à travers le concept d'approximative limite ; l'étude approfondie complète peut être trouvée dans les ouvrages de H. Federer [91] (pp. 158-159) et L.C. Evans-R.F. Gariepy [85] (pp. 46-48 et 209-219).

Soit $F : \mathbb{R}^m \to \mathbb{R}$.
On appelle, au point générique x de $\mathbb{R}^m$, **limite approximative supérieure** de F lorsque y tend vers x, notée $\mu_F(x)$, la borne inférieure de l'ensemble des réels t tels que :

$$\lim_{r \to 0^+} \frac{\mathcal{L}^m\left(B\left(x,r\right) \cap \{F > t\}\right)}{\mathcal{L}^m\left(B\left(x,r\right)\right)} = 0,$$

$B(x,r)$ désignant la boule euclidienne de $\mathbb{R}^m$, fermée centrée en x, de rayon r.

De façon similaire, on définit la **limite approximative inférieure** de F en x, notée $\lambda_F(x)$, par

$$\lambda_F(x) = \sup\left\{ t \in \mathbb{R} \; ; \; \lim_{r \to 0^+} \frac{\mathcal{L}^m\left(B\left(x,r\right) \cap \{F < t\}\right)}{\mathcal{L}^m\left(B\left(x,r\right)\right)} = 0 \right\}.$$

Lorsque, au point x de $\mathbb{R}^m$, il se trouve que

$$\lambda_F(x) = \mu_F(x) = l,$$

on dit que l est la **limite approximative** de F au point x.

Naturellement, dans le cas où

$$\lambda_F(x) = \mu_F(x) = F(x),$$

la fonction F est dite **approximativement continue** au point $x \in \mathbb{R}^m$ (ou $(\mathcal{L}^m)$ approximativement continue, en cas d'ambiguïté).

Les premières propriétés les plus remarquables et utiles à l'exposé qui suit des fonctions λ_F et μ_F sont les suivantes :

i) toute fonction $F : \mathbb{R}^m \to \mathbb{R}$, $\mathcal{L}^m$-mesurable, est $\mathcal{L}^m$-presque partout approximativement continue, la réciproque étant vraie ([91], théorème 2.9.13). Ceci montre que les propriétés de mesurabilité et d'approximative continuité sont étroitement liées pour une application à valeur dans un **espace métrique séparable**.

ii) lorsque F appartient à $L_{loc}^1(\mathbb{R}^m)$, tout point de Lebesgue est un point d'approximative continuité.

iii) pour $F : \mathbb{R}^m \to \mathbb{R}$, $\mathcal{L}^m$-mesurable, les fonctions $x \to \lambda_F(x)$ et $x \to \mu_F(x)$ sont des fonctions **boréliennes**, avec

$$\forall x \in \mathbb{R}^m, \quad -\infty \le \lambda_F(x) \le \mu_F(x) \le +\infty.$$

iv) lorsque $F \in L^\infty(\mathbb{R}^m)$, il y a coïncidence entre les points de Lebesgue et les points d'approximative continuité de F ; les fonctions λ_F et μ_F sont alors bornées.

v) F désignant une fonction $\mathbb{R}^m \to \mathbb{R}$, $\mathcal{L}^m$-mesurable, l'ensemble

$$\{x \in \mathbb{R}^m, \ \lambda_F(x) < \mu_F(x)\},$$

i.e., l'ensemble des points où la $(\mathcal{L}^m)$ limite approximative de F n'existe pas, est un borélien $\mathcal{L}^m$-négligeable.

3.5.2. Définition de l'onde de choc

Les bases de la théorie de l'onde de choc semblent avoir été jetées vers 1860 par B. Riemann, puis vers 1885, par H. Hugoniot et W. Rankine en assimilant dans l'interprétation mathématique la notion d'onde de choc à la notion de discontinuité. Cependant, l'analyse des équations aux dérivées partielles sur un ouvert $\mathcal{O}$ de $\mathbb{R}^m$ a trouvé son développement hors du cadre classique des fonctions partout définies grâce à l'introduction d'espaces fonctionnels modelés sur des classes de fonctions localement $\mathcal{L}^m$-intégrables. Dès lors que les grandeurs physiques régies par des équations aux dérivées partielles sont recherchées dans des classes de fonctions $\mathcal{L}^m$-mesurables et essentiellement bornées, la notion de discontinuité au sens classique est *a priori* inadaptée. Aussi est-on conduit, pour toute fonction F de $L^\infty(\mathcal{O})$, à considérer dans le **cadre des mesures géométriques** la notion de $(\mathcal{L}^m)$ limites approximatives inférieure et supérieure qui permet, **en tout point** x de $\mathcal{O}$, de définir les deux fonctions boréliennes à valeurs dans $\mathbb{R}$, λ_F et μ_F par

$$\lambda_F(x) = (\mathcal{L}^m) \, \text{app.} \lim_{z \to x} \inf F(z), \quad \mu_F(x) = (\mathcal{L}^m) \, \text{app.} \lim_{z \to x} \sup F(z).$$

On désigne alors par **onde de choc associée à la classe de** F dans $\mathcal{O}$, le complémentaire de l'ensemble des points où F admet une $(\mathcal{L}^m)$ limite approximative, *i.e.*, l'ensemble Λ_F défini par :

$$\Lambda_F = \{x \in \mathcal{O}, \ \lambda_F(x) < \mu_F(x)\}.$$

Il en résulte immédiatement que l'ensemble Λ_F est un **borélien** de $\mathcal{O}$,

$$\mathcal{L}^m\text{−négligeable,}$$

indépendant du choix du représentant de F dans sa classe, au sens de l'égalité $\mathcal{L}^m$−presque partout.

Aussi, comme on l'a annoncé à la remarque 3.3., il peut être commode de représenter "**canoniquement**" la classe de F, pour $F \in L^\infty(\Omega)$, par la fonction borélienne bornée $\overline{F} = \frac{1}{2}(\lambda_F + \mu_F)$.

On remarquera que Λ_F est alors, en fait, le complémentaire de l'ensemble des points de Lebesgue de ce représentant $\frac{1}{2}(\lambda_F + \mu_F)$.

3.5.3. Lien entre la dimension de Hausdorff de l'onde de choc et la régularité de la solution

Soient A un ensemble borné de $\mathbb{R}^m$ et δ un réel, $\delta > 0$. On désigne par $\{U_i\}$ tout recouvrement de A par des ensembles U_i de diamètre au plus δ. Pour tout réel $s \geq 0$, on pose (*cf.* [91], 2.10.1 et 2.10.2 ou [85], p. 60), selon la **construction de Carathéodory**,

$$\mathcal{H}^s_\delta(A) = \inf_{\{U_i\}} \left\{ \sum_i \Gamma\left(\tfrac{1}{2}\right)^s / \Gamma\left(\tfrac{s}{2} + 1\right) \ 2^{-s} \mathrm{diam}(U_i)^s \right\},$$

Γ représentant ici la fonction gamma d'Euler, avec $\Gamma\left(\frac{1}{2}\right) = \sqrt{\pi}$.

Alors, le paramètre δ étant pris arbitrairement petit pour tenir compte de la géométrie microlocale de l'ensemble A, **la mesure extérieure s-dimensionnelle** de Hausdorff de A se définit par

$$\mathcal{H}^s(A) = \lim_{\delta \to 0^+} \mathcal{H}^s_\delta(A) = \sup_{\delta > 0} \mathcal{H}^s_\delta(A),$$

et la dimension de Hausdorff du sous-ensemble A de $\mathbb{R}^m$ est donnée par

$$\dim_{\mathcal{H}}(A) = \inf\left\{ s \in \mathbb{R}^+ \mid \mathcal{H}^s(A) = 0 \right\}.$$

On sait que $\mathcal{H}^s$ est une mesure extérieure pour laquelle les ensembles boréliens sont mesurables ; $\mathcal{H}^0$ est la mesure de dénombrement et $\mathcal{H}^m$ coïncide sur $\mathbb{R}^m$ avec la mesure $\mathcal{L}^m$; la mesure **borélienne régulière** $\mathcal{H}^s$, pour $0 \leq s < m$, n'est pas une mesure de Radon, puisqu'elle n'est pas finie sur tout compact de $\mathbb{R}^m$ ($\mathbb{R}^m$ n'est pas σ-fini relativement à $\mathcal{H}^s$, pour $0 \leq s < m$).

Notant $\overline{BV}(\mathcal{O})$ l'espace des fonctions localement intégrables sur l'ouvert $\mathcal{O}$ de $\mathbb{R}^m$ dont les dérivées-distributions au premier ordre sont éléments de l'espace $\mathcal{M}(\mathcal{O})$ des mesures de Radon sommables sur $\mathcal{O}$, on dispose des informations suivantes, lorsque l'ouvert $\mathcal{O}$, pris suffisamment régulier, permet le prolongement des fonctions de $W^{1,p}(\mathcal{O})$, $1 \leq p < m$, en des fonctions de $W^{1,p}(\mathbb{R}^m)$, selon le principe des réflexions, puis de troncature régulière (ce sera le cas pour des ouverts cylindriques du type $Q =]0, T[\times \Omega$, Ω "régulier") :

si $g \in L^\infty(\mathcal{O}) \cap \overline{BV}(\mathcal{O})$, moyennant le prolongement de g ici possible en $\widetilde{g}$ dans $L^\infty(\mathbb{R}^m) \cap \overline{BV}(\mathbb{R}^m)$, on introduit, suivant H. Federer ([91], 4.5.9. (16)), $E(\widetilde{g}) = \left\{ x \in \mathbb{R}^m, \lambda_{\widetilde{g}}(x) < \mu_{\widetilde{g}}(x) \right\}$, borélien tel que $\dim_{\mathcal{H}}(E(\widetilde{g})) \leq m - 1$, et donc finalement, Λ_g, l'onde de choc relative à la classe de la fonction g, vérifie :

$$\Lambda_g = \mathcal{O} \cap E(\widetilde{g}), \text{ borélien de } \mathcal{O}, \text{ avec } \dim_{\mathcal{H}}(\Lambda_g) \leq m - 1.$$

Si, en outre, $g \in L^\infty(\mathcal{O}) \cap W^{1,1}(\mathcal{O})$, il résulte de [91], 4.5.9. (30), (29), après extension, hors de l'ouvert $\mathcal{O}$, de g en une fonction $\widetilde{g}$ de $L^\infty(\mathbb{R}^m) \cap W^{1,1}(\mathbb{R}^m)$, que l'onde de choc Λ_g est un borélien de $\mathcal{O}$, $\mathcal{H}^{m-1}$−négligeable, et donc,

$$\dim_{\mathcal{H}}(\Lambda_g) < m - 1.$$

H. Federer et W.P. Ziemer [92] fournissent des résultats complémentaires par l'étude des points de Lebesgue de degré $mp/(m - p)$, $1 \leq p < m$, des fonctions de $W^{1,p}(\mathcal{O})$; il en résulte que si

$$g \in L^\infty(\mathcal{O}) \cap W^{1,p}(\mathcal{O}), \, 1 \leq p < m,$$

alors, pour un choix convenable du représentant et pour tout $\varepsilon > 0$,

$$g \text{ est } \mathcal{H}^{m-p+\varepsilon} - \text{p.p. } (\mathcal{L}^m) \text{ approximativement continue sur } \mathcal{O},$$

et donc, par la définition **intrinsèque** de l'onde de choc,

$$\dim_{\mathcal{H}}(\Lambda_g) \leq m - p.$$

De plus, g est Γ_p−quasi continue sur $\overline{\mathcal{O}}$, Γ_p désignant la capacité de degré p, *i.e.*, selon [92], p. 155, ou bien dans le cas $p = 2$, [72], pp. 506-533, tome 1, pour tout $\varepsilon > 0$, il existe un ensemble fermé C de $\overline{\mathcal{O}}$ tel que $g_{|_C}$ soit continue et $\Gamma_p(\overline{\mathcal{O}} \setminus C) < \varepsilon$.

Certaines de ces notions ont été mises en œuvre par J.I. Diaz ([74], §. 1.4.b) pour l'analyse fine de frontières libres. Des résultats de régularité pour la solution du problème Dead Oil s'en déduisent immédiatement grâce à la

Proposition 3.9. La solution u, au sens de la proposition 3.3. , peut être choisie, sous l'hypothèse de la proposition 3.4. ,

i) Γ_2—quasi continue sur $\overline{Q}$,

ii) $\mathcal{H}^{n-1+\varepsilon}$—p.p. $(\mathcal{L}^{n+1})$ approximativement continue sur Q, pour tout réel ε strictement positif.

Dès lors, il apparaît que l'onde de choc Λ_u, relative à la solution u, est un borélien de $Q \subseteq \mathbb{R}^{n+1}$, tel que :

$$\dim_{\mathcal{H}} (\Lambda_u) \leq n - 1 , \quad \Gamma_2 (\Lambda_u) = 0.$$

La démonstration se fonde sur l'observation que $\varphi(u)$ appartient à l'espace $W^{1,2}(Q) \cap L^{\infty}(Q)$ et donc, pour tout $\varepsilon > 0$, $\varphi(u)$ peut être représenté par une fonction $\mathcal{H}^{n-1+\varepsilon}$—p.p. $(\mathcal{L}^{n+1})$ approximativement continue sur Q ; l'image continue d'une fonction approximativement continue étant approximativement continue, et φ étant un **homéomorphisme** de $[0,1]$ sur $[0, \varphi(1)]$, on en déduit l'assertion ii) et l'égalité $\Lambda_u = \Lambda_{\varphi(u)}$.

Le point i) et le fait que Λ_u est Γ_2—négligeable résultent immédiatement des considérations précédentes et de [92], p. 156, lorsque l'indice p est pris égal à 2. $\square$

Remarque 3.5. Ainsi, la nécessité que $\varphi(u)$ appartienne, pour presque tout t de $]0, T[$, au domaine de l'opérateur laplacien associé aux conditions de bord adéquates impose des conditions de régularité sur le gradient de $\varphi(u)$ que ne vérifie pas en général u, puisque φ^{-1} ne peut être lipschitzien lorsque le problème est dégénéré ; en ce sens, la fonction $\varphi(u)$ est plus régulière que l'inconnue principale u et donc, les informations sur Λ_u sont collectées *via* l'examen de $\Lambda_{\varphi(u)}$.

Conclusion

On remarque que la prise en compte des effets de diffusion et, spécifiquement, le fait que φ est un homéomorphisme sont ici essentiels ; en effet, on sait, selon, par exemple, les travaux de A.I. Vol'pert [166], A.I. Vol'pert et S.I. Hudjaev [167], que pour des problèmes quasi linéaires hyperboliques du premier ordre (*i.e.* lorsque les effets de la diffusion sont négligés) et, plus largement, lorsque la diffusion est modélisée par un terme du type :

$$-div(a(u,t,x)\nabla u), \text{ avec } a(u,t,x) \geq 0 , \quad (t,x) \in \mathbb{R}^{n+1},$$

l'onde de choc Λ_u est en général de dimension de Hausdorff égale à n. Il s'ensuit que la formulation d'une condition d'entropie, *i.e.* d'une condition sur les sauts à la traversée de l'onde de choc Λ_u, est alors nécessaire pour qualifier la solution physiquement admissible. Lorsque les effets de la pression capillaire sont pris en compte par la présence d'un terme de diffusion du second ordre dégénérant pour des valeurs isolées, la condition d'entropie du type Kruskov est vérifiée **implicitement**, à l'instar des observations du paragraphe 3.4..

Ainsi, sous la seule hypothèse que la fonction $\gamma = \psi \circ \varphi^{-1}$ est continue, toute solution u donnée par la proposition 3.3. vérifie de fait la condition d'entropie :

$$\forall k \in [0, 1[,\ \forall \xi \in H^1(Q),\ \xi \geq 0,\ \xi(0, .) = \xi(T, .) = 0,$$

$$\int_{Q \cap \{u > k\}} \left\{ [\nabla \varphi(u) + (\psi(u) - \psi(k)) \nabla p] . \nabla \xi - (u - k) \frac{\partial \xi}{\partial t} \right\} \, dx dt$$

$$+ \int_{\Sigma_s \cap (u > k)} (\psi(k) - 1) \frac{\partial p}{\partial n} \, \xi \, d\Gamma \, dt \leq 0.$$

On n'est cependant pas en mesure d'établir un résultat d'unicité sous la seule hypothèse de la continuité de γ, hormis dans le cas particulier de l'imbibition étudié au paragraphe 3.4. . Il s'agit là d'une question ouverte.

Remarque sur les systèmes d'équations de continuité à données mesures.

Dans la pratique industrielle *in situ*, les échanges entre la roche-magasin et l'extérieur sont organisés à travers les puits d'injection ou de production ou résultent de l'expansion naturelle d'une nappe aquifère active. Le diamètre des puits injecteurs ou producteurs est généralement très petit (de l'ordre de quelques décimètres) au regard de la taille des gisements, exprimée par quelques hectomètres ; dès lors, la prise en compte de conditions de bord par une condition aux limites sur des régions $d\Gamma$—non négligeables n'est plus réaliste et il est nécessaire de modéliser les termes de sources et de puits en introduisant des **singularités**. Cette démarche requiert la maîtrise analytique, puis numérique des systèmes d'équations de continuité avec données mesures, ce qui pose des problèmes très délicats.

Dans cette direction de recherche, on pourra se reporter à [72] (t. 1, vol. 2, pp. 580-586), au cours polycopié de R. Eymard, T. Gallouët et R. Herbin [87] ou à l'étude à paraître de T. Gallouët (*elliptic equations with measure data*) ainsi qu'à sa bibliographie. L'impulsion décisive pour l'étude des problèmes non linéaires avec second membre mesure semble avoir été donnée par L. Boccardo et T. Gallouët (*Nonlinear elliptic and parabolic equations involving measure data.* J. Funct. Anal., 87, pp. 149-169, 1989) ; une présentation générale des méthodes permettant d'établir des résultats d'existence et parfois d'unicité est faite par F. Murat (*Equations elliptiques non linéaires avec second membre L^1 ou mesure.* Comptes Rendus du 26e Congrès national d'analyse numérique, pp. A 12-A 24, 1994). On peut être amené à utiliser le cadre des solutions renormalisées qui a été introduit par R.J. DiPerna et P.L. Lions pour l'étude des équations de Boltzmann [79'], puis adapté au traitement de problèmes elliptiques ou paraboliques dégénérés.

La notion de **solution renormalisée** pour les équations de type **elliptique** ou **parabolique** à second membre L^1 (*cf.* en relation étroite avec le thème central de ce chapitre, l'étude de D. Blanchard et H. Redwane : *Solutions renormalisées d'équations paraboliques à deux non-linéarités.* C. R. Acad. Sci. Paris, t. 319, Série I, pp. 831-835, 1994) apparaît alors comme une **adaptation** de la notion de **solution entropique** utilisée pour les équations hyperboliques non linéaires, du premier ordre, objet du prochain chapitre. Se limitant, pour l'exemple, aux solutions renormalisées u de problèmes elliptiques non linéaires de Dirichlet à second membre dans L^1, on introduit en effet une formulation variationnelle pour laquelle les fonctions test sont de la forme $vh(u)$, avec $v \in W_0^{1,p}(\Omega) \cap L^\infty(\Omega)$ et $h \in C_c^1(\mathbb{R})$ ou, plus généralement, h est une fonction numérique à support compact, lipschitzienne ; dans ce dernier cas, l'expression du gradient de $vh(u)$ est donnée par la proposition 2.2., avec la convention de lecture : $vh(u)$ doit être regardé comme $v\, h\, (T_k(u))$, où :

k est un entier naturel tel que supp $h \subset [-k, k]$,

$T_k(r) = r$ si $|r| \leq k$, $k\, sign(r)$ si $|r| \geq k$ et $T_k(u) \in W_0^{1,p}(\Omega)$.

Il paraît raisonnable de conjecturer (*cf.* sur ce point, les résultats partiels de A. Plouvier-Debaigt et G. Gagneux [149]) que la question de l'unicité soulevée en conclusion de ce chapitre trouvera sa réponse dans le cadre des solutions renormalisées, en utilisant le caractère localement bilipschitzien des fonctions d'état φ et un critère discriminant les régions d'hyperbolicité et les régions de parabolicité avec une condition de raccord.

La définition d'une **solution ultra-faible** peut également s'articuler sur le concept de **mesure de Young** dès lors que l'on recherche une solution essentiellement bornée pour un problème de transport non linéaire à données peu régulières, à partir d'une estimation uniforme L^∞ pour des solutions présumées approchées ; on pourra trouver de tels développements dans [87], *loc. cit.*, ou dans les études récentes (et la bibliographie correspondante) de H. Bellout, F. Bloom et J. Nečas (*Young measure-valued solutions for non-newtonian incompressible fluids,* Commun. in Partial Differential Equations, 19(11&12), pp. 1763-1803, 1994) ou de J. W. Shearer (*Global existence and compactness in L^p for the quasilinear wave equation,* Commun. in Partial Differential Equations, 19(11&12), pp. 1829-1877, 1994).

Des conditions de bord de type Fourier-Robin avec donnée mesure non négative de la perméabilité ont été introduites par A. Friedman, C. Huang et J. Yong (*Effective permeability of the boundary of a domain,* Commun. in Partial Differential Equations, 20(1&2), pp. 59-102, 1995), pour la recherche de l'état limite, stationnaire, d'un réservoir de carburant perforé d'un grand nombre de petits trous de taille et de répartition connues, *i.e., a priori* imparfaitement étanche à la suite du procédé de fabrication par moulage de plastique.

CHAPITRE 4

ETUDE DE L'EQUATION DE BUCKLEY-LEVERETT NON LINEAIRE

On s'intéresse ici au modèle **Dead oil incompressible non thermique** obtenu lorsque l'action des forces capillaires est négligée, selon la description donnée au chapitre 1, §. 1.3.1. et 1.3.2.. Les lois de Darcy sont traduites, dans ces conditions, par (1.40) et (1.41). L'écriture de la propriété de conservation de masse de l'huile entraîne que l'inconnue u, saturation réduite de l'huile, est solution de l'équation de **Buckley-Leverett** considérée, avant le développement de la théorie des équations paraboliques non linéaires dégénérées, comme le modèle d'étude des écoulements diphasiques non miscibles [128]. Selon les notations du chapitre 3, lorsque la fonction d représentative de la mobilité globale est supposée constante et lorsque les effets de la gravité sont ignorés, on obtient l'équation de continuité :

$$(4.1) \qquad \frac{\partial u}{\partial t} - \mathbf{div}\left(\frac{d}{2}\,\psi(u)\,\nabla p\right) = 0,$$

où la fonction p est donnée par la solution du problème variationnel elliptique annexe (3.2).

L'objet de ce chapitre est de montrer qu'effectivement le modèle de Buckley-Leverett relatif à l'équation scalaire hyperbolique non linéaire du premier ordre (4.1) fournit, lorsque les effets des forces capillaires sont négligeables, un modèle approché du modèle **Dead oil incompressible non thermique avec effets de puits et de capillarité** étudié au chapitre 3. A cet égard, on comparera u à la solution u_κ du problème étudié au §. 3.1. associé à l'équation :

$$(4.2) \qquad \frac{\partial u_\kappa}{\partial t} - \kappa\,\Delta\,\varphi(u_\kappa) - \mathbf{div}\left(\frac{d}{2}\,\psi(u_\kappa)\,\nabla p\right) = 0,$$

où la fonction φ a été remplacée par $\kappa\,\varphi$, $\kappa \in\,]0,1[$.

Les résultats de comparaison, lorsque $\kappa \to 0_+$, de ces deux modèles sont donnés au §. 4.3.. L'étude de l'équation (4.1) s'appuie sur les résultats connus depuis les travaux de C. Bardos, A-Y. LeRoux et J-C. Nédélec [28] sur le traitement des équations quasi linéaires du premier ordre avec **conditions de bord,** situation correspondant au cadre d'étude fixé dans cet ouvrage puisque l'observation a lieu dans l'**ouvert connexe borné** Ω représentant le milieu poreux.

On indique au §. 4.2. les propriétés d'existence et d'unicité relatives aux lois de conservation scalaires hyperboliques du premier ordre sur des ouverts bornés.

On s'intéresse plus particulièrement aux équations :

$$(4.3) \qquad \frac{\partial u}{\partial t} + \mathbf{div} \left(g(u) \, \nabla p \right) = 0 \, , \; t \in \,] \, 0, T \, [\; , \; x \in \Omega,$$

associées à des conditions de bord de Dirichlet homogènes.

L'équation d'évolution (4.3) est considérée comme limite lorsque $\kappa \to 0_+$ de l'équation parabolique :

$$(4.4) \qquad \frac{\partial u_\kappa}{\partial t} - \kappa \, \Delta \, u_\kappa + \mathbf{div} \left(g(u_\kappa) \, \nabla p \right) = 0,$$

selon la méthode de viscosité artificielle déjà utilisée par **Bürgers** pour l'équation:

$$\frac{\partial u}{\partial t} + \frac{1}{2} \frac{\partial}{\partial x} \left(u^2 \right) = 0 \, , \quad t \in \,] \, 0, T \, [\; , \; x \in \Omega, \; \Omega \subset I\!R,$$

dite équation de Bürgers. Cette méthode est présentée en détail, pour le problème de Cauchy, par A. Godlewsky et P.A. Raviart dans l'ouvrage "Hyperbolic systems of conservation laws" de cette même série, [109] (chapitre 2). La difficulté supplémentaire rencontrée ici est la considération de conditions aux limites imposées à u sur le bord de Ω; d'où, en premier lieu, la nécessité de définir une notion de trace pour une fonction u solution de (4.3), *a priori* peu régulière même pour une donnée initiale régulière. Aussi, on commence ce chapitre par la présentation d'un espace de fonctions à variation bornée approprié à l'étude de l'équation (4.3), en retenant les propriétés de cet espace utiles pour la suite de l'exposé.

4.1. Fonctions à variation bornée sur des ouverts bornés

On désigne par $\mathcal{O}$ un **ouvert borné** de $I\!R^n$.

Définition 4.1. Soit $f \in L^1_{loc} \left(\mathcal{O} \right)$.
i) La variation totale de f sur $\mathcal{O}$ est le réel (éventuellement $+\infty$) défini par :

$$(4.5) \qquad TV_\mathcal{O} \, (f) = \sup \left\{ \int_\mathcal{O} f \, \mathbf{div} \Phi \, dx; \Phi \in (\mathcal{D} \, (\mathcal{O}))^n \text{ et } \| \Phi \|_\infty \leq 1 \right\}$$

où pour tout élément Φ de $\mathcal{D} \left(\mathcal{O}; I\!R^n \right)$, $\Phi = \left(\Phi_1, \Phi_2, ..., \Phi_n \right)$,

$$\| \Phi \|_\infty = \max_{1 \leq i \leq n} \left(\| \Phi_i \|_{L^\infty (\mathcal{O})} \right) \; ;$$

ii) f est dite à variation bornée sur $\mathcal{O}$ si sa variation totale est finie.

On déduit aisément de ces définitions les propriétés suivantes (*cf.* par exemple L.C. Evans et R.F. Gariepy [85]) :

Proposition 4.1.

i) f est à variation bornée sur $\mathcal{O}$ si et seulement si ses dérivées distributions au premier ordre sont des mesures de Radon sommables sur $\mathcal{O}$ (*i.e.* sont des éléments de $\mathcal{M}(\mathcal{O})$). Alors,

$$\forall \Phi \in \mathcal{C}_c^1(\mathcal{O}; \mathbb{R}^n), \quad \int_{\mathcal{O}} f \, \mathrm{div}\, \Phi \, d\mathcal{L}^n = -\int_{\mathcal{O}} \Phi . d[\mathbf{D}f] ,$$

où, par convention, $[\mathbf{D}f]$ représente la mesure de Radon associée à la distribution vectorielle ∇f et

$$\int_{\mathcal{E}} g \, d\left[\frac{\partial f}{\partial x_i}\right]$$

désigne de manière générale l'intégrale d'une fonction borélienne bornée g par rapport à la mesure $\left[\dfrac{\partial f}{\partial x_i}\right]$ sur un ensemble borélien $\mathcal{E}$.

ii) tout élément f de $W^{1,1}(\mathcal{O})$ est à variation bornée et

$$TV_{\mathcal{O}}(f) = \int_{\mathcal{O}} |\nabla f| \, dx, \text{ où } |\nabla f| = \sum_{i=1}^n \left|\frac{\partial f}{\partial x_i}\right|.$$

On notera que les définitions et considérations ci-dessus peuvent avoir lieu pour un ouvert $\mathcal{O}$ non borné, en particulier pour $\mathcal{O} = \mathbb{R}^n$. Cependant, on se limite pour les rappels à la situation où $\mathcal{O}$ est borné, compte tenu du cadre d'étude de cet ouvrage. On indiquera seulement à la remarque 4.1. ii) un résultat de prolongement d'une fonction de $L^1(\mathcal{O})$ à variation bornée sur $\mathcal{O}$ en une fonction de $L^1(\mathbb{R}^n)$ à variation bornée sur $\mathbb{R}^n$.

Conséquence. L'ensemble des fonctions à variation bornée au sens de la définition 4.1. est l'espace $\overline{BV}(\mathcal{O})$ introduit au §. 3.1. , proposition 3.4.. Il a déjà été utilisé au cours de la démonstration de la proposition 3.4. une notion de trace et des formules de Green applicables aux fonctions $\mathcal{L}^n$−intégrables et à variation bornée. Ces notions sont précisées au sous-paragraphe 4.1.1.. Auparavant, on énonce certains résultats utiles pour justifier les propriétés de trace et de compacité décrites aux §. 4.1.1. et 4.1.2.. On renvoie essentiellement à l'ouvrage de L.C. Evans et R.F. Gariepy [85] pour le détail des preuves et pour un complément d'étude sur les fonctions à variation bornée au sens de la définition 4.1.. L'article de G. Anzelotti et M. Giaquinta [18] et celui de A.I. Vol'pert [165] développent également un exposé fourni sur les propriétés de ces fonctions.

On convient de noter $\overline{BV}(\mathcal{O}) \cap L^1(\mathcal{O})$ l'espace des fonctions $\mathcal{L}^n$−intégrables et à variation bornée, normé par l'application:

$$f \in \overline{BV}(\mathcal{O}) \cap L^1(\mathcal{O}) \to \|f\|_{BV(\mathcal{O})} = \|f\|_{L^1(\mathcal{O})} + TV_{\mathcal{O}}(f).$$

La variation totale $TV_{\mathcal{O}}$ est une semi-norme sur $\overline{BV}(\mathcal{O}) \cap L^1(\mathcal{O})$ et on dispose de la propriété de semi-continuité inférieure de la variation totale énoncée dans le

Lemme 4.1. (s.c.i. de la variation totale). Soient $\{f_k\}_{k \in N}$ une suite de fonctions de $\overline{BV}(\mathcal{O}) \cap L^1(\mathcal{O})$ et f un élément de $L^1_{loc}(\mathcal{O})$ tels que :

$$f_k \to f \quad \text{dans } L^1_{loc}(\mathcal{O}).$$

Alors,

$$TV_{\mathcal{O}}(f) \leq \lim \inf TV_{\mathcal{O}}(f_k) .$$

Démonstration. Soit Φ un élément fixé de $\mathcal{D}(\mathcal{O}; \mathbb{R}^n)$ avec $\|\Phi\|_\infty \leq 1$; il vient,

$$\int_{\mathcal{O}} f \, \mathbf{div}\Phi \, dx = \lim_{k \to +\infty} \int_{\mathcal{O}} f_k \, \mathbf{div}\Phi \, dx$$

$$\leq \lim \inf TV_{\mathcal{O}}(f_k),$$

par définition de $TV_{\mathcal{O}}(f_k)$.

Il s'ensuit que l'espace normé $\overline{BV}(\mathcal{O}) \cap L^1(\mathcal{O})$ **est un espace de Banach**.

Mais $\overline{BV}(\mathcal{O}) \cap L^1(\mathcal{O})$ n'est pas un sous-espace fermé de $L^1(\mathcal{O})$ (considérer $f(x) = \cos \dfrac{1}{x}$ et $f_n = f \cdot \chi_{[2/(2n+1)\pi, 1]}$ sur $]0, 1]$).

En outre, on obtient un résultat d'approximation de toute fonction de l'espace $\overline{BV}(\mathcal{O}) \cap L^1(\mathcal{O})$ par des fonctions régulières, établi par utilisation de suites régularisantes, par exemple dans [85], p. 172 (théorème 2), dans [18], ou dans [109] lorsque $\mathcal{O} = \mathbb{R}^n$, selon le

Lemme 4.2. (approximation) Soit $f \in \overline{BV}(\mathcal{O}) \cap L^1(\mathcal{O})$. Alors, il existe une suite $\{f_k\}$ d'éléments de $\overline{BV}(\mathcal{O}) \cap \mathcal{C}^\infty(\mathcal{O})$ convergeant vers f dans $L^1(\mathcal{O})$, telle que

$$TV_{\mathcal{O}}(f) = \lim TV_{\mathcal{O}}(f_k) .$$

On remarquera que chaque f_k est dans $W^{1,1}(\mathcal{O})$ et que la propriété de convergence de la suite des variations totales des f_k ne peut pas être remplacée par la condition de convergence vers 0 de la suite des variations totales des $f_k - f$, hormis lorsque f est élément de $W^{1,1}(\mathcal{O})$.

4.1.1. Existence de traces

On énonce maintenant pour les fonctions de $\overline{BV}(\mathcal{O}) \cap L^1(\mathcal{O})$ les résultats de traces qui prolongent ceux, rappelés au chapitre 2 proposition 2.1. pour les éléments des espaces de Sobolev, dont la preuve repose notamment sur la propriété d'approximation du lemme 4.2. .

Proposition 4.2. On suppose la frontière de l'ouvert $\mathcal{O}$ **lipschitzienne** et on note **n** le vecteur **normal unitaire extérieur à** $\mathcal{O}$ qui existe $\mathcal{H}^{n-1}$−presque partout le long de $\partial\mathcal{O}$ (*cf.* proposition 2.1. i)).

Il existe un opérateur linéaire et continu (dit **opérateur de trace**):

$$T : \overline{BV}(\mathcal{O}) \cap L^1(\mathcal{O}) \to L^1\left(\partial\mathcal{O}; \mathcal{H}^{n-1}\right),$$

tel que, pour toute fonction f de $\overline{BV}(\mathcal{O}) \cap L^1(\mathcal{O})$ et toute fonction vectorielle Φ de $\mathcal{C}^1(\mathbb{R}^n; \mathbb{R}^n)$, on dispose de la **formule de Gauss-Green généralisée** :

$$\int_{\mathcal{O}} f \operatorname{div}\Phi \, d\mathcal{L}^n = \int_{\partial\mathcal{O}} (\Phi.\mathbf{n}) \, Tf \, d\mathcal{H}^{n-1} - \int_{\mathcal{O}} \Phi.d\,[\mathbf{D}f].$$

En outre, pour toute fonction f de $W^{1,1}(\mathcal{O})$, Tf est la trace de f sur $\partial\mathcal{O}$ au sens de $W^{1,1}(\mathcal{O})$ (*cf.* proposition 2.1. iii)).

Remarque 4.1. i) Sur la trace.
Il est établi (*cf.* par exemple [85], p. 181) que pour tout f de $\overline{BV}(\mathcal{O}) \cap L^1(\mathcal{O})$,

$$Tf(x) = \lim_{r \to 0_+} \frac{1}{\mathcal{L}^n(B(x,r) \cap \mathcal{O})} \int_{B(x,r) \cap \mathcal{O}} f(y) \, dy,$$

$$\mathcal{H}^{n-1}\lfloor\partial\mathcal{O} - \text{presque partout.}$$

A partir de ce résultat, on observe que :

$$\text{si } f \in \overline{BV}(\mathcal{O}) \cap \mathcal{C}(\overline{\mathcal{O}}), \; Tf = f|_{\partial\mathcal{O}},$$

$$\mathcal{H}^{n-1}\lfloor\partial\mathcal{O} - \text{presque partout,}$$

$$\text{si } f \in \overline{BV}(\mathcal{O}) \cap L^1(\mathcal{O}), \; Tf(x) = \operatorname{app.lim}_{\substack{y \to x \\ y \in \mathcal{O}}} f(y),$$

$$\text{pour } \mathcal{H}^{n-1}\lfloor\partial\mathcal{O} - \text{presque tout } x \text{ de } \partial\mathcal{O},$$

où la limite approximative de f au point x, lorsque $y \to x$, est définie selon $y \in \mathcal{O}$
la relation donnée au §. 3.5.1. , la base de voisinages de x $\{B(x,r) \; ; \; r > 0\}$

étant remplacée par la base de voisinages pour la topologie induite sur $\mathcal{O}$, soit $\{B(x,r) \cap \mathcal{O} \; ; \; r > 0\}$.

ii) Sur la superposition fonctionnelle.

Si G est une fonction lipschitzienne sur $\mathbb{R}$,

$$\text{pour tout } f \in \overline{BV}(\mathcal{O}) \cap L^1(\mathcal{O}), G(f) \in \overline{BV}(\mathcal{O}) \cap L^1(\mathcal{O}) \text{ et}$$

$$T[G(f)] = G(Tf) \; , \mathcal{H}^{n-1}\lfloor \partial\mathcal{O} - \text{presque partout.}$$

En effet, puisque $\mathcal{O}$ est un ouvert borné, $G(f) \in L^1(\mathcal{O})$. En outre, par le lemme 4.2., il existe une suite $\{f_k\}$ d'éléments de $W^{1,1}(\mathcal{O})$ convergeant vers f dans $L^1(\mathcal{O})$ telle que,

$$TV_{\mathcal{O}}(f) = \lim TV_{\mathcal{O}}(f_k) = \lim \int_{\mathcal{O}} |\nabla f_k| \, dx \, .$$

Alors, grâce à la règle de dérivation à la chaîne de la proposition 2.2., $\{G(f_k)\}$ est une suite de $W^{1,1}(\mathcal{O})$ telle que,

$$TV_{\mathcal{O}}[G(f_k)] \leq Lip(G) \; TV_{\mathcal{O}}(f_k) \, .$$

Le lemme 4.1. entraîne que,

$$G(f) \in \overline{BV}(\mathcal{O}) \cap L^1(\mathcal{O}) \text{ et } TV_{\mathcal{O}}[G(f)] \leq Lip(G) \; TV_{\mathcal{O}}(f) \, .$$

Enfin, il découle du point i) de cette même remarque, la propriété

$$T[G(f)] = G(Tf) \; , \mathcal{H}^{n-1}\lfloor \partial\mathcal{O} - \text{presque partout.}$$

Plus généralement, par le même procédé, on établit que si G est une fonction lipschitzienne de $\mathbb{R}^p$ dans $\mathbb{R}$,

$$\text{pour tout } \mathbf{f} = (f_1, f_2, ..., f_p) \in \left(\overline{BV}(\mathcal{O}) \cap L^1(\mathcal{O})\right)^p,$$

$$G(\mathbf{f}) \in \overline{BV}(\mathcal{O}) \cap L^1(\mathcal{O}) \text{ et}$$

$$T[G(\mathbf{f})] = G(Tf_1, Tf_2, ..., Tf_p) \; , \mathcal{H}^{n-1}\lfloor \partial\mathcal{O} - \text{presque partout.}$$

iii) Sur la propriété d'approximation.

Prolongement : si f_1 est élément de $\overline{BV}(\mathcal{O}) \cap L^1(\mathcal{O})$ et f_2 est élément de $\overline{BV}(\mathbb{R}^n \setminus \mathcal{O}) \cap L^1(\mathbb{R}^n \setminus \mathcal{O})$, les propriétés de l'opérateur de trace entraînent que f, vérifiant:

$$f(x) = f_1(x) \; , \; x \in \mathcal{O} \text{ et } f(x) = f_2(x) \; , \; x \in \mathbb{R}^n \setminus \mathcal{O},$$

est élément de $\overline{BV}(\mathbb{R}^n) \cap L^1(\mathbb{R}^n)$ et

$$TV_{\mathbb{R}^n}(f) = TV_{\mathcal{O}}(f_1) + TV_{\mathbb{R}^n \setminus \mathcal{O}}(f_2) + \int_{\partial \mathcal{O}} |Tf_1 - Tf_2| \, d\mathcal{H}^{n-1}.$$

On peut utiliser cette observation pour compléter le résultat du lemme 4.2.. En effet, en convenant de prolonger toute fonction de $\overline{BV}(\mathcal{O}) \cap L^1(\mathcal{O})$ par 0 sur $\mathbb{R}^n \setminus \mathcal{O}$, il vient, de manière élémentaire, en reprenant le procédé de construction de suites régulières employé dans [109] (lemme 3.1., p. 67) l'énoncé :

Soit $f \in \overline{BV}(\mathcal{O}) \cap L^1(\mathcal{O})$. Alors, il existe une suite $\{f_k\}$ d'éléments de $\overline{BV}(\mathcal{O}) \cap \mathcal{C}^\infty(\mathcal{O})$ convergeant vers f dans $L^1(\mathcal{O})$, telle que

$$TV_{\mathcal{O}}(f) = \lim TV_{\mathcal{O}}(f_k).$$

De plus, chaque f_k est élément de $H^m(\mathcal{O})$, pour tout entier m et vérifie,

$$\| f_k \|_{L^1(\mathcal{O})} \leq \| f \|_{L^1(\mathcal{O})} \, , \, TV_{\mathcal{O}}(f_k) \leq TV_{\mathcal{O}}(f) \, ,$$

$$\| \Delta f_k \|_{L^1(\mathcal{O})} \leq k \, C \, TV_{\mathcal{O}}(f) \, ,$$
où C est une constante indépendante de k,

avec en outre, si $f \in L^\infty(\mathcal{O})$, $\| f_k \|_{L^\infty(\mathcal{O})} \leq \| f \|_{L^\infty(\mathcal{O})}$.

Enfin, par utilisation d'un procédé de troncature à l'intérieur de l'ouvert $\mathcal{O}$ avant celui de prolongement, on peut approcher dans $L^1(\mathcal{O})$, tout élément f de $\overline{BV}(\mathcal{O}) \cap L^1(\mathcal{O})$ par une suite d'éléments de $\overline{BV}(\mathcal{O}) \cap \mathcal{D}(\mathcal{O})$, encore notée $\{f_k\}$, telle que :

$$\| f_k \|_{L^1(\mathcal{O})} \leq \| f \|_{L^1(\mathcal{O})} \, ,$$

$$TV_{\mathcal{O}}(f_k) \leq C \, \| f \|_{BV(\mathcal{O})} \, , \, \| \Delta f_k \|_{L^1(\mathcal{O})} \leq k \, C \, \| f \|_{BV(\mathcal{O})} \, ,$$
où C est une constante indépendante de k,

avec en outre, si $f \in L^\infty(\mathcal{O})$, $\| f_k \|_{L^\infty(\mathcal{O})} \leq \| f \|_{L^\infty(\mathcal{O})}$.

On examine maintenant plus particulièrement les fonctions f éléments de l'espace $\overline{BV}(\mathcal{O}) \cap L^\infty(\mathcal{O})$ pour lesquelles on a vu au §. 3.5.2. que les limites approximatives inférieure et supérieure, $\lambda_f(x)$ et $\mu_f(x)$, sont définies en tout point x de $\mathcal{O}$, puisque f est bornée sur $\mathcal{O}$. On a alors noté $\overline{f}$ le représentant borélien de f donné par $\frac{1}{2}[\lambda_f + \mu_f]$. On commence par indiquer une règle de dérivation de la superposition fonctionnelle qui complète le résultat ii) de la remarque 4.1. .

D'après A.I. Vol'pert [166], on dispose dans l'espace $\overline{BV}(\mathcal{O}) \cap L^\infty(\mathcal{O})$ d'une **règle de dérivation à la chaîne** *i.e.*, si G est une fonction de $I\!\!R^p$ dans $I\!\!R$, de classe C^1,

$$\text{pour tout } \mathbf{f} = (f_1, f_2, ..., f_p) \in \left(\overline{BV}(\mathcal{O}) \cap L^\infty(\mathcal{O})\right)^p,$$

$$\forall i, \ i = 1, 2, .., n, \ \frac{\partial}{\partial x_i} G(\mathbf{f}) = \sum_{k=1}^{p} \widehat{G'_k}(\mathbf{f}) \, \frac{\partial f_k}{\partial x_i} \text{ dans } \mathcal{M}(\mathcal{O}),$$

avec la convention de notation, pour tout x de $\mathcal{O}$,

$$\widehat{G'_k}(\mathbf{f})(x) = \int_0^1 G'_k\left((1-\tau)\lambda_{\mathbf{f}}(x) + \tau\mu_{\mathbf{f}}(x)\right) d\tau \ ,$$

où $\lambda_{\mathbf{f}}(x) = \left(\lambda_{f_j}(x)\right)_{1 \le j \le p}$, $\mu_{\mathbf{f}}(x) = \left(\mu_{f_j}(x)\right)_{1 \le j \le p}$.

En particulier, l'application de ce résultat à la fonction G définie sur $I\!\!R^2$ par $G(\tau, r) = \tau \, r$ indique que $\overline{BV}(\mathcal{O}) \cap L^\infty(\mathcal{O})$ est une algèbre telle que

$$\forall (u, v) \in \left(\overline{BV}(\mathcal{O}) \cap L^\infty(\mathcal{O})\right)^2, \ \nabla(uv) = \overline{u}\nabla v + \overline{v}\nabla u.$$

Il faut remarquer que, dans la formule de dérivation à la chaîne, on ne peut pas remplacer $\widehat{G'_k}(\mathbf{f})$ par $G'_k(\mathbf{f})$ sauf si les fonctions f_j sont $\mathcal{H}^{n-1}$−p.p. $(\mathcal{L}^n)$ approximativement continues car les mesures $\dfrac{\partial f_k}{\partial x_i}$ sont seulement $\mathcal{H}^{n-1}$−**absolument continues**. Par exemple, pour la fonction G figurant dans l'équation de Bürgers, définie de $I\!\!R$ dans $I\!\!R$ par $G(\tau) = (1/2)\,\tau^2$, pour tout élément u de l'espace $\overline{BV}(\mathcal{O}) \cap L^\infty(\mathcal{O})$ avec $\mathcal{O} =]0, T[\times]a, b[$ (espace dans lequel on considèrera les solutions), on peut écrire

$$\frac{1}{2} \frac{\partial}{\partial x}(u^2) = \overline{u}\frac{\partial u}{\partial x}$$

alors que l'écriture $u \dfrac{\partial u}{\partial x}$ n'a pas de sens en général.

Il est donc intéressant d'étudier l'ensemble des points x de $\mathcal{O}$ où f n'admet pas de limite approximative, c'est-à-dire l'ensemble $\cdot \Lambda_f$ des points x de $\mathcal{O}$ tels que: $\lambda_f(x) < \mu_f(x)$.

On peut énoncer, à partir des théorèmes 1 et 3 du §. 5.9 de [85], la

Proposition 4.3. (propriété de l'onde de choc d'une fonction de $\overline{BV}(\mathcal{O}) \cap L^\infty(\mathcal{O})$)
Si $f \in \overline{BV}(\mathcal{O}) \cap L^\infty(\mathcal{O})$, il existe $\mathcal{N}$, partie $\mathcal{H}^{n-1}$−négligeable de Λ_f, telle que

i) $\Lambda_f \setminus \mathcal{N}$ est une réunion dénombrable d'hypersurfaces de classe $\mathcal{C}^1$,

ii) pour tout x de $\Lambda_f \setminus \mathcal{N}$, il existe un vecteur unitaire et un seul $\underline{\nu}$ tel que :

$$\lambda_f(x) = \underset{\substack{y \to x \\ \nu \in H_{\underline{\nu}}^-}}{\text{app.}\lim} f(y) \quad \text{et} \quad \mu_f(x) = \underset{\substack{y \to x \\ \nu \in H_{\underline{\nu}}^+}}{\text{app.}\lim} f(y) \ ,$$

où H_ν désigne l'hyperplan défini par :

$$H_\nu = \{y \in I\!\!R^n \ ; \ \underline{\nu}.(y - x) = 0\},$$

H_ν^- et H_ν^+ les demi-espaces délimités par H_ν soit :

$$H_\nu^- = \{y \in I\!\!R^n ; \ \underline{\nu}.(y - x) \leq 0\} , H_\nu^+ = \{y \in I\!\!R^n; \ \underline{\nu}.(y - x) \geq 0\}.$$

Enfin, on termine ce sous-paragraphe en examinant le cas particulier des fonctions d'une seule variable réelle, $\mathcal{L}^1$−mesurables et bornées, pour lesquelles on compare différentes notions de variation. Ceci fait l'objet de la remarque ci-après.

Remarque 4.2. Soit $f \in L^\infty (] a, b [\ ; I\!\!R)$ avec $(a, b) \in I\!\!R^2$ tel que $a < b$. Soit S l'ensemble des subdivisions finies $\{t_1, t_2, ..., t_{n+1}\}$ de $] a, b [$ telles que:

$$a < t_1 < t_2 < \ldots\ldots < t_{n+1} < b, \text{ et } \forall j, 1 \leq j \leq n+1, t_j \in] a, b [\setminus \Lambda_f.$$

Alors en notant $\widetilde{f}$ l'application définie sur $] a, b [\setminus \Lambda_f$ par

$$\widetilde{f}(t) = \lambda_f(t) = \mu_f(t),$$

on appelle variation essentielle de f sur $] a, b [$, le nombre:

$$ess \ V_a^b(f) = \sup \left\{ \sum_{j=1}^n \left| \widetilde{f}(t_{j+1}) - \widetilde{f}(t_j) \right| \ ; \ \{t_j\}_{1 \leq j \leq n+1} \in S \right\}.$$

On remarquera que la variation essentielle de f coïncide avec la notion classique de variation dès que l'on considère des fonctions f $\mathcal{L}^1$−approximativement continues sur $] a, b [$, puisqu'alors S est l'ensemble de toutes les subdivisions de $] a, b [$ et $\widetilde{f} = f$ sur $] a, b [$. Il est important de noter que la variation essentielle de f est indépendante du choix du représentant de f dans sa classe de Lebesgue (puisque Λ_f et $\widetilde{f}$ sont indépendants du représentant choisi), ce qui n'est pas le cas pour la notion classique de variation. On vérifie par des arguments simples (*cf.* [85] p. 217) que :

$$\forall f \in L^\infty (] a, b [\ ; I\!\!R), \ ess \ V_a^b(f) = TV_{]a,b[}(f) \ ,$$

et par conséquent,

$$f \in \overline{BV} (] a, b [) \text{ si et seulement si } ess \ V_a^b(f) < +\infty.$$

De plus, un calcul élémentaire utilisant notamment la proposition 4.3. ii), prouve que, pour tout f de $\overline{BV}\,(]\,a,b\,[) \cap L^\infty\,(]\,a,b\,[)$, la variation essentielle $ess\;\mathrm{V}_a^b\,(\,f\,)$ coïncide avec la variation au sens classique :

$$\mathrm{V}_a^b\,(f_\alpha) = \sup\left\{ \sum_\sigma |f_\alpha\,(t_{j+1}) - f_\alpha\,(t_j)| \;;\; \sigma \text{ subdivision de }]\,a,b\,[\right\},$$

de toute fonction f_α vérifiant en tout point t de $]\,a,b\,[$ la condition:

$$\lambda_f\,(t) \le f_\alpha\,(t) \le \mu_f\,(t)\;.$$

On a en particulier, pour tout f de $\overline{BV}\,(]\,a,b\,[) \cap L^\infty\,(]\,a,b\,[)$, les égalités:

$$TV_{]a,b[}\,(\,f\,) = ess\;\mathrm{V}_a^b\,(\,f\,) = \mathrm{V}_a^b\,(\,\overline{f}\,)\;,$$

où $\overline{f}$ est le représentant borélien de f déjà utilisé au §. 3.1. (proposition 3.4. et sa démonstration), défini sur $]\,a,b\,[$ par :

$$\overline{f}\,(t) = \frac{1}{2}\,[\lambda_f\,(t) + \mu_f\,(t)]\;.$$

Il résulte de ces diverses propriétés que f, élément de $L^\infty\,(]\,a,b\,[)$, appartient à $\overline{BV}\,(]\,a,b\,[)$ si et seulement si f admet dans sa classe de Lebesgue un représentant dont la variation au sens classique est bornée. En particulier, pour f élément de $\overline{BV}\,(]\,a,b\,[) \cap L^\infty\,(]\,a,b\,[)$, on peut introduire le représentant, noté f^*, continu à gauche sur $]\,a,b]$ et continu à droite au point a. On retrouve ainsi l'élément f^* de l'espace $NBV\,(\,]a,b[\,)$ très souvent considéré dans les travaux sur les problèmes différentiels en dimension 1. On a encore la relation :

$$TV_{]a,b[}\,(\,f\,) = \mathrm{V}_a^b\,(\,f^*\,)\;.$$

4.1.2. Résultat de compacité

On prouve ici que lorsque l'ouvert $\mathcal{O}$ est borné et régulier, la boule unité fermée de l'espace de Banach $\overline{BV}\,(\mathcal{O}) \cap L^1\,(\mathcal{O})$ est compacte dans $L^1\,(\mathcal{O})$ pour la topologie forte.

Il s'ensuit que **l'injection canonique de $\overline{BV}\,(\mathcal{O}) \cap L^1\,(\mathcal{O})$ dans $L^1\,(\mathcal{O})$ est compacte.**

Proposition 4.4. Soit $\mathcal{O}$ un ouvert borné de $\mathbb{R}^n$ de frontière lipschitzienne. Toute suite $\{\,f_k\,\}_{k \in \mathbb{N}}$ bornée dans $\overline{BV}\,(\mathcal{O}) \cap L^1\,(\mathcal{O})$, admet une suite partielle convergeant dans $L^1\,(\mathcal{O})$ vers un élément f de $\overline{BV}\,(\mathcal{O}) \cap L^1\,(\mathcal{O})$ tel que,

$$\|\,f\,\|_{BV(\mathcal{O})} \le \sup\left\{\|\,f_k\,\|_{BV(\mathcal{O})}\;;\; k \in \mathbb{N}\right\}\;.$$

Démonstration. Selon le lemme 4.2., on peut construire une suite d'éléments de $\overline{BV}(\mathcal{O}) \cap \mathcal{C}^\infty(\mathcal{O})$, notée $\{g_k\}$, telle que :

$$
\begin{cases}
(4.6) \quad \displaystyle\int_{\mathcal{O}} |f_k(x) - g_k(x)| \, dx < \frac{1}{k}, \\[3mm]
\text{la suite } \{TV_{\mathcal{O}}(g_k)\} \text{ soit bornée.}
\end{cases}
$$

On observe que la suite $\{g_k\}$ est bornée dans $W^{1,1}(\mathcal{O})$ car, par définition de la variation totale,

$$
\forall k \in \mathbb{N}, \quad TV_{\mathcal{O}}(g_k) = \int_{\mathcal{O}} |\nabla g_k| \, dx .
$$

Alors, la compacité de l'injection de $W^{1,1}(\mathcal{O})$ dans $L^1(\mathcal{O})$ permet d'extraire de la suite $\{g_k\}$ une sous-suite $\{g_{k_i}\}$ convergeant vers un élément f dans $L^1(\mathcal{O})$. La suite $\{f_{k_i}\}$ est alors une suite extraite de $\{f_k\}$ qui converge, grâce à (4.6), vers f dans $L^1(\mathcal{O})$. Il résulte de la propriété de semi-continuité inférieure de la variation totale (lemme 4.1.) que f est élément de $\overline{BV}(\mathcal{O}) \cap L^1(\mathcal{O})$.

4.2. Notion de solution faible entropique des équations hyperboliques du premier ordre non linéaires

L'objet de ce paragraphe est de présenter la définition de la notion de solution considérée pour le problème

$$
(4.3) \qquad \frac{\partial u}{\partial t} + \mathbf{div}\,[\, g(u)\, \nabla p] = 0 \ , \ \ (t, x) \in \,]0, T[\times \Omega \ ,
$$

où u est assujettie à vérifier une condition initiale en $t = 0$, et des conditions aux limites de type Dirichlet sur le bord de Ω.

On rappelle que Ω est un ouvert de $\mathbb{R}^n$, connexe et borné, dont la frontière Γ est lipschitzienne, la donnée initiale u_0 est un élément de $\overline{BV}(\Omega) \cap L^\infty(\Omega)$, g est une fonction lipschitzienne sur $\mathbb{R}$ et p est la solution du problème elliptique (3.2) considéré au chapitre 3.

La résolution de ce problème fait apparaître, comme on le verra plus loin, l'existence d'une frontière libre. Depuis les travaux de S.N. Kruskov [119] relatifs à l'étude sur $\mathbb{R}^n$ et ceux de C. Bardos, A-Y. LeRoux et J-C. Nédélec [28] qui prennent en compte des conditions aux limites sur des ouverts bornés, on dispose d'une formulation globale par l'intermédiaire d'une inéquation variationnelle, dans le cas plus général de l'équation hyperbolique du premier ordre:

$$(4.7) \qquad \frac{\partial u}{\partial t} + \mathbf{div}\,[\,\mathbf{f}\,(t,x,u)\,] + g\,(t,x,u) = 0 \ , \ \ (t,x) \in \,]0,T\,[\times\Omega \ ,$$

lorsque f et g sont des fonctions suffisamment régulières des variables t, x, u.

Tenant compte des lois de conservation scalaires étudiées dans le cadre de cet ouvrage, on a pris le parti, afin de clarifier l'exposé, de se placer dans la situation particulière des équations (4.3), sachant que les méthodes développées sont celles permettant de traiter le cas général de l'équation (4.7). On peut signaler que ces mêmes méthodes permettent de résoudre d'autres problèmes comme celui de la résolution des équations du type (4.7) associées à une contrainte de type unilatéral (L. Lévi [129]) ou encore celui du traitement d'équations qui sont du type (4.7) dans un sous-domaine A de Ω et de type parabolique non linéaire dans le complémentaire de A (G. Aguilar-Villa [1], G. Aguilar-Villa et F. Lisbona ou G. Aguilar-Villa, F. Lisbona et M.Madaune-Tort [2]).

4.2.1. Introduction de la formulation considérée

Lorsque l'on s'intéresse au cas des écoulements monodimensionnels, on sait d'après le chapitre 2 que $\partial p/\partial x$ devient une constante et l'équation (4.3) se réécrit :

$$\frac{\partial u}{\partial t} + \frac{\partial}{\partial x}h\,(u) = 0 \ , \ (t,x) \in \,]0,T\,[\times \Omega \ ,$$

où h est une fonction lipschitzienne sur $\mathbb{R}$.

On se propose d'utiliser ce modèle pour mettre en évidence, de manière informelle, les difficultés apparues lors de la résolution des problèmes hyperboliques non linéaires du premier ordre et la progression suivie pour atteindre une formulation mathématique globale.

On débute cette présentation par l'examen du problème de Cauchy de donnée initiale u_0, fonction **bornée** sur $\mathbb{R}$, c'est-à-dire de :

$$\begin{cases} (4.8) \ \ \dfrac{\partial u}{\partial t} + \dfrac{\partial}{\partial x}h\,(u) = 0 \ , \ (t,x) \in \,]0,+\infty\,[\times \mathbb{R} \ , \\[2ex] (4.9) \ \ u\,(0,x) = u_0\,(x) \ \ , \ x \in \mathbb{R} \ , \end{cases}$$

Il apparaît que, même pour un choix de données u_0 et h très régulières, le problème (4.8) , (4.9) ne peut pas admettre de solution au sens classique au delà d'un instant T^*, dès que le nombre

$$m = -\min_{y\in\mathbb{R}} \,(h'\circ u_0)'\,(y)$$

est strictement positif (donc, par exemple, lorsque h est une fonction strictement convexe et u_0 est une fonction strictement décroissante).

En effet, supposons, pour le moment, les données u_0 et h régulières (C^∞ par exemple). Toute solution régulière (*i.e.* de classe C^1) de (4.8), (4.9) est constante le long des courbes caractéristiques qui sont, par définition, les courbes intégrales de l'équation différentielle,

$$\frac{dx}{dt} = h'(u(t,x)) \ .$$

Ces courbes sont donc des droites et la droite caractéristique issue du point $(0, x_0)$ a pour équation :

$$x = x_0 + t\,h'(u_0(x_0)) \ .$$

On peut ainsi définir, à partir de l'instant initial u_0, une solution unique régulière tant qu'il n'existe pas de point de concours de deux droites caractéristiques différentes, c'est-à-dire, jusqu'à l'instant T^* donné par l'égalité :

$$T^* = 1/m \ ,$$

(*cf.* les rappels effectués sur ces considérations dans l'ouvrage [109] au chapitre 1).

Par conséquent, il est nécessaire d'introduire des solutions faibles, soit des solutions au sens des distributions, au moins au delà de l'instant T^*. Il est habituel, dans les ouvrages traitant du problème (4.8), (4.9), d'examiner alors les éventuelles solutions de classe "C^1 par morceaux" sur $]0, +\infty\,[\times I\!R$, c'est-à-dire de classe C^1 sauf sur un nombre fini de courbes elles-mêmes de classe C^1, le long desquelles u présente une discontinuité de première espèce. On fait le choix, ici aussi, de se placer dans cette situation heuristique et *a priori* particulière, dont on verra au § 4.2.2. qu'elle est, en vérité, assez proche de la situation réelle.

On considère, dans toute la suite de ce sous-paragraphe, des fonctions u de classe "C^1 par morceaux" sur $]0, +\infty\,[\times I\!R$. Par utilisation de la formule de Green, on constate qu'une telle fonction u est solution au sens des distributions de l'équation (4.8), si et seulement si elle vérifie (4.8) au sens classique sur chaque domaine où elle est de classe C^1 et si elle vérifie le long de chaque courbe de discontinuité Σ, la "condition de saut", encore appelée "**condition de Rankine-Hugoniot**":

(4.10) $$\eta_t\,(u_+ - u_-) + \eta_x\,[\,h(u_+) - h(u_-)] = 0 \ ,$$

où $\underline{\eta} = (\eta_t, \eta_x)$ est un vecteur normal à Σ et u_+, u_- désignent respectivement les limites de u à gauche et à droite de Σ.

Soit $(t, \xi(t))$ une paramétrisation de la courbe Σ; alors le vecteur $(-\lambda, 1)$, où $\lambda = \partial\xi/\partial t$ est la vitesse de propagation de la discontinuité, est un vecteur normal à Σ. Ainsi, la condition de Rankine-Hugoniot s'écrit en fonction de la vitesse de propagation de la discontinuité :

$$\lambda \left(u_+ - u_-\right) \;=\; h\left(u_+\right) - h\left(u_-\right)\;.$$

Cependant, la notion de solution au sens des distributions est insuffisante pour avoir un problème bien posé car, sur l'exemple classique de l'équation de Bürgers $\left(h\left(u\right) = u^2/2\right)$, on peut construire plusieurs solutions faibles pour le problème de Riemann, c'est-à-dire pour un choix de donnée initiale tel que :

$$u_0\left(x\right) = u_g \;\; \text{si } x < 0\,, \quad u_0\left(x\right) = u_d \;\; \text{si } x > 0\,, \quad u_g \neq u_d$$

(*cf.* l'exemple 2.2 traité dans [109], p. 34 ou les travaux plus anciens de P.D. Lax [125]). En examinant, dans le cadre de la dynamique des gaz, l'équation de Bürgers, on constate que la non-existence dans la réalité de choc de compression se traduit par la condition, en tout point de discontinuité (*cf.* sur ce point D. Euvrard [83]),

$$(4.11) \qquad\qquad\qquad\qquad u_- \;>\; u_+\;.$$

Il apparaît alors nécessaire de trouver un critère, appelé **condition d'entropie**, qui permette de sélectionner, parmi les solutions faibles, la solution physiquement admissible, de retrouver (4.11) dans le cas de l'équation de Bürgers et dans le cas plus général d'une fonction h strictement convexe. Ainsi, le rôle de cette condition supplémentaire est d'induire un résultat d'unicité. Or, d'après le chapitre 3, proposition 3.3., lorsque l'effet de diffusion est pris en compte, aussi faible soit cet effet, l'application qui à un état initial u_0 associe $u(t,.)$ définit un semi-groupe non linéaire à contraction dans $L^1(\mathbb{R})$, ce qui entraîne en particulier une propriété d'unicité. On cherche alors, dans le contexte où l'on s'est placé, une condition suffisante pour que, à partir de deux états initiaux u_0 et w_0 dans $\mathcal{D}(\mathbb{R})$, on puisse construire des solutions faibles, *a priori* à support compact dans $[0,t] \times \mathbb{R}$, $t \in [0,+\infty[$, telles que :

$$(4.12) \qquad \int_{\mathbb{R}} |u\left(t,x\right) - w\left(t,x\right)|\; dx \;\leq\; \int_{\mathbb{R}} |u_0\left(x\right) - w_0\left(x\right)|\; dx\;,$$

afin que l'opérateur non linéaire $S(t)$ qui, à u_0 associe $u\left(t,.\right)$, définisse encore un semi-groupe non linéaire à contraction dans $L^1\left(\mathbb{R}\right)$.

Pour cela, on introduit la section nulle à l'origine du graphe du signe. **Dans tout ce qui suit**, cette fonction est notée *sign*. Elle est définie par

$$\text{si } \tau < 0\,,\, sign\left(\tau\right) = -1,\, \text{si } \tau > 0\,,\, sign\left(\tau\right) = 1 \text{ et } sign\left(0\right) = 0.$$

Puisque u et w sont solutions au sens des distributions de (4.8), il vient :

$$\frac{\partial}{\partial t}\left(u - w\right) + \frac{\partial}{\partial x}\left[h\left(u\right) - h\left(w\right)\right] \;=\; 0 \;\; \text{dans } \mathcal{D}'\left(\,]0,t\,[\,\times\,\mathbb{R}\right)\;.$$

En outre, u et w sont des solutions de classe "$\mathcal{C}^1$ par morceaux". Sur tout ouvert $\mathcal{E}$ de $]0,t\,[\,\times\,\mathbb{R}$ où u et w sont de classe $\mathcal{C}^1$, on dispose des égalités au sens des dérivées distributions,

$$\frac{\partial}{\partial x}\left\{sign\left(u-w\right)\left[h\left(u\right)-h\left(w\right)\right]\right\}=sign\left(u-w\right)\frac{\partial}{\partial x}\left[h\left(u\right)-h\left(w\right)\right],$$

$$\frac{\partial}{\partial t}\left|u-w\right|=sign\left(u-w\right)\frac{\partial}{\partial t}\left(u-w\right),$$

puisque sur $\mathcal{E}\cap\left\{\left(t,x\right);\;u\left(t,x\right)=w\left(t,x\right)\right\}$, $\qquad h\left(u\right)=h\left(w\right)$,

et $\quad\dfrac{\partial}{\partial x}\left[h\left(u\right)-h\left(w\right)\right]=0\qquad\mathcal{L}^2$–p.p. , (cf. proposition 2.2.).

Par conséquent, on peut écrire, $\mathcal{L}^2-$ presque partout sur $\mathcal{E}$, la relation,

$$\frac{\partial}{\partial t}\left|u-w\right|+\frac{\partial}{\partial x}\left\{sign\left(u-w\right)\left[h\left(u\right)-h\left(w\right)\right]\right\}=0\;.$$

L'intégration des relations précédentes sur chaque ouvert $\mathcal{E}$ entraîne l'égalité :

$$\int_{\mathbb{R}}\left|u\left(t,x\right)-w\left(t,x\right)\right|dx+\sum_{i=1}^{I}\int_{0}^{t}\Theta_i\left(s\right)\;ds=\int_{\mathbb{R}}\left|u_0\left(x\right)-w_0\left(x\right)\right|dx$$

où, en désignant génériquement par $\eta=(\eta_t,\eta_x)$ un vecteur normal à une courbe de discontinuité Σ_i de u et (ou) w, orienté de la gauche vers la droite, et en paramétrant Σ_i par $s\in\left]0,t\right[$, on a noté :

$$\Theta_i\left(s\right)=\eta_t\left\{\left|u_-\left(s\right)-w_-\left(s\right)\right|-\left|u_+\left(s\right)-w_+\left(s\right)\right|\right\}$$

$$+\eta_x\left\{\begin{array}{l}sign\left(u_-\left(s\right)-w_-\left(s\right)\right)\left[h\left(u_-\left(s\right)\right)-h\left(w_-\left(s\right)\right)\right]\\-sign\left(u_+\left(s\right)-w_+\left(s\right)\right)\left[h\left(u_+\left(s\right)\right)-h\left(w_+\left(s\right)\right)\right]\end{array}\right\}.$$

Ainsi, une condition suffisante pour assurer (4.12) est d'imposer aux solutions du problème $(4.8),(4.9)$, en tout point (s,x) de discontinuité, la condition :

$$(4.13)\quad\left\{\begin{array}{l}\forall k\in\mathbb{R},\qquad\eta_t\left\{\left|u_-\left(s\right)-k\right|-\left|u_+\left(s\right)-k\right|\right\}\\[2mm]+\eta_x\left\{\begin{array}{l}sign\left(u_-\left(s\right)-k\right)\left[h\left(u_-\left(s\right)\right)-h\left(k\right)\right]\\-sign\left(u_+\left(s\right)-k\right)\left[h\left(u_+\left(s\right)\right)-h\left(k\right)\right]\end{array}\right\}\geq 0.\end{array}\right.$$

En effet, si la condition (4.13) est vérifiée on peut affirmer que, pour toute courbe de discontinuité Σ_i,

$$\Theta_i\left(s\right)\geq 0\qquad\text{sur }\left[0,t\right],$$

par utilisation simultanée des conditions (4.13) imposées à u et à w, avec les choix respectifs $k=w_+\left(s\right)$ et $k=u_-\left(s\right)$, en tout point où u et w sont simultanément discontinues, et par la seule utilisation de la condition (4.13) imposée à u (resp. w), avec le choix $k=w\left(s\right)$ (resp. $k=u\left(s\right)$), en tout point où seule u (resp. w) est discontinue.

Il est facile de constater que supposer la condition (4.13) sur u pour les réels k tels que $k\leq\min\left(u_-,u_+\right)$ ou $k\geq\max\left(u_-,u_+\right)$ revient à écrire la "condition de saut" (4.10). La condition d'entropie ajoutée à la condition de saut s'obtient en imposant (4.13) pour les réels k tels que $\min\left(u_-, u_+\right) < k < \max\left(u_-, u_+\right)$. A partir de cette observation, lorsque h est strictement convexe, on constate que la condition (4.13) est équivalente à (4.10) et (4.11).

Bien entendu, les courbes de discontinuité Σ_i sont des inconnues implicites et la prise en compte de la condition (4.13) fait apparaître un problème de frontière libre. Pour traiter cette difficulté, on introduit une inéquation variationnelle. En effet, l'utilisation de la formule de Green permet de constater qu'une fonction u de classe "C^1 par morceaux" est une solution faible (c'est-à-dire au sens des distributions) de (4.8) telle que (4.13) soit assurée en tout point de discontinuité si et seulement si u vérifie l'inéquation variationnelle :

$$(4.14) \begin{cases} \forall k \in I\!\!R, \, \forall \phi \in \mathcal{D}\left(\left]0, +\infty\right[\times I\!\!R\right), \, \phi \geq 0, \\ \displaystyle\int_0^{+\infty} \int_{I\!\!R} \left|u\left(t, x\right) - k\right| \, \frac{\partial \phi}{\partial t} dx dt \, + \\ \displaystyle\int_0^{+\infty} \int_{I\!\!R} sign\left(u\left(t, x\right) - k\right) \left[h\left(u\left(t, x\right)\right) - h\left(k\right)\right] \frac{\partial \phi}{\partial x} dx dt \geq 0 \, . \end{cases}$$

Revenons maintenant à l'examen du problème aux limites relatif à (4.8) en se limitant encore à la situation heuristique des solutions de classe "C^1 par morceaux". On considère un réel T, $T > 0$, un intervalle $\left]a, b\right[$ de $I\!\!R$ et l'équation d'évolution (4.8) sur $\left]0, T\right[\times \left]a, b\right[$ avec la condition initiale (4.9) imposée sur $\left]a, b\right[$ et des conditions aux limites de Dirichlet homogènes. L'étude menée sur le problème de Cauchy entraîne que, sur $\left]0, T\right[\times \left]a, b\right[$, on s'intéresse aux solutions faibles de (4.8) qui vérifient (4.13) en tout point de discontinuité $i.e.$ à des fonctions vérifiant (4.14) pour tout réel k et toute fonction ϕ de $\mathcal{D}\left(\left]0, T\right[\times \left]a, b\right[\right)$.

La difficulté nouvelle est maintenant de prendre en compte les conditions aux limites, en sachant que, déjà pour les problèmes du premier ordre linéaires, la considération d'une condition aux deux extrémités de l'ouvert $\left]a, b\right[$ est généralement impossible. En effet, dans ce cas, on obtient un problème bien posé en conservant une condition uniquement sur les parties des droites $x = a$ et $x = b$ où les caractéristiques sont "rentrantes". L'idée est alors de tenir compte de cette information pour traiter le cas non linéaire auquel on s'intéresse ici, en considérant le signe de la vitesse de propagation, à partir des droites $x = a$ et $x = b$, des valeurs de u le long des droites caractéristiques. Ainsi, la trace γu de u aux bords de $\left]a, b\right[$ ($\gamma u = u_+$ en $x = a$, $\gamma u = u_-$ en $x = b$) doit être telle que, le long de $x = a$ (resp. $x = b$),

ou bien, pour tout réel k compris entre 0 et γu,

$$sign\left(\gamma u\right) \left[h\left(\gamma u\right) - h\left(k\right)\right] \leq 0 \text{ (resp. } \geq 0\text{)},$$

ou bien, $\quad h\left(\gamma u\right) = 0.$

Si on désigne par n la composante du vecteur $\mathbf{n}$ unitaire normal extérieur à $\left]a, b\right[$, la condition précédente équivaut à,

$$(4.15) \qquad \forall k \in I\!\!R, \, \left(sign\left(\gamma u - k\right) + sign\left(k\right)\right) \left[h\left(\gamma u\right) - h\left(k\right)\right] n \geq 0,$$

ce qui permet d'inclure cette condition dans une inéquation variationnelle comme cela a été fait pour (4.13), ici encore par utilisation de la formule de Green.

On peut observer que la prise en compte de la condition de bord entraîne qu'en tout point de la frontière de $]0, T[\times]a, b[$ où γu diffère de 0, ce saut ne génère pas une ligne de discontinuité en direction de l'ouvert $]a, b[$.

Finalement, il en résulte pour le problème aux limites avec conditions de Dirichlet homogènes, qu'une fonction u de classe "C^1 par morceaux" est une solution faible de (4.8) et (4.9) telle que (4.13) soit assurée en tout point de discontinuité et (4.15) en tout point du bord si et seulement si u vérifie l'inéquation variationnelle,

$$(4.16) \begin{cases} \forall k \in \mathbb{R}, \ \forall \phi \in \mathcal{D}\left(]0, T[\times [a, b]\right), \ \phi \geq 0, \\ \int_0^T \int_a^b \left\{ |u - k| \frac{\partial \phi}{\partial t} + sign\,(u - k) \left[h\,(u) - h\,(k)\right] \frac{\partial \phi}{\partial x} \right\} dx dt \\ \quad + \int_0^T sign\,(k) \left[h\,(\gamma u\,(s, b)) - h\,(k)\right] \phi\,(s, b)\, ds \\ \quad - \int_0^T sign\,(k) \left[h\,(\gamma u\,(s, a)) - h\,(k)\right] \phi\,(s, a)\, ds \geq 0\,, \end{cases}$$

et si sa trace $\gamma_0 u$ en $t = 0$ vaut u_0.

Le cadre considéré pour cette étude liminaire est trop étroit pour traiter dans sa généralité le problème aux limites associé à l'équation (4.3) dans le cas multidimensionnel. Ce cadre a été historiquement choisi, car il correspond à certaines situations réelles et l'onde de choc étant alors définie par une réunion finie de courbes de discontinuité de première espèce, la condition d'entropie apte à sélectionner la solution physiquement admissible y apparaît concrètement. Cependant, l'inéquation variationnelle (4.16) peut être écrite dès que l'on considère des fonctions u de $L^1_{loc}\,(]0, T[\times]a, b[)$ pour lesquelles il est possible de définir une trace γu $\mathcal{L}^1$−intégrable sur $]0, T[$ et une trace $\gamma_0 u$ en $t = 0$.

On peut alors élargir le cadre d'étude en s'intéressant aux fonctions u de $\overline{BV}\,(]0, T[\times]a, b[) \cap L^\infty\,(]0, T[\times]a, b[)$; en effet, d'après les propositions 4.2. et 4.3., non seulement (4.16) et (4.9) gardent un sens, mais encore l'onde de choc étant une réunion dénombrable d'hypersurfaces de classe C^1 le long desquelles u ne possède pas de limite approximative mais admet des limites approximatives "à droite et à gauche", l'écriture de la condition de saut et d'entropie de manière ponctuelle est toujours possible, en remplaçant la notion de limite par la notion de **limite approximative**.

C'est en utilisant cet espace fonctionnel que l'on va, au sous-paragraphe suivant, donner la définition de la solution faible entropique du problème aux limites associé à l'équation (4.3). On verra que ce problème est alors bien posé car il assure à la fois l'existence et l'unicité de la solution, celle-ci étant obtenue par la méthode de viscosité artificielle.

4.2.2. Résultat d'existence et d'unicité

On désigne comme dans les chapitres précédents par Q l'ouvert $]0, T[\times \Omega$ inclus dans $\mathbb{R}^{n+1}$. On suppose la frontière Γ de l'ouvert Ω régulière par morceaux (par exemple, définie par des cartes locales dont les dérivées distributions jusqu'à l'ordre m, où l'entier m vérifie la condition $m \geq (n+9)/2$, sont lipschitziennes).

On rappelle que g est une fonction lipschitzienne sur $\mathbb{R}$ et p est la solution du problème (3.2). On suppose vérifiée la condition :

$$(4.17) \qquad\qquad p \in W^{2,+\infty}(\Omega) \ , \ \Delta p = 0 \ .$$

On a vu, sous les hypothèses de la proposition 3.2., *i.e.* lorsque les fonctions représentatives de la vitesse de filtration de l'eau injectée et de la perméabilité de la frontière de récupération vérifient :

$$f \in H_0^2(\Gamma_e) \ , \ \lambda \in C_0^2(\Gamma_s) \ ,$$

que p est élément de $H^{7/2}(\Omega)$ et donc $p \in C^1(\overline{\Omega})$ si $n \leq 4$.
L'hypothèse de régularité faite maintenant sur l'ouvert Ω de dimension quelconque n et les arguments développés pour le problème mixte de Neumann-Robin dans la preuve de la proposition 3.2. entraînent que :
sous la condition,

$$(4.18) \qquad\qquad f \in H_0^r(\Gamma_e) \ , \ \lambda \in H_0^r(\Gamma_s) \ , \text{avec } r = (n/2)+1,$$

p est élément de $H^{(n+5)/2}(\Omega)$, donc de $C^2(\overline{\Omega})$, car alors $H^r(\Gamma_s)$ est une algèbre par le fait que $H^r(\Gamma_s) = H^r(\Gamma_s) \cap L^\infty(\Gamma_s)$.

Les considérations développées au paragraphe précédent conduisent naturellement, par extension, à la définition suivante :

Définition 4.2. Soit u_0 un élément de $\overline{BV}(\Omega) \cap L^\infty(\Omega)$.
On désigne par **solution faible entropique** du problème hyperbolique non linéaire du premier ordre associé à (4.3), de donnée initiale u_0 et de conditions aux limites de Dirichlet homogènes, toute solution u du problème $(\mathcal{P})$ formulé par :

$$(4.19) \quad
\begin{cases}
u \in \overline{BV}(Q) \cap L^\infty(Q), \\
\forall k \in \mathbb{R}, \ \forall \phi \in \mathcal{D}\left([0, T[\times \overline{\Omega}\right), \phi \geq 0, \\
\displaystyle\int_Q \left\{ |u - k| \frac{\partial \phi}{\partial t} + sign(u - k) \, [g(u) - g(k)] \, \nabla p . \nabla \phi \right\} dx dt \\
\displaystyle + \int_0^T \int_\Gamma sign(k) \, [g(\gamma u) - g(k)] \, \phi \, (\nabla p . n) \, d\mathcal{H}^{n-1} dt \\
\displaystyle + \int_\Omega |u_0(x) - k| \, \phi(0, x) \, dx \geq 0 \, ,
\end{cases}$$

où γu désigne la trace de u sur Γ au sens de la proposition 4.2. .

Remarque 4.3. Lorsque u est solution faible entropique de $(\mathcal{P})$, on constate, en considérant des réels k tels que $|k| \geq \|u_0\|_\infty$, que u est solution de (4.3) dans $\mathcal{D}'(Q)$. Ensuite, grâce à la formule de Gauss-Green généralisée, il vient que, $\mathcal{H}^{n-1}\lfloor \Gamma$–presque partout, la trace γu de u sur Γ vérifie la condition :

$$(4.20) \qquad \forall k \in \mathbb{R},\ (sign\,(\gamma u - k) + sign\,(k))\,[g\,(\gamma u) - g\,(k)]\,(\nabla p.\mathbf{n}) \geq 0.$$

De même, il vient que, $\mathcal{L}^n$–presque partout, la trace $\gamma_0 u$ de u en $t = 0$ vérifie la condition :

$$\forall k \in \mathbb{R},\ |u_0 - k| \geq |\gamma_0 u - k|,$$

i.e. $\gamma_0 u = u_0$.

Enfin, puisque l'onde de choc de u, Λ_u, est telle que $\Lambda_u = \underset{i \in \mathbb{N}}{\cup}\, \Sigma_i \cup \mathcal{N}$ où $\mathcal{N}$ est $\mathcal{H}^n$–négligeable et Σ_i est une hypersurface de classe $\mathcal{C}^1$, on obtient pour tout $i \in \mathbb{N}$ et pour $\mathcal{H}^n\lfloor \Sigma_i$–presque tout point (s, x) de Σ_i la condition de saut et d'entropie qui généralise (4.13), *i.e.*,

$$\forall k \in \mathbb{R},\ \eta_t \left\{ |u_- - k| - |u_+ - k| \right\}$$
$$+ (\underline{\eta_x}.\nabla p) \left\{ \begin{array}{c} sign\,(u_- - k)\,[g\,(u_-) - g\,(k)] \\ -sign\,(u_+ - k)\,[g\,(u_+) - g\,(k)] \end{array} \right\} \geq 0,$$

où, d'après la proposition 4.3., u_- et u_+ correspondent aux limites approximatives inférieure et supérieure de u et *vice versa* selon que $\underline{\eta} = +\underline{\nu}$ ou $\underline{\eta} = -\underline{\nu}$. Il suffit pour cela de choisir dans (4.19) une fonction ϕ à support dans la boule ouverte de centre (s, x) et de rayon r, $r \to 0_+$, et d'utiliser les observations i) de la remarque 4.1..

Ainsi, l'espace des fonctions de classe "$\mathcal{C}^1$ par morceaux" étant remplacé par l'espace $\overline{BV}(Q) \cap L^\infty(Q)$ et la notion de limite par celle de limite approximative, on passe de la situation particulière considérée historiquement au cadre adapté à l'étude des équations scalaires hyperboliques non linéaires du premier ordre dès que la donnée initiale est bornée et à variation bornée.

C. Bardos, A-Y. LeRoux et J-C. Nédélec [28] ont prouvé que le problème $(\mathcal{P})$ formulé par l'inéquation variationnelle (4.19) est bien posé sur $]0, T[\times \Omega$, complétant ainsi les résultats obtenus par S.N. Kruskov [119] sur $]0, +\infty[\times \mathbb{R}^n$ par l'introduction dans (4.19) de conditions aux limites sur Γ, la frontière de Ω. On énonce au théorème suivant le résultat d'existence et d'unicité dont on dispose, puis on en développe la preuve en vue du prochain paragraphe où les idées présentées ici seront reprises et adaptées à l'étude de la comparaison des modèles de diffusion-convection à diffusion (non linéaire) lente et des modèles de transport.

Théorème 4.1.

Le problème $(\mathcal{P})$ admet une solution unique dans $C\left([0,T];L^1(\Omega)\right)$ telle que

$$\|u\|_{L^\infty(Q)} \leq \|u_0\|_{L^\infty(\Omega)}.$$

En outre, pour tout $t \geq 0$, l'application $S(t)$ qui, à u_0, associe $u(t,.)$ définit un semi-groupe continu de T$-$contractions dans $L^1(\Omega)$.

Démonstration du résultat d'existence. On prouve que $(\mathcal{P})$ admet au moins une solution par la méthode de viscosité artificielle.

En premier lieu, l'utilisation du lemme d'approximation 4.2. et de la remarque 4.1.iii) permet de régulariser la donnée initiale u_0 au moyen d'une suite $\{u_{0,\kappa}\}_{\kappa>0}$ d'éléments de $\mathcal{D}(\Omega)$ telle que,

$$(4.21) \quad \begin{cases} u_{0,\kappa} \text{ converge vers } u_0 \text{ dans } L^1(\Omega), \text{ quand } \kappa \to 0_+, \\[2mm] \|u_{0,\kappa}\|_{L^1(\Omega)} \leq \|u_0\|_{L^1(\Omega)}, \ \|u_{0,\kappa}\|_{L^\infty(\Omega)} \leq \|u_0\|_{L^\infty(\Omega)}, \\[2mm] \kappa \, \|\Delta u_{0,\kappa}\|_{L^1(\Omega)} \leq C \, \|u_0\|_{BV(\Omega)}, \\[2mm] TV_\Omega(u_{0,\kappa}) \leq C \, \|u_0\|_{BV(\Omega)}, \end{cases}$$

où C représente une constante positive indépendante de κ.

Ensuite, le procédé classique de convolution avec une suite régularisante permet la construction d'une suite $\{g_\kappa\}$ de fonctions de classe $\mathcal{C}^\infty$ et lipschitziennes sur $I\!\!R$ telle que

$$(4.22) \quad \begin{cases} Lip(g_\kappa) \leq Lip(g), \\[2mm] \{g_\kappa\} \text{ converge uniformément vers } g \\[2mm] \qquad \text{ sur tout sous-ensemble compact de } I\!\!R. \end{cases}$$

Puis, après avoir défini $\{f_\kappa\}$ une suite de $\mathcal{D}(\Gamma_e)$ convergeant vers f dans $H_0^r(\Gamma_e)$ et $\{\lambda_\kappa\}$ une suite de $\mathcal{D}(\Gamma_s)$ convergeant vers λ dans $H_0^r(\Gamma_s)$ où r est donné en (4.18), on considère la suite $\{p_\kappa\}$ des solutions des problèmes (3.2) associés aux données f_κ et λ_κ. L'hypothèse de régularité sur l'ouvert Ω et les arguments développés pour établir le résultat de la proposition 3.2. entraînent que la fonction p_κ est élément de $H^s(\Omega)$ avec $s = (n+7)/2$ et donc p_κ est de classe $\mathcal{C}^3$ sur $\overline{\Omega}$. Ce faisant, on introduit une suite $\{p_\kappa\}$ d'éléments de $C^3(\overline{\Omega})$ telle que,

$$(4.23) \quad \begin{cases} \{p_\kappa\} \text{ converge vers } p \text{ dans } H^2(\Omega), \\[2mm] \Delta p_\kappa = 0, \ \{p_\kappa\} \text{ est bornée dans } W^{2,+\infty}(\Omega). \end{cases}$$

Enfin, pour chaque réel κ, $\kappa > 0$, on considère l'unique solution u_κ du problème parabolique noté $(\mathcal{P}_\kappa)$:

$$
\left\{
\begin{array}{l}
\quad u_\kappa \in L^2\left(0,T;H^2(\Omega)\right) \cap L^\infty\left(0,T;H_0^1(\Omega)\right) \cap L^\infty(Q)\,,\ \dfrac{\partial u_\kappa}{\partial t} \in L^2(Q)\,, \\[2mm]
(4.4)\quad \dfrac{\partial u_\kappa}{\partial t} - \kappa\,\Delta u_\kappa + \mathbf{div}\left(g_\kappa(u_\kappa)\,\nabla p_\kappa\right) = 0 \text{ dans } \mathcal{D}'(Q)\,, \\[2mm]
\quad \gamma u_\kappa = 0\,,\ \mathcal{H}^{n-1}\lfloor\,\Gamma - \text{p.p. sur } \Gamma\,, \\[2mm]
\quad u_\kappa(0,.) = u_{0,\kappa}\,,\ \mathcal{L}^n - \text{p.p. sur } \Omega\,.
\end{array}
\right.
$$

Vu la régularité de $u_{0,\kappa}$, g_κ et p_κ, l'existence et l'unicité de u_κ résultent de propriétés classiques sur les problèmes paraboliques (*cf.* par exemple [122]). On sait de plus, compte tenu de la régularité de l'ouvert Ω, que u_κ admet un représentant déjà continu de $[0,T]$ dans $H_0^1(\Omega)$ et même de classe C^2 sur $[0,T] \times \overline{\Omega}$.

Premières estimations. On dispose déjà de résultats classiques que l'on peut retrouver ici à partir de ceux obtenus au chapitre 3 (proposition 3.3. et sa démonstration) sur le problème approché noté $(\mathcal{P}_k)$ dans le cas particulier où la fonction φ_k est donnée par $\kappa\,\mathbf{I}_{d_R}$ avec $\kappa = k^{-1}$, en remarquant que la condition initiale $u_{0,\kappa}$ est régulière. Il vient, **en convenant de noter C toute constante positive indépendante de κ** :

$$
(4.24)\qquad
\left\{
\begin{array}{l}
\|u_\kappa\|_{L^\infty(\Omega)} \le \|u_{0,\kappa}\|_{L^\infty(\Omega)} \le \|u_0\|_{L^\infty(\Omega)}\,, \\[2mm]
\sqrt{\kappa}\,\|u_\kappa\|_{H^1(Q)} \le C\,.
\end{array}
\right.
$$

L'idée est de compléter (4.24) par des estimations dans $W^{1,1}(Q)$ afin d'utiliser la propriété de compacité énoncée à la proposition 4.4. sur l'espace $\overline{BV}(Q) \cap L^1(Q)$. Il est clair que la majoration (3.5), établie au cours de la démonstration de la proposition 3.4. dans une situation moins régulière que celle rencontrée ici, subsiste pour la solution u_κ du problème $(\mathcal{P}_\kappa)$. On a donc l'estimation,

$$
\left\|\frac{\partial u_\kappa}{\partial t}\right\|_{L^\infty(0,T;L^1(\Omega))} \le C\left\{\kappa\,\|\Delta u_{0,\kappa}\|_{L^1(\Omega)} + TV_\Omega\left(u_{0,\kappa}\right)\right\}\,,
$$

qui entraîne, par utilisation de (4.21),

$$
(4.25)\qquad
\left\|\frac{\partial u_\kappa}{\partial t}\right\|_{L^\infty(0,T;L^1(\Omega))} \le C\,\|u_0\|_{BV(\Omega)}\,.
$$

Estimation du gradient de u_κ. Avant de débuter l'étude du gradient de u_κ, on énonce une propriété usuelle, utile pour la démonstration qui suit et dont on aura aussi l'usage au paragraphe suivant. C'est l'objet du

Lemme 4.3. Soit $w \in \mathcal{C}^2\left(\overline{\Omega}\right)$. Sur toute partie Γ_0 de Γ, de $\mathcal{H}^{n-1}\lfloor\Gamma-$mesure strictement positive où w est nulle, w vérifie,

$$\exists c > 0, \ \left|\Delta w - \frac{\partial^2 w}{\partial n^2}\right| \leq c \left|\frac{\partial w}{\partial n}\right| \quad \mathcal{H}^{n-1} - \text{p.p. sur } \Gamma_0,$$

où c est une constante indépendante de w, dépendant seulement de la géométrie de Γ.

On note alors, pour tout entier i, $1 \leq i \leq n$,

$$w_i = \frac{\partial u_\kappa}{\partial x_i} \ , \ \Psi_i = -\frac{\partial}{\partial x_i}\left(H_\epsilon\left(w_i\right)\right),$$

où pour tout réel ε, $\varepsilon > 0$, H_ε représente encore l'approximation Yosida du graphe maximal monotone du signe.

La fonction Ψ_i est dans $L^2\left(Q\right)$; donc, à partir de (4.4), en utilisant, pour $t > 0$, le produit scalaire de $L^2\left(\,]0, t[\times \Omega\right)$, il vient

$$\int_0^t \left(\frac{\partial u_\kappa}{\partial t}, \Psi_i\right) ds = \kappa \int_0^t \int_\Omega \Delta u_\kappa \, \Psi_i \, dx ds - T_\varepsilon$$

où

$$T_\varepsilon = \int_0^t \int_\Omega \text{div}\left(\, g_\kappa(u_\kappa) \, \nabla p_\kappa\right) \Psi_i \, dx ds.$$

La formule de Gauss-Green, la proposition 2.2. et le fait que la trace de u_κ est nulle sur Γ permettent d'écrire les relations, en notant I_ε la primitive de H_ε nulle en 0,

$$(*_t) \qquad \int_0^t \left(\frac{\partial u_\kappa}{\partial t}, \Psi_i\right) ds = \int_\Omega I_\varepsilon\left(w_i\left(t\right)\right) \, dx - \int_\Omega I_\varepsilon\left(w_i\left(0\right)\right) \, dx,$$

$$\int_0^t \int_\Omega \Delta u_\kappa \, \Psi_i \, dx ds = -\int_0^t \int_\Omega H_\varepsilon'\left(w_i\right) \left|\nabla w_i\right|^2 \, dx ds$$
$$- \int_0^t \int_\Gamma \left(\Delta u_\kappa - \frac{\partial^2 u_\kappa}{\partial n^2}\right) H_\varepsilon\left(w_i\right) \, n_i \, d\mathcal{H}^{n-1} ds,$$

et d'après le lemme 4.3. et la croissance de H_ε,

$$(*_\Delta) \qquad \int_0^t \int_\Omega \Delta u_\kappa \, \Psi_i \, dx ds \leq c \int_0^t \int_\Gamma \left|\frac{\partial u_\kappa}{\partial n}\right| \, d\mathcal{H}^{n-1} ds.$$

En outre I_ε, la primitive de H_ε nulle en 0, et H_ε vérifient :

$$(4.26) \qquad \forall r \in \mathbb{R}, \ \left|I_\varepsilon\left(r\right) - r H_\varepsilon\left(r\right)\right| \leq \varepsilon.$$

Il en résulte, grâce à la proposition 2.2., l'égalité,

$$\frac{\partial}{\partial x_i}\left[\text{div}\left(\, g_\kappa(u_\kappa) \, \nabla p_\kappa\right)\right] H_\varepsilon\left(w_i\right) = \text{div}\left(\, g_\kappa'(u_\kappa) \, \nabla p_\kappa \, I_\varepsilon\left(w_i\right)\right)$$
$$+ g_\kappa'(u_\kappa) H_\varepsilon\left(w_i\right) \nabla\left(\frac{\partial p_\kappa}{\partial x_i}\right) . \nabla u_k + \text{div}\left(\, g_\kappa'(u_\kappa) \, \nabla p_\kappa\right) o(\varepsilon),$$

où la notation $o(\varepsilon)$ désigne toute fonction qui vérifie : $|o(\varepsilon)| \leq \varepsilon$.

L'utilisation, à nouveau, de la formule de Gauss-Green et de l'inégalité (4.26) dans les intégrales de surface, permet d'écrire :

$$(*_{\mathbf{div}}) \qquad T_\varepsilon = \int_0^t \int_\Omega g_\kappa'(u_\kappa)\, H_\varepsilon(w_i)\, \nabla\left(\frac{\partial p_\kappa}{\partial x_i}\right).\nabla u_\kappa\, dxds$$

$$+ \int_0^t \int_\Omega \mathrm{div}\,(g_\kappa'(u_\kappa)\nabla p_\kappa)\, o(\varepsilon)\, dxds + \int_0^t \int_\Gamma g_\kappa'(u_\kappa)(\nabla p_\kappa.\mathbf{n})\, o(\varepsilon)\, d\mathcal{H}^{n-1}ds.$$

Après sommation des n inégalités obtenues pour $i = 1, 2, ..., n$ et passage à la limite en ε, il vient en notant encore $|\nabla u_\kappa| = \displaystyle\sum_{i=1}^n \left|\frac{\partial u_\kappa}{\partial x_i}\right|$,

$$\int_\Omega |\nabla u_\kappa(t)|\, dx \leq \int_\Omega |\nabla u_{0,\kappa}|\, dx + \kappa c \int_0^t \int_\Gamma \left|\frac{\partial u_\kappa}{\partial n}\right| d\mathcal{H}^{n-1}ds$$

$$+ C\left(Lip(g_\kappa), \|p_\kappa\|_{W^{2,+\infty}(\Omega)}\right) \int_0^t \int_\Omega |\nabla u_\kappa|\, dxds.$$

Comme pour $\mathcal{L}^1$−presque tout point s de $]0,t[$, $u_\kappa \in H^2(\Omega) \cap H_0^1(\Omega)$, on peut écrire la majoration,

$$\int_\Gamma \left|\frac{\partial u_\kappa}{\partial n}\right| d\mathcal{H}^{n-1} \leq \int_\Omega |\Delta u_\kappa|\, dx, \; \mathcal{L}^1 - \text{p.p. sur }]0,t[,$$

dont on peut trouver une preuve dans la publication de C. Bardos, D. Brézis, H. Brézis, "Perturbations singulières et prolongements maximaux d'opérateurs positifs", Arch. Rat. Mech. Anal., 53, n° 1, pp. 69-100, 1973 (lemme A.3., p. 92). En utilisant l'égalité (4.4), puis (4.22) et (4.23), il vient,

$$\int_\Omega |\nabla u_\kappa(t)|\, dx \leq \int_\Omega |\nabla u_{0,\kappa}|\, dx + c \int_0^t \int_\Omega \left|\frac{\partial u_\kappa}{\partial t}\right| dxds + C \int_0^t \int_\Omega |\nabla u_\kappa|\, dxds.$$

Il en découle, par utilisation de (4.25), (4.21), puis du lemme de Gronwall-Bellman,

$$(4.27) \qquad \|u_\kappa\|_{L^\infty(0,T;W^{1,1}(\Omega))} \leq C\, \|u_0\|_{BV(\Omega)}.$$

Construction de u. Les estimations obtenues et le résultat de compacité de la proposition 4.4. conduisent au

Lemme 4.4. La famille $\{u_\kappa\}$ des solutions des problèmes paraboliques $(\mathcal{P}_\kappa)$ est relativement compacte dans $C([0,T];L^1(\Omega))$. Tout point d'accumulation u est élément de $\overline{BV}(Q) \cap L^\infty(Q)$.

Démonstration. Ce résultat provient du théorème d'Ascoli, en remarquant que, d'une part grâce à (4.25), $\{u_\kappa\}$ est uniformément équicontinue de $[0,T]$ dans

$L^1(\Omega)$ et d'autre part grâce à (4.27) et à la compacité de l'injection canonique de $\overline{BV}(\Omega) \cap L^1(\Omega)$ dans $L^1(\Omega)$, $\{u_\kappa\}$ est bornée de $[0, T]$ dans un compact de $L^1(\Omega)$. L'appartenance de u à $\overline{BV}(Q) \cap L^\infty(Q)$ découle de (4.24), (4.25) et (4.27).

On désigne par u un point d'accumulation dans $C([0, T]; L^1(\Omega))$ de la famille $\{u_\kappa\}$. On propose de montrer que u est une solution du problème $(\mathcal{P})$ de la définition 4.2.. Pour cela, il reste à établir que u vérifie l'inéquation (4.19). On introduit donc un réel k, une fonction test ϕ de $\mathcal{D}([0, T[\times \overline{\Omega}), \phi \geq 0$, et on multiplie l'équation (4.4) par $H_\varepsilon(u_\kappa - k)\phi$. Un calcul élémentaire fondé sur la formule de Green conduit, comme ϕ est positive, à l'inégalité,

$$\int_Q \left\{ -H_\varepsilon(u_\kappa - k) \frac{\partial u_\kappa}{\partial t} \phi - H_\varepsilon(u_\kappa - k)(\nabla g_\kappa(u_\kappa).\nabla p_\kappa)\,\phi \right\} dxdt + T_{\kappa,\varepsilon} \geq 0\,,$$

avec,

$$T_{\kappa,\varepsilon} = -\kappa \int_Q H_\varepsilon(u_\kappa - k)(\nabla u_\kappa.\nabla\phi)\,dxdt - \kappa \int_0^T \int_\Gamma H_\varepsilon(k)\phi\,\frac{\partial u_\kappa}{\partial n}\,d\mathcal{H}^{n-1}dt.$$

Pour atteindre (4.19), on passe successivement à la limite en ε puis en κ dans l'inégalité précédente. En effet, la fonction valeur absolue étant lipschitzienne, à partir de l'égalité

$$\lim_{\varepsilon \to 0+} \int_Q -H_\varepsilon(u_\kappa - k)\frac{\partial u_\kappa}{\partial t}\phi\,dxdt = \int_Q -sign(u_\kappa - k)\frac{\partial u_\kappa}{\partial t}\phi\,dxdt,$$

on peut écrire (*cf.* chapitre 2, proposition 2.2.),

$$\lim_{\varepsilon \to 0+} \int_Q -H_\varepsilon(u_\kappa - k)\frac{\partial u_\kappa}{\partial t}\phi\,dxdt$$
$$= \int_Q |u_\kappa - k|\frac{\partial\phi}{\partial t}\,dxdt + \int_\Omega |u_{0,\kappa}(x) - k|\phi(0, x)\,dx.$$

En outre, on introduit la fonction G définie sur $\mathbb{R}^2$ par

$$G(\tau, r) = sign(\tau - r)\,[g(\tau) - g(r)].$$

Pour tout réel k fixé, la fonction G_k, réelle de la variable réelle, qui à τ associe $G(\tau, k)$ a pour dérivée distribution la fonction définie $\mathcal{L}^1$–p.p. sur $\mathbb{R}$ par $sign(\tau - k)\,g'(\tau)$. L'application G_k est donc lipschitzienne, de constante de Lipschitz $Lip(g)$, sur $\mathbb{R}$. Il en est de même pour la fonction

$$\tau \to sign(\tau - k)\,[g_\kappa(\tau) - g_\kappa(k)]\,.$$

On en déduit, à partir de l'égalité

$$\lim_{\varepsilon \to 0+} \int_Q -H_\varepsilon(u_\kappa - k)(\nabla g_\kappa(u_\kappa).\nabla p_\kappa)\,\phi\,dxdt$$
$$= \int_Q -sign(u_\kappa - k)(\nabla g_\kappa(u_\kappa).\nabla p_\kappa)\,\phi\,dxdt,$$

la propriété (*cf.* chapitre 2, proposition 2.2.),

$$\lim_{\epsilon \to 0_+} \int_Q -H_\epsilon \left(u_\kappa - k \right) \left(\nabla g_\kappa \left(u_\kappa \right) . \nabla p_\kappa \right) \, \phi \, dx dt$$

$$= \int_Q sign \left(u_\kappa - k \right) \left[g_\kappa \left(u_\kappa \right) - g_\kappa \left(k \right) \right] \left(\nabla p_\kappa . \nabla \phi \right) \, dx dt$$

$$+ \int_0^T \int_\Gamma sign \left(k \right) \left[g_\kappa \left(0 \right) - g_\kappa \left(k \right) \right] \phi \, \left(\nabla p_\kappa . \mathbf{n} \right) \, d\mathcal{H}^{n-1} dt,$$

par le fait que p_κ est harmonique.

Il est alors clair que, si momentanément on suppose démontré le résultat,

$$(4.28) \qquad \lim_{\kappa \to 0_+} \lim_{\epsilon \to 0_+} T_{\kappa,\epsilon} = \int_0^T \int_\Gamma sign \left(k \right) \left[g \left(\gamma u \right) - g \left(0 \right) \right] \phi \, \left(\nabla p . \mathbf{n} \right) \, d\mathcal{H}^{n-1} dt,$$

en utilisant les propriétés de convergence lorsque $\kappa \to 0_+$ énoncées dans (4.21), (4.22), (4.23) et la définition de u, on obtient que u est solution de l'inéquation (4.19).

Il suffit donc, pour conclure, d'établir (4.28).

Or,

$$\lim_{\kappa \to 0_+} \kappa \int_Q sign \left(u_\kappa - k \right) \left(\nabla u_\kappa . \nabla \phi \right) dx dt = 0,$$

grâce à l'estimation (4.24).

Il en résulte que, pour établir (4.28), il reste à prouver,

$$(4.29) \quad \lim_{\kappa \to 0_+} -\kappa \int_0^T \int_\Gamma \phi \frac{\partial u_\kappa}{\partial n} \, d\mathcal{H}^{n-1} dt$$

$$= \int_0^T \int_\Gamma \left[g \left(\gamma u \right) - g \left(0 \right) \right] \phi \, \left(\nabla p . \mathbf{n} \right) \, d\mathcal{H}^{n-1} dt.$$

A cet égard, on considère (*cf.* [28]) une suite $\{\rho_\delta\}_{\delta>0}$ de fonctions de $C^1 \left(\overline{\Omega} \right)$ telle que,

$$(4.30) \qquad 0 \leq \rho_\delta \leq 1 \, , \, \rho_\delta = 1 \text{ sur } \Gamma \text{ et } \rho_\delta \to 0 \text{ simplement sur } \Omega.$$

On peut écrire, comme $\phi = \phi \rho_\delta$ sur Γ, par utilisations successives de la formule de Gauss-Green et de l'équation (4.4),

$$-\kappa \int_0^T \int_\Gamma \phi \frac{\partial u_\kappa}{\partial n} \, d\mathcal{H}^{n-1} dt$$

$$= -\int_0^T \int_\Gamma g_\kappa \left(0 \right) \, \phi \, \left(\nabla p_\kappa . \mathbf{n} \right) \, d\mathcal{H}^{n-1} dt + \int_\Omega u_{0,\kappa} \, \phi \left(0, x \right) \, \rho_\delta \, dx$$

$$+ \int_Q \left\{ -\kappa \nabla u_\kappa . \nabla \left(\phi \rho_\delta \right) + u_\kappa \, \rho_\delta \frac{\partial \phi}{\partial t} + g_\kappa \left(u_\kappa \right) \, \mathbf{div} \left[\phi \rho_\delta \nabla p_\kappa \right] \right\} dx dt,$$

d'où, par (4.22), (4.23), la définition de u et grâce à l'estimation (4.24),

$$\lim_{\kappa \to 0_+} -\kappa \int_0^T \int_\Gamma \phi \, \frac{\partial u_\kappa}{\partial n} \, d\mathcal{H}^{n-1} dt = \int_Q u \, \rho_\delta \frac{\partial \phi}{\partial t} dx dt$$

$$+ \int_Q g(u) \, \mathbf{div} \, [\phi \rho_\delta \nabla p] \, dx dt - \int_0^T \int_\Gamma g(0) \phi \, (\nabla p.\mathbf{n}) \, d\mathcal{H}^{n-1} dt.$$

On conclut en utilisant d'abord la formule de Gauss-Green généralisée de la proposition 4.2., puis en appliquant, lorsque $\delta \to 0_+$, le théorème de convergence dominée à la suite $\{\phi \rho_\delta \nabla p\}$ relativement à la mesure, sommable sur Q, $\mathbf{D} \, [g(u)]$ en tenant compte de la remarque 4.1.ii).

Démonstration du résultat d'unicité. On adopte classiquement la technique en usage pour le traitement des lois scalaires hyperboliques du premier ordre, élaborée d'abord par S.N. Kruskov [119], reprise ensuite par C. Bardos, A-Y. LeRoux et J-C. Nédélec [28], en partie présentée au chapitre 3 lors d'une adaptation à l'étude d'équations paraboliques dégénérées associées à des conditions aux limites de Dirichlet homogènes (*cf.* §. 3.4.).

On considère dans $\overline{BV}(Q) \cap L^\infty(Q) \cap C([0,T]; L^1(\Omega))$ deux solutions u et $\widehat{u}$ de $(\mathcal{P})$ correspondant respectivement aux données initiales u_0 et $\widehat{u}_0$ prises dans $\overline{BV}(\Omega) \cap L^\infty(\Omega)$.

Première étape. On commence par établir, en utilisant la seule notion de point de Lebesgue d'une fonction $\mathcal{L}^{n+1}$–intégrable sur Q, la propriété

$$\forall \phi \in \mathcal{D}(Q), \phi \geq 0,$$

$$(4.31) \qquad \int_Q \left[|u - \widehat{u}| \frac{\partial \phi}{\partial t} + sign(u - \widehat{u}) [g(u) - g(\widehat{u})] \nabla p.\nabla \phi \right] dx dt \geq 0.$$

Pour prouver (4.31), ϕ étant fixé dans $\mathcal{D}(Q)$ à valeur positive, on introduit la fonction ξ_δ de $\mathcal{D}(Q \times Q)$ définie par

$$\xi_\delta(t, x, s, y) = \phi \left(\frac{t+s}{2}, \frac{x+y}{2} \right) \omega_\delta^{(1)} \left(\frac{t-s}{2} \right) \omega_\delta^{(n)} \left(\frac{x-y}{2} \right),$$

où $\left\{ \omega_\delta^{(1)} \right\}$ (resp. $\left\{ \omega_\delta^{(n)} \right\}$) désigne une suite régularisante sur $I\!R$ (resp. $I\!R^n$).

Dans l'inéquation (4.19) vérifiée par u, on fait les choix $\phi = \xi_\delta(.,.,s,y)$ et $k = \widehat{u}(s,y)$, pour $\mathcal{L}^{n+1}$–presque tout (s,y) dans Q. Dans l'inéquation (4.19) vérifiée par $\widehat{u}$, fonction des variables s et y, on fait alors les choix $\phi = \xi_\delta(t,x,.,.)$ et $k = u(t,x)$, pour $\mathcal{L}^{n+1}$–presque tout (t,x) dans Q. Il vient, en introduisant la fonction G définie dans la partie de cette démonstration relative à la construction de u (p. 150), l'inégalité

$$\int_{Q\times Q} |u(t,x) - \widehat{u}(s,y)| \left(\frac{\partial \xi_\delta}{\partial t} + \frac{\partial \xi_\delta}{\partial s} \right) dxdtdyds$$
$$+ \int_{Q\times Q} G(u(t,x), \widehat{u}(s,y)) \nabla p(x) . \{\nabla_x \xi_\delta + \nabla_y \xi_\delta\} dxdtdyds$$
$$- \int_Q R_\delta(t,x) \, dxdt \geq 0,$$

où R_δ est définie, $\mathcal{L}^{n+1}$−presque partout sur Q, par

$$R_\delta(t,x) = \int_Q G(u(t,x), \widehat{u}(s,y)) [\nabla p(x) - \nabla p(y)] . \nabla_y \xi_\delta \, dyds.$$

Or,

$$\frac{\partial \xi_\delta}{\partial t} + \frac{\partial \xi_\delta}{\partial s} = \frac{\partial \phi}{\partial t} \left(\frac{t+s}{2}, \frac{x+y}{2} \right) \omega_\delta^{(1)} \left(\frac{t-s}{2} \right) \omega_\delta^{(n)} \left(\frac{x-y}{2} \right),$$

$$\nabla_x \xi_\delta + \nabla_y \xi_\delta = (\nabla \phi) \left(\frac{t+s}{2}, \frac{x+y}{2} \right) \omega_\delta^{(1)} \left(\frac{t-s}{2} \right) \omega_\delta^{(n)} \left(\frac{x-y}{2} \right).$$

En outre, $\mathcal{L}^{2n+2}$−presque partout sur $Q \times Q$, on a les majorations,

$$\|u(t,x) - \widehat{u}(s,y)| - |u(t,x) - \widehat{u}(t,x)\| \leq |\widehat{u}(t,x) - \widehat{u}(s,y)|,$$

la fonction valeur absolue étant lipschitzienne, contractante, et

$$|G(u(t,x), \widehat{u}(s,y)) - G(u(t,x), \widehat{u}(t,x))|$$
$$\leq Lip(g) |\widehat{u}(t,x) - \widehat{u}(s,y)|,$$

compte tenu de la propriété remarquée sur la fonction G dans la partie précédente de cette démonstration (construction de u).

Il résulte de ces observations, en utilisant que $\mathcal{L}^{n+1}$−presque tout point (t,x) de Q est un point de Lebesgue de l'élément $\widehat{u}$ de $L^1(Q)$, les propriétés,

$$\lim_{\delta \to 0_+} \int_{Q\times Q} |u(t,x) - \widehat{u}(s,y)| \left(\frac{\partial \xi_\delta}{\partial t} + \frac{\partial \xi_\delta}{\partial s} \right) dxdtdyds = \int_Q |u - \widehat{u}| \, \frac{\partial \phi}{\partial t} \, dxdt,$$

$$\lim_{\delta \to 0_+} \int_{Q\times Q} G(u(t,x), \widehat{u}(s,y)) \nabla p(x) . \{\nabla_x \xi_\delta + \nabla_y \xi_\delta\} dxdtdyds$$
$$= \int_Q G(u, \widehat{u}) \nabla p.\nabla \phi \, dxdt.$$

On en déduit que, pour établir (4.31), il suffit de montrer l'égalité,

$$\lim_{\delta \to 0_+} \int_Q R_\delta(t,x) \, dxdt = 0.$$

Ce résultat est conséquence du théorème de convergence dominée et des remarques suivantes :

i) pour toute fonction f, $\mathcal{L}^n$—intégrable sur Ω, en tout point de Lebesgue x de f,

$$\lim_{\delta \to 0_+} \int_\Omega |f(x) - f(y)| \, |x - y| \left| \nabla \omega_\delta^{(n)} \left(\frac{x - y}{2} \right) \right| \, dy = 0,$$

ii) d'après (4.17), $p \in W^{2, +\infty}(\Omega)$ et donc p admet un représentant tel que

$$\exists C > 0, \ \forall x \in \overline{\Omega}, \ \forall y \in \overline{\Omega}, \ |\nabla p(x) - \nabla p(y)| \leq C |x - y|,$$

iii) enfin, par utilisation de la propriété $\Delta p = 0$ imposée en (4.17),

$$(4.32) \qquad \int_\Omega [\nabla p(x) - \nabla p(y)] . \nabla \omega_\delta^{(n)} \left(\frac{x - y}{2} \right) dy = 0,$$
$$\text{pour } \mathcal{L}^n - \text{presque tout point } x \text{ de } \Omega.$$

Deuxième étape. En utilisant maintenant les propriétés des fonctions de l'espace $\overline{BV}(Q) \cap L^1(Q)$ (formule de Gauss-Green généralisée, notion de trace), on va déduire de (4.31) que l'opérateur non linéaire $S(t)$ qui, à u_0 associe $u(t,.)$, définit un semi-groupe non linéaire à contraction dans $L^1(\Omega)$, *i.e.*,

$$(4.33) \qquad \forall t \in [0, T], \ \int_\Omega |u(t,x) - \widehat{u}(t,x)| \, dx \leq \int_\Omega |u_0(x) - \widehat{u}_0(x)| \, dx.$$

Pour ce faire, on considère une fonction θ dans $\mathcal{D}^+(]0, T[)$, une suite de fonctions $\{\rho_\delta\}$ de $\mathcal{C}^1(\overline{\Omega})$ vérifiant (4.30). En remarquant que (4.31) peut encore être écrit avec ϕ dans l'espace $\mathcal{C}_0^1(Q)$ des fonctions de classe $\mathcal{C}^1$ sur Q, nulles sur ∂Q, $\phi \geq 0$, on choisit dans (4.31) l'élément ϕ de $\mathcal{C}_0^1(Q)$ défini par

$$\phi(t, x) = \theta(t) \, (1 - \rho_\delta(x)),$$

$\delta > 0$ étant fixé.

En appliquant la formule de Gauss-Green de la proposition 4.2. à la fonction

$$(t, x) \to G(u(t, x), \widehat{u}(t, x)),$$

(élément de $\overline{BV}(Q) \cap L^1(Q)$ suite à la remarque 4.1.ii), G étant lipschitzienne sur $\mathbb{R} \times \mathbb{R}$), on obtient,

$$\int_Q |u - \widehat{u}| \ \theta'(t)(1 - \rho_\delta(x)) \ dxdt + \int_Q \theta(t) \rho_\delta(x) \ \nabla p . d \left[\mathbf{D}G(u, \widehat{u}) \right]$$
$$\geq \int_0^T \int_\Gamma \theta(t) \ sign(\gamma u - \gamma \widehat{u}) \ [g(\gamma u) - g(\gamma \widehat{u})] \ (\nabla p . \mathbf{n}) \ d\mathcal{H}^{n-1} dt.$$

Lorsque δ tend vers 0_+, la convergence simple vers la fonction nulle de la suite uniformément bornée $\{\rho_\delta\}$ autorise l'utilisation du théorème de convergence dominée relativement à la mesure sommable sur Q, $[\mathbf{D}G(u,\widehat{u})]$ et il vient,

$$\int_Q |u - \widehat{u}| \; \theta'(t) \; dx dt$$
$$\geq \int_0^T \int_\Gamma \theta(t) \; sign(\gamma u - \gamma \widehat{u}) \; [g(\gamma u) - g(\gamma \widehat{u})] \; (\nabla p.\mathbf{n}) \; d\mathcal{H}^{n-1} dt.$$

Or, par des choix appropriés de la constante k dans la relation (4.20) vérifiée par u et $\widehat{u}$, on obtient l'inégalité,

$$sign(\gamma u - \gamma \widehat{u}) \; [g(\gamma u) - g(\gamma \widehat{u})] \; (\nabla p.\mathbf{n}) \geq 0, \; \mathcal{H}^{n-1}\lfloor \Gamma - \text{presque partout.}$$

Il en résulte que,

$$\frac{\partial}{\partial t} \int_\Omega |u(.,x) - \widehat{u}(.,x)| \; dx \leq 0 \; , \; \text{dans } \mathcal{D}'(]0,T[) \; .$$

Ainsi, la fonction $t \to \displaystyle\int_\Omega |u(.,x) - \widehat{u}(.,x)| \; dx$, continue de $[0,T]$ dans $L^1(\Omega)$ admet pour dérivée distribution une mesure négative. Elle est donc décroissante au sens large; il s'ensuit le résultat (4.33).

Propriété de T-contraction. On vient de voir que le problème (P) admet une solution unique ; il résulte du lemme 4.4. que cette solution est donc limite dans $C([0,T]; L^1(\Omega))$ de la suite généralisée $\{u_\kappa\}$ des solutions des problèmes $(\mathcal{P}_\kappa)$. D'après la proposition 3.3. du chapitre 3, pour tout κ, $\kappa > 0$, on peut écrire,

$$\forall t \in [0,T], \; \int_\Omega (u_\kappa(t,x) - \widehat{u}_\kappa(t,x))^+ dx \leq \int_\Omega (u_{0,\kappa}(x) - \widehat{u}_{0,\kappa}(x))^+ dx,$$

lorsque u_κ et $\widehat{u}_\kappa$ sont les solutions correspondant respectivement aux données initiales régularisées $u_{0,\kappa}$ et $\widehat{u}_{0,\kappa}$ vérifiant (4.21).

L'application de $I\!R$ dans $I\!R$ qui à τ associe τ^+ est lipschitzienne, donc, lorsque $\kappa \to 0_+$, on obtient,

$$\forall t \in [0,T], \; \int_\Omega (u(t,x) - \widehat{u}(t,x))^+ dx \leq \int_\Omega (u_0(x) - \widehat{u}_0(x))^+ dx,$$

ce qui indique que l'application $S(t)$ définit un semi-groupe de T-contractions dans $L^1(\Omega)$, préservant donc l'ordre.

Ceci termine la démonstration du théorème 4.1..

Remarque sur les propriétés du semi-groupe $S(t)$. Dans le cas plus général de l'équation hyperbolique du premier ordre (4.7), le problème (P) correspondant admet une solution unique comme dans le cas plus simple étudié ici. L'application $S(t)$ définit encore un semi-groupe continu dans $L^1(\Omega)$; cependant la propriété de contraction ne subsiste pas en général. C'est d'ailleurs déjà le cas pour la loi considérée ici lorsque la condition $\Delta p = 0$ n'est plus assurée, puisqu'alors, on ne dispose plus de l'égalité (4.32).

Observations sur la définition 4.2.

i) sur les hypothèses concernant la fonction g. On a considéré dans tout ce paragraphe, pour définir la notion de solution entropique et établir le résultat d'existence et d'unicité la concernant, une fonction g lipschitzienne sur $\mathbb{R}$. Or, si l'on observe l'équation de continuité (4.1) du modèle Dead oil incompressible non thermique que l'on souhaite étudier, la fonction g correspondante est donnée par

$$g = -\frac{d}{2}\psi,$$

où la fonction ψ est définie et lipschitzienne sur $[0, 1]$, u étant une saturation, donc à valeur dans $[0, 1]$.

Lorsque la donnée initiale u_0 est à valeur dans un intervalle fermé J contenant 0 et g est une application définie et lipschitzienne sur J, g peut être prolongée sur $\mathbb{R}$ en une fonction $\widehat{g}$ lipschitzienne. Il résulte de l'étude précédente (théorème 4.1.) que le problème $\left(\widehat{\mathcal{P}}\right)$ relatif à $\widehat{g}$ admet une solution faible entropique unique, élément de $C\left([0, T]; L^1(\Omega)\right) \cap \overline{BV}(Q) \cap L^\infty(Q)$. La propriété de T-contraction permet de vérifier que

$$u(t, x) \in J \ , \ \mathcal{L}^{n+1} - \text{presque partout sur } Q.$$

Ce problème $\left(\widehat{\mathcal{P}}\right)$ est alors équivalent au problème $(\mathcal{P})$:

$$\left\{ \begin{array}{l} u \in \overline{BV}(Q) \cap L^\infty(Q), \\ \forall k \in J, \ \forall \phi \in \mathcal{D}\left([0, T[\times \overline{\Omega}\right), \phi \geq 0, \\ \displaystyle\int_Q \left\{ |u - k| \frac{\partial \phi}{\partial t} + sign(u - k) \left[g(u) - g(k)\right] \ \nabla p.\nabla \phi \right\} dxdt \\ \displaystyle + \int_0^T \int_\Gamma sign(k) \left[g(\gamma u) - g(k)\right] \phi \ (\nabla p.\mathbf{n}) \ d\mathcal{H}^{n-1}dt \\ \displaystyle + \int_\Omega |u_0(x) - k| \phi(0, x) \ dx \geq 0 \ , \end{array} \right.$$

puisque, d'après la remarque 4.3., l'écriture de l'inégalité du problème $\left(\widehat{\mathcal{P}}\right)$ pour les réels k tels que $k \notin J$ revient seulement à écrire que u est solution de (4.3) dans $\mathcal{D}'(Q)$, propriété déjà obtenue en considérant les réels k de J qui ne sont pas dans l'intérieur de J.

ii) sur la condition d'entropie. La formulation du problème $(\mathcal{P})$ retenue à la définition 4.2. fait appel à la notion d'entropie au sens de S.N. Kruskov. Cette condition imposée dans l'ouvert Q et incluse dans (4.19) se traduit par la condition, pour tout réel k,

$$\frac{\partial}{\partial t} |u - k| + \mathbf{div} \left(sign(u - k) \left[g(u) - g(k)\right] \ \nabla p\right) \leq 0 \ \text{ dans } \mathcal{D}'(Q).$$

Dans le cas présent d'une loi scalaire hyperbolique, cette condition équivaut à exiger l'inégalité

$$\frac{\partial}{\partial t} q(u) + \mathbf{div}\left(\eta(u)\,\nabla p\right) \leq 0 \quad \text{dans } \mathcal{D}'(Q),$$

pour tout couple (q, η) de fonctions de la variable réelle à valeur réelle telles que,

$$\begin{cases} q \text{ est convexe et régulière,} \\ \eta'(s) = q'(s)\,g'(s) \text{ pour } \mathcal{L}^1 - \text{presque tout } s \text{ de } I\!\!R. \end{cases}$$

On pourra se reporter à [109] (p. 72, en particulier) pour le détail des preuves. Cette observation est le point de départ de généralisations à la situation des systèmes hyperboliques.

On termine ce paragraphe en mettant en évidence la propriété de "propagation à vitesse finie" pour la solution du problème $(\mathcal{P})$, propriété déjà évoquée au §. 3.2. du chapitre 3 où, pour montrer le caractère hyperbolique de la propagation décrite par les équations paraboliques dégénérées de diffusion-transport, on a de fait construit une sous-solution à partir de la considération de l'équation hyperbolique de transport sous-jacente.

Proposition 4.5. Soit $u_0 \in \overline{BV}(\Omega) \cap L^\infty(\Omega)$ à valeur dans l'intervalle fermé J et soit $q = Lip_J(g)\,\||\nabla p|_2\|_{L^\infty(\Omega)}$, où $|\nabla p|_2 = \left(\displaystyle\sum_{i=1}^n \left|\frac{\partial p}{\partial x_i}\right|^2\right)^{1/2}$ désigne la norme euclidienne du vecteur ∇p dans $I\!\!R^n$.

Alors, pour tout réel k, $k \in J$, pour tout x_0, $x_0 \in \Omega$, pour tout ρ_0, $\rho_0 > 0$, tels que $B(x_0, \rho_0) \subset \Omega$,

$$\int_{B(x_0, \rho_0 - qs)} |u(s, x) - k|\,dx \leq \int_{B(x_0, \rho_0)} |u_0(x) - k|\,dx,$$

pour tout $s \in]0, T[$ vérifiant $\rho_0 - qs > 0$.

Démonstration. On considère $s \in]0, T[$ vérifiant $\rho_0 - qs > 0$ et $\{\omega_\delta\}$ une suite régularisante sur $I\!\!R$. On note, pour tout réel δ, $\delta > 0$, α_δ la fonction définie sur $I\!\!R$ par

$$\alpha_\delta(\tau) = \int_{-\infty}^\tau \omega_\delta(r)\,dr,$$

et on choisit dans (4.19) ϕ telle que

$$\phi(t, x) = \alpha_\delta(s - t)\left[1 - \alpha_\delta\left(|x - x_0|_2 - \rho_0 + qt\right)\right].$$

Pour δ suffisamment petit, la fonction ϕ est à support compact dans $[0, T[\times \Omega$. Il résulte donc de (4.19) l'inégalité

$$\int_Q |u - k|\,\omega_\delta(s - t)\left[1 - \alpha_\delta\left(|x - x_0|_2 - \rho_0 + qt\right)\right]\,dx\,dt$$

$$\leq \int_\Omega |u_0 - k|\left[1 - \alpha_\delta\left(|x - x_0|_2 - \rho_0\right)\right]\,dx,$$

puisque, par définition de q,

$$q\,|u - k| + sign\,(u - k)\,[g\,(u) - g\,(k)]\left(\nabla p.\frac{x - x_0}{|x - x_0|_2}\right) \geq 0.$$

En faisant alors tendre δ vers 0_+, il vient,

$$\int_{B(x_0,\rho_0 - qs)} |u\,(s, x) - k|\,dx \leq \int_{B(x_0,\rho_0)} |u_0\,(x) - k|\,dx.$$

En conséquence,

si $u_0\,(x) = k$, $\mathcal{L}^n$−presque partout sur $B\,(x_0, \rho_0)$, alors pour tout $s \in\,]0, T[$ vérifiant $\rho_0 - qs > 0$, $u\,(s, x) = k$, $\mathcal{L}^n$−presque partout sur $B\,(x_0, \rho_0 - qs)$.

4.3. Comparaison des modèles de diffusion-convection à diffusion lente et des modèles de transport

L'objet de ce paragraphe est de comparer les différents modèles Dead oil incompressibles non thermiques obtenus selon que l'on prend en compte ou pas l'action des forces capillaires. On revient pour cela aux problèmes de diffusion-convection étudiés au chapitre 3 relatifs à l'équation de continuité rappelée et numérotée en début du présent chapitre

$$(4.2) \qquad \frac{\partial u_\kappa}{\partial t} - \kappa\,\Delta\,\varphi(\,u_\kappa) - \mathbf{div}\,(\frac{d}{2}\,\psi(u_\kappa)\,\nabla p) \;=\; 0,$$

où κ est un paramètre strictement positif destiné à tendre vers 0, p vérifie la condition (4.17), φ et ψ sont deux fonctions à valeur réelle définies sur $[0, 1]$ telles que

$$\begin{cases} \varphi \text{ est de classe } C^1 \text{ sur } [0, 1], \text{ strictement croissante,} \\ \varphi' \text{ s'annule sur un ensemble de points } \mathcal{L}^1 - \text{négligeable,} \\ \varphi^{-1} \text{ est höldérienne,} \\ \psi \text{ est lipschitzienne sur } [0, 1] \text{ telle que,} \\ \forall r \in [0, 1],\ \psi\,(0) \leq \psi\,(r) \leq \psi\,(1). \end{cases}$$

On rappelle qu'en outre, $\varphi\,(0) = \varphi'\,(0) = 0$, $\psi\,(0) = -1$, $\psi\,(1) = 1$, $\psi \circ \varphi^{-1}$ est höldérienne d'exposant $(1/2)$.

Cette équation de continuité est observée à partir d'un état initial u_0 vérifiant, sauf mention contraire, la seule **hypothèse générale**,

$$u_0 \in \overline{BV}\,(\Omega) \cap L^\infty\,(\Omega),\ 0 \leq u_0 \leq 1\ \mathcal{L}^n\text{−p.p. dans } \Omega,$$

complétée dans certains cas par la condition:

$$(4.34) \qquad u_0 \in V \text{ où } V = \{v \in H^1\,(\Omega)\,;\,v\,|_{\Gamma_e} = 0\}\,,\ \nabla u_0 \in \overline{BV}\,(\Omega)^n,$$

qui entraîne, dès que φ est de classe C^2, la propriété

$$\forall \kappa > 0, \ \mathbf{U}_{0,\kappa} = \kappa \nabla \varphi (u_0) + \frac{d}{2} \psi (u_0) \nabla p \in \overline{BV} (\Omega)^n$$

introduite en hypothèse au cours du chapitre 3.

Alors, le modèle principalement considéré au chapitre 3 est celui avec effet de puits qui est régi par une inéquation variationnelle, suite au type de condition imposée sur Γ_s. Cependant, au paragraphe 3.4., le cas particulier de l'imbibition pour lequel l'équation (4.2) est associée à des conditions de bord de Dirichlet homogènes (alors $V = H_0^1 (\Omega)$) a aussi été examiné. C'est pourquoi on propose ici de comparer ces deux types de modèles, où les effets de la capillarité sont pris en considération, au modèle hyperbolique du premier ordre associé à l'équation

$$(4.1) \qquad \frac{\partial u}{\partial t} - \mathbf{div} \left(\frac{d}{2} \psi(u) \nabla p \right) = 0,$$

que l'on obtient lorsqu'on ignore l'action des forces capillaires. La solution faible entropique du modèle hyperbolique associé à (4.1) est, selon la définition 4.2. et l'observation i), déterminée par $(\mathcal{P})$

$$(4.35) \quad
\begin{cases}
u \in \overline{BV} (Q) \cap L^\infty (Q), \\
\forall k \in [0,1], \ \forall \phi \in \mathcal{D} \left([0, T[\times \overline{\Omega} \right), \phi \geq 0, \\
\displaystyle \int_Q \left(|u - k| \frac{\partial \phi}{\partial t} - \frac{d}{2} sign (u - k) \left[\psi (u) - \psi (k) \right] \nabla p . \nabla \phi \right) dx dt \\
\displaystyle - \frac{d}{2} \int_0^T \int_\Gamma sign (k) \left[\psi (\gamma u) - \psi (k) \right] \phi \ (\nabla p . n) \ d\mathcal{H}^{n-1} dt \\
\displaystyle \hspace{3cm} + \int_\Omega |u_0 (x) - k| \phi (0, x) \ dx \geq 0 \ .
\end{cases}$$

Un parallèle entre les modèles paraboliques dégénérés et les modèles hyperboliques a déjà été fait au chapitre 3, §. 3.2., en mettant en évidence le caractère localement hyperbolique de la propagation pour les équations (4.2), en liaison avec la dégénérescence de leur terme de diffusion (*cf.* aussi J-L. Lions [131], p. 192).

Ici, **le résultat essentiel** est, pour les deux types de modèles de diffusion-convection relatifs à l'équation (4.2) considérés, **la propriété de convergence dans** $C \left([0, T] ; L^1 (\Omega) \right)$ de la suite généralisée des solutions $\{u_\kappa\}$ vers l'unique solution faible entropique du problème hyperbolique associé à (4.1), de donnée initiale u_0 et de conditions aux limites de Dirichlet homogènes, défini par (4.35).

Pour établir ces résultats, une adaptation de la preuve du théorème 4.1. à la situation présente est nécessaire. En effet, si on examine le cas particulier de l'imbibition, une nouvelle difficulté provient déjà de la présence dans l'équation (4.2) d'un terme de diffusion non linéaire et dégénéré, les conditions sur le bord Γ de Ω restant les mêmes que dans la situation observée au §. 4.2. Pour le modèle avec effet de puits, on est conduit à apporter, outre les modifications dues au caractère non linéaire et dégénéré du terme de diffusion, celles consécutives à la considération d'un nouveau type de condition de bord . Aussi, afin de clarifier l'exposé, on prend le parti de présenter d'abord le traitement du cas particulier de l'imbibition permettant d'illustrer les aménagements à apporter à la preuve du théorème 4.1. pour la prise en compte de termes de diffusion non linéaires et dégénérés. Ensuite, on en déduit le résultat pour le modèle Dead oil avec effet de puits et de capillarité, lorsque la fonction ψ est croissante, conformément à la pratique industrielle. Les méthodes utilisées pour résoudre ces deux problèmes font référence aux travaux de M-J. Jasor [115].

Problème de l'imbibition.
Dans cette partie, V est l'espace $H_0^1(\Omega)$.

On suppose d'abord φ de classe C^2 sur $[0,1]$ et (4.34). On sait, d'après les propositions 3.3., 3.4. et 3.5., que, pour tout κ, $\kappa > 0$, il existe une fonction u_κ et une seule telle que,

$$(4.36) \quad \begin{cases} u_\kappa \in L^\infty(Q),\ 0 \le u_\kappa \le 1,\ \mathcal{L}^{n+1} - \text{p.p. dans } Q, \\[2mm] \forall q \in [1, +\infty[\ ,\ u_\kappa \in \overline{BV}(0,T;L^1(\Omega)) \cap C([0,T];L^q(\Omega)), \\[2mm] \varphi(u_\kappa) \in L^2(0,T;V) \cap H^1(Q),\ \dfrac{\partial u_\kappa}{\partial t} \in L^\infty(0,T;L^1(\Omega)), \end{cases}$$

solution du problème $(\mathcal{P}_\kappa)$

$$\begin{cases} (4.2)\ \ \dfrac{\partial u_\kappa}{\partial t} - \kappa \Delta \varphi(u_\kappa) - \dfrac{d}{2}\mathbf{div}\,(\psi(u_\kappa)\nabla p) = 0\ \ \text{dans } \mathcal{D}'(Q), \\[3mm] u_\kappa(0,x) = u_0(x),\ \ \mathcal{L}^n - \text{p.p. dans } \Omega. \end{cases}$$

De plus (*cf.* proposition 3.4.), u_κ vérifie l'estimation

$$(3.5) \qquad \forall (s,t) \in [0,T]^2,\ s \le t\ ,\ \|u_\kappa(t) - u_\kappa(s)\|_{L^1(\Omega)} \le C_{0,\kappa}(t-s),$$

avec ici, comme $\varphi(u_0) \in H_0^1(\Omega)$, $C_{0,\kappa} = |\mathbf{div}\,U_{0,\kappa}|(\Omega)$.

Par ailleurs, on dispose (*cf.* proposition 3.3.) de l'estimation hilbertienne

$$\sqrt{\kappa}\,\|\varphi(u_\kappa)\|_{H^1(Q)} \le C,$$

C désignant une constante positive indépendante de κ.

On va compléter ces résultats par les propriétés énoncées à la

Proposition 4.6. Sous les conditions supplémentaires (4.34) et φ de classe C^2 sur $[0,1]$, pour tout κ, $\kappa > 0$,

$$u_\kappa \in L^\infty(0,T;W^{1,1}(\Omega)).$$

En outre, il existe une constante C, $C > 0$, telle que,

$$\forall \kappa > 0, \ \|u_\kappa\|_{L^\infty(0,T;W^{1,1}(\Omega))} \leq C \ \left(\|u_0\|_{BV(\Omega)} + \kappa \left| \Delta \varphi(u_0) \right|(\Omega) \right).$$

Démonstration. Le plan de la démonstration est le suivant :

(1) on établit que u_κ est un élément de $L^\infty \left(0,T; \overline{BV}(\Omega) \cap L^1(\Omega) \right)$ dont la norme est uniformément bornée. Pour cela, on reprend l'idée développée au chapitre 3 (démonstration de la proposition 3.3.) qui consiste, $\kappa > 0$ étant fixé, à introduire un problème approché du problème $(\mathcal{P}_\kappa)$, que l'on note $(\mathcal{P}_\kappa)_\beta$, par la méthode de viscosité artificielle, en remplaçant φ par une fonction φ_β telle que,

$$\forall \tau \in [0,1] \ , \varphi'_\beta(\tau) \geq \beta > 0,$$

et à obtenir sur la suite des solutions approchées une estimation du gradient dans $L^\infty \left(0,T;L^1(\Omega)^n \right)$ indépendante de β (et de κ).

(2) Par application de l'argumentation de Ph. Bénilan et R. Gariepy déjà utilisée à la proposition 3.5., on en déduit que,

$$\forall \kappa > 0, \ u_\kappa \in L^\infty \left(0,T;W^{1,1}(\Omega) \right).$$

Il résulte alors du point (1) une majoration uniforme de la norme de u_κ dans $L^\infty \left(0,T;W^{1,1}(\Omega) \right)$.

Développement du point (1).

a) On se place d'abord sous les conditions supplémentaires,

$$\begin{cases} \exists \beta > 0, \ \forall \tau \in [0,1], \ \varphi'(\tau) \geq \beta, \\ p \in C^3\left(\overline{\Omega}\right), \ \psi \in C^2([0,1]). \end{cases}$$

On déduit successivement de (4.36) et (4.2) que, pour tout κ, $\kappa > 0$,

$$u_\kappa \in H^1(Q), \varphi(u_\kappa) \in L^2\left(0,T;H^2(\Omega)\right).$$

On suit alors la méthode développée dans la preuve du théorème 4.1., en l'adaptant au cas présent, pour obtenir l'estimation du gradient de u_κ, en notant maintenant pour tout entier i fixé, $1 \leq i \leq n$,

$$w_i = \frac{\partial \varphi(u_\kappa)}{\partial x_i}.$$

La fonction $\Psi_i = -(\partial \setminus \partial x_i)(H_\epsilon(w_i))$ est dans $L^2(Q)$; on peut donc considérer, pour $t > 0$, le produit scalaire de $L^2(]0,t[\times \Omega)$ de Ψ_i avec (4.2). Il vient l'égalité,

$$\int_0^t \left(\frac{\partial u_\kappa}{\partial t}, \Psi_i \right) ds = \kappa \int_0^t \int_\Omega \Delta \varphi(u_\kappa) \, \Psi_i \, dx ds + \frac{d}{2} T_\epsilon$$

où

$$T_\varepsilon = \int_0^t \int_\Omega \mathbf{div}\left(\psi(u_\kappa)\,\nabla p\right)\Psi_i\;dxds.$$

Le résultat $(*_t)$ devient, en utilisant la relation $u_\kappa = \varphi^{-1}\left(\varphi\left(u_\kappa\right)\right)$,

$$\int_0^t \left(\frac{\partial u_\kappa}{\partial t}, \Psi_i\right) ds \geq \int_\Omega \left\{\left(\varphi^{-1}\right)'\left(\varphi\left(u_\kappa\left(t\right)\right)\right)\right\} I_\varepsilon\left(w_i\left(t\right)\right)\;dx$$
$$- \int_\Omega \left\{\left(\varphi^{-1}\right)'\left(\varphi\left(u_0\right)\right)\right\} I_\varepsilon\left(w_i\left(0\right)\right)\;dx - C_\varphi\,o(\varepsilon) \int_0^t \int_\Omega \left|\frac{\partial u_\kappa}{\partial t}\right| dxdt,$$

où $o(\varepsilon)$ dénote encore une fonction qui vérifie : $|o(\varepsilon)| \leq \varepsilon$, C_φ désigne une constante positive dépendant de β par l'intermédiaire de φ^{-1}. On remarquera que les propriétés de régularité indiquées sur u_κ et $\varphi(u_\kappa)$ ne permettent pas *a priori* d'obtenir l'inégalité précédente; il suffit pour la justifier d'approcher $\varphi(u_\kappa)$ dans l'espace usuel $W(0, T)$ avec

$$W(0, T) = \left\{v \in L^2\left(0, T; H^2(\Omega) \cap H_0^1(\Omega)\right); \frac{\partial v}{\partial t} \in L^2\left(0, T; L^2(\Omega)\right)\right\}$$

par une suite d'éléments de $\mathcal{D}\left([0, T]; H^2(\Omega) \cap H_0^1(\Omega)\right)$, vu la propriété de densité de cet espace dans $W(0, T)$.

Le résultat $(*_\Delta)$ devient

$$\int_0^t \int_\Omega \Delta\varphi(u_\kappa)\,\Psi_i\;dxds \leq c \int_0^t \int_\Gamma \left|\frac{\partial\varphi(u_\kappa)}{\partial n}\right| d\mathcal{H}^{n-1}ds,$$

où la constante c est encore celle du lemme 4.3, les calculs étant maintenant justifiés en approchant $\varphi(u_\kappa)$ dans $L^2\left(0, T; H^2(\Omega) \cap H_0^1(\Omega)\right)$ par une suite d'éléments de $L^2\left(0, T; C^2\left(\overline{\Omega}\right)\right)$ construite, par exemple, au moyen de la propriété de densité de $H^{m-2}(\Omega) \cap H_0^1(\Omega)$ dans $H^2(\Omega) \cap H_0^1(\Omega)$, où m est l'entier utilisé en début de §. 4.2.2. (p. 166) pour définir la régularité de l'ouvert Ω.

En utilisant à nouveau ce résultat d'approximation, on justifie la relation $(*_{\mathbf{div}})$ où la fonction g_κ est ici remplacée par $\psi \circ \varphi^{-1}$. On obtient

$$T_\varepsilon = \int_0^t \int_\Omega \left\{\left[\psi \circ \varphi^{-1}\right]'\left(\varphi(u_\kappa)\right)\right\} H_\varepsilon\left(w_i\right)\;\nabla\left(\frac{\partial p}{\partial x_i}\right).\nabla\varphi(u_k)\;dxds$$

$$+ \int_0^t \int_\Omega \mathbf{div}\left(\left\{\left[\psi \circ \varphi^{-1}\right]'\left(\varphi(u_\kappa)\right)\right\}\nabla p\right)o(\varepsilon)\;dxds$$

$$+ \int_0^t \int_\Gamma \left\{\left[\psi \circ \varphi^{-1}\right]'\left(\varphi(u_\kappa)\right)\right\}\left(\nabla p.\mathbf{n}\right)o(\varepsilon)\;d\mathcal{H}^{n-1}ds.$$

Les résultats $(*_t)$, $(*_\Delta)$ et $(*_{\mathbf{div}})$ étant obtenus, il suffit de suivre ensuite la preuve du théorème 4.1. pour aboutir à l'inégalité

$$\int_\Omega \left\{ \left(\varphi^{-1}\right)' \left(\varphi\left(u_\kappa\left(t\right)\right)\right) \right\} \left|\nabla\varphi\left(u_\kappa\right)\left(t\right)\right|\, dx$$

$$\leq \int_\Omega \left\{ \left(\varphi^{-1}\right)' \left(\varphi\left(u_0\right)\right) \right\} \left|\nabla\varphi\left(u_0\right)\right|\, dx + \kappa c \int_0^t \int_\Omega \left|\Delta\varphi\left(u_\kappa\right)\right| dx ds$$

$$+ C\left(\|p\|_{W^{2,+\infty}(\Omega)} \right) \int_0^t \int_\Omega \left| \left[\psi\circ\varphi^{-1}\right]' \left(\varphi(u_\kappa)\right) \right|\, \left|\nabla\varphi\left(u_\kappa\right)\right| dx ds.$$

Par utilisation de la propriété 2.2. et de l'équation (4.2), on a finalement l'inégalité

$$\int_\Omega \left|\nabla u_\kappa\left(t\right)\right|\, dx \leq \int_\Omega \left|\nabla u_0\right|\, dx + c \int_0^t \int_\Omega \left|\frac{\partial u_\kappa}{\partial t}\right| dx ds$$

$$+ C\left(Lip\left(\psi\right), \|p\|_{W^{2,+\infty}(\Omega)} \right) \int_0^t \int_\Omega \left|\nabla u_\kappa\right| dx ds.$$

Il en découle, par utilisation de (3.5), puis par application du lemme de Gronwall-Bellman, l'estimation

$$\|u_\kappa\|_{L^\infty(0,T;W^{1,1}(\Omega))} \leq C \left(\|u_0\|_{BV(\Omega)} + \kappa \left|\Delta\varphi\left(u_0\right)\right|(\Omega) \right),$$

où la constante C ne dépend ni de κ, ni de φ et dépend de p et ψ par l'intermédiaire de $\|p\|_{W^{2,+\infty}(\Omega)}$ et $Lip(\psi)$.

b) On se place maintenant sous les hypothèses de la proposition. On considère, β étant un paramètre, $\beta > 0$,

$\{\psi_\beta\}$, $\{p_\beta\}$ deux suites vérifiant relativement à l'indice β, respectivement (4.22) où g est remplacée par ψ et (4.23),

$\{\varphi_\beta\}$ la suite de fonctions de classe C^2 sur $[0,1]$ définie par

$$\varphi_\beta = \varphi + \beta \mathbf{I}_{d_{[0,1]}}.$$

Le problème $(\mathcal{P}_\kappa)_\beta$ régularisé correspondant à u_0, ψ_β, p_β et φ_β admet une solution unique $u_{\kappa,\beta}$ à laquelle on peut appliquer le résultat a) ; donc, il existe une constante C, $C > 0$, indépendante de β par (4.22), (4.23), et indépendante de κ telle que,

$$\|u_{\kappa,\beta}\|_{L^\infty(0,T;W^{1,1}(\Omega))} \leq C \left(\|u_0\|_{BV(\Omega)} + \kappa \left|\Delta\varphi_\beta\left(u_0\right)\right|(\Omega) \right).$$

Or (cf. chapitre 3, p. 115), la suite généralisée $\{u_{\kappa,\beta}\}_{\beta>0}$ converge dans l'espace $C\left([0,T];L^1\left(\Omega\right)\right)$ vers u_κ. Il résulte alors du lemme 4.1. que,

$$u_\kappa \in L^\infty\left(0,T;\overline{BV}\left(\Omega\right)\cap L^1\left(\Omega\right)\right) \text{ et } \mathcal{L}^1 - \text{p.p. sur }\left]0,T\right[$$

$$\|u_\kappa\left(t\right)\|_{BV(\Omega)} \leq C \left(\|u_0\|_{BV(\Omega)} + \kappa \left|\Delta\varphi\left(u_0\right)\right|(\Omega) \right).$$

Développement du point (2). La fonction φ est de classe C^1 telle que $\varphi' > 0$, $\mathcal{L}^1$–p.p. sur $]0, 1[$. On sait qu'alors ([32], lemme 3.1) φ^{-1} est une application absolument continue sur $[0, \varphi(1)]$. Pour chaque entier i, $1 \leq i \leq n$, la conjonction des propriétés,

$$\frac{\partial \varphi(u_\kappa)}{\partial x_i} \in L^1(Q) \ \text{ et } \ u_\kappa \in \overline{BV}(Q) \cap L^1(Q)$$

implique, en utilisant le corollaire 2.2 du théorème 1.1 de [32], le résultat :

$$\frac{\partial u_\kappa}{\partial x_i} \in L^1(Q).$$

La proposition 4.6. découle alors de l'égalité maintenant satisfaite,

$$TV_\Omega(u_\kappa(t)) = \int_\Omega |\nabla u_\kappa(t)| \, dx.$$

On est en mesure d'établir **sous les hypothèses générales** le

Théorème 4.2. La suite généralisée $\{u_\kappa\}_{\kappa>0}$ des solutions des problèmes $(\mathcal{P}_\kappa)$ converge dans $C([0, T]; L^1(\Omega))$ vers l'unique solution u du problème du premier ordre $(\mathcal{P})$ défini par (4.35).

Démonstration. (1) Sous les conditions (4.34) et φ est de classe C^2 sur $[0, 1]$, on dispose encore du résultat du lemme 4.4., suite à la proposition 4.6. et à (3.5). Il reste à prouver que tout point d'accumulation u de la suite $\{u_\kappa\}$ vérifie (4.35). Pour cela, on suit la démonstration du théorème 4.1. (construction de u) en remplaçant la fonction-test $H_\varepsilon(u_\kappa - k)\phi$ par $H_\varepsilon(\varphi(u_\kappa) - \varphi(k))\phi$, la fonction g_κ étant ici la fonction $(-d \setminus 2)\psi$ et le réel k étant fixé dans $[0, 1]$.

En effet, comme φ est strictement croissante et u_κ a ses dérivées distributions régulières, éléments de $L^\infty(0, T; L^1(\Omega))$, on peut écrire,

$$\lim_{\varepsilon \to 0_+} \int_Q -H_\varepsilon(\varphi(u_\kappa) - \varphi(k)) \frac{\partial u_\kappa}{\partial t} \phi \, dx dt = \int_Q -sign(u_\kappa - k) \frac{\partial u_\kappa}{\partial t} \phi \, dx dt$$

et

$$\lim_{\varepsilon \to 0_+} \int_Q H_\varepsilon(\varphi(u_\kappa) - \varphi(k)) (\nabla \psi(u_\kappa).\nabla p) \, \phi \, dx dt$$
$$= \int_Q sign(u_\kappa - k) (\nabla \psi(u_\kappa).\nabla p) \, \phi \, dx dt.$$

Alors, la suite des calculs effectués sur les deux expressions obtenues ci-dessus peut être reconduite. En outre, le terme $T_{\kappa,\varepsilon}$, où u_κ est ici remplacé par $\varphi(u_\kappa)$, vérifie (4.28). On en déduit donc que tout point d'accumulation de la suite $\{u_\kappa\}$ est l'unique solution du problème $(\mathcal{P})$. En conséquence, la suite généralisée $\{u_\kappa\}$ converge vers l'unique solution u du problème $(\mathcal{P})$ dans $C([0, T]; L^1(\Omega))$.

(2) Sous les hypothèses générales, on sait d'après la proposition 3.3. que le problème $(\mathcal{P}_\kappa)$ admet une solution u_κ telle que, pour tout $t \geq 0$, l'application $S(t) : u_0 \to u_\kappa(t,.)$ définit un semi-groupe continu de T-contractions dans $L^1(\Omega)$. Par ailleurs, la propriété de T-contraction est également vérifiée par la solution du problème $(\mathcal{P})$ (théorème 4.1.). Alors en approchant dans $L^1(\Omega)$ u_0 par une suite $\{u_{0,\beta}\}$ d'éléments de $\mathcal{D}(\Omega)$ (cf. (4.21)), on déduit le résultat de convergence de $\{u_\kappa\}$ vers u dans $C([0,T]; L^1(\Omega))$ des inégalités vérifiées pour tout $\beta > 0$ et tout $t \in [0, T]$

$$|u_\kappa(t) - u(t)| \leq 2\,|u_0(t) - u_{0,\beta}(t)| + |u_{\kappa,\beta}(t) - u_\beta(t)|.$$

Problème avec effet de puits

On considère maintenant le modèle avec effet de puits. On suppose pour cette étude la fonction ψ **croissante** sur $[0, 1]$.

En conséquence, on pose comme au chapitre 3,

$$V = \{v \in H^1(\Omega); \ v\,|_{\Gamma_e} = 0\}\ ,\ K = \{v \in V; \ v\,|_{\Gamma_s} \geq 0\}.$$

On considère d'abord la situation où φ est de classe C^2 sur $[0, 1]$ et u_0 vérifie (4.34). Pour tout $\kappa > 0$, il existe une solution u_κ et une seule vérifiant les propriétés (4.36), solution du problème $(\mathcal{P}_\kappa)$ formulé par

$$(4.37) \quad \begin{cases} \text{presque partout sur }]0, T[,\ \varphi(u_\kappa(t)) \in K \text{ et} \\ \forall v \in K, \\ < \dfrac{\partial u_\kappa}{\partial t}, v - \varphi(u_\kappa) > + \kappa \displaystyle\int_\Omega \nabla \varphi(u_\kappa).\nabla(v - \varphi(u_\kappa))\ dx \\ \quad + \dfrac{d}{2} \displaystyle\int_\Omega (\psi(u_\kappa) - 1)\nabla p.\nabla(v - \varphi(u_\kappa))\,dx \geq 0, \\ u_\kappa(0, x) = u_0(x)\ ,\ \mathcal{L}^n - \text{p.p. dans } \Omega, \end{cases}$$

où la notation $< ., . >$ désigne le produit de dualité V', V.

En outre, l'estimation

$$(3.5) \qquad \forall (s,t) \in [0,T]^2\ ,\ s \leq t\ ,\ \|u_\kappa(t) - u_\kappa(s)\|_{L^1(\Omega)} \leq C_{0,\kappa}(t - s),$$

est encore vérifiée, la constante $C_{0,\kappa}$ étant maintenant donnée par

$$C_{0,\kappa} = |\mathbf{div}\mathbf{U}_{0,\kappa}|(\Omega) + \int_{\Gamma_l \cup \Gamma_s} |\gamma(\mathbf{U}_{0,\kappa}).\mathbf{n}|\ d\mathcal{H}^{n-1} + \frac{1}{2}\int_{\Gamma_e} f\ d\Gamma.$$

Par ailleurs,

$$\sqrt{\kappa}\,\|\varphi(u_\kappa)\|_{H^1(Q)} \leq C,$$

où C est une constante indépendante de κ.

On propose d'établir la convergence dans $C([0,T]; L^1(\Omega))$ de la suite $\{u_\kappa\}$ vers l'unique solution u du problème $(\mathcal{P})$ défini par (4.35), en comparant u_κ

à l'unique solution w_κ du problème de conditions aux limites de Dirichlet homogènes associé à l'équation (4.2) et à la donnée initiale u_0. En effet, d'après le théorème 4.2., la suite $\{w_\kappa\}$ converge dans $C\left([0,T];L^1(\Omega)\right)$ vers l'unique solution u du problème $(\mathcal{P})$. Il suffit donc de prouver que $\{u_\kappa - w_\kappa\}$ converge vers 0 dans $C\left([0,T];L^1(\Omega)\right)$.

Pour cela, on va s'intéresser à la norme dans $C\left([0,T];L^1(\Omega)\right)$ de $\zeta\left(u_\kappa - w_\kappa\right)$, pour des fonctions ζ nulles sur $\Gamma \setminus \Gamma_e$, de manière à neutraliser la différence de comportement de u_κ et w_κ sur la partie $\Gamma_l \cup \Gamma_s$ de Γ. Cela conduit à considérer des fonctions ζ de ce type qui sont de plus décroissantes le long des caractéristiques du champ de vecteurs $(-\nabla p)$. Aussi, en se référant aux travaux de F. Mignot et J-P. Puel [142'], puisque $(-\nabla p)$ est, par l'hypothèse (4.18), un champ de vecteurs de classe C^1 sur $\overline{\Omega}$, on introduit la partie Γ_- de Γ définie par

$$\Gamma_- = \{x \in \Gamma_e \; ; \; f(x) > 0\} = \{x \in \Gamma_e \; ; (-\nabla p).\mathbf{n} < 0\}.$$

D'après la condition (4.18), f est au moins élément de $H_0^2(\Gamma_e)$; donc $\overline{\Gamma_-}$ est inclus dans Γ_e.

On suppose alors que $(-\nabla p)$ vérifie la condition supplémentaire,

"pour $\mathcal{L}^n$-presque tout point x de Ω, la caractéristique du champ $(-\nabla p)$ passant par x rencontre Γ_-".

Une condition suffisante pour que cette propriété soit satisfaite est qu'il existe un vecteur $\mathbf{z} \in I\!\!R^n$ tel que,

$$\forall x \in \overline{\Omega}, \; \nabla p.\mathbf{z} \neq 0.$$

Cette condition est satisfaite par la solution p du problème (3.2), dans le cas d'un ouvert Ω monodimensionnel, puisqu'alors $\dfrac{\partial p}{\partial x}$ est une constante non nulle. Lorsque Ω est un ouvert de dimension quelconque, il est raisonnable de conjecturer, dans le cas d'une géométrie de l'ouvert Ω suffisamment régulière, que cette hypothèse est encore satisfaite par la solution p du problème (3.2).

Alors, on peut construire une suite de fonctions $\{\zeta_\delta\}_{\delta > 0}$ dans $W^{2,+\infty}(\Omega)$, ζ_δ étant, pour chaque $\delta > 0$, nulle sur $\Gamma \setminus \Gamma_e$ et telle que

$$\left\{ \begin{array}{ll} (4.38) & 0 \leq \zeta_\delta \leq 1, \; (-\nabla p).\nabla \zeta_\delta \leq 0 \text{, sur } \Omega, \\ & \zeta_\delta \to 1, \; \mathcal{L}^n - \text{presque partout sur } \Omega. \end{array} \right.$$

On se place d'abord dans la situation plus simple où la fonction $\gamma = \psi \circ \varphi^{-1}$ est lipschitzienne (cas faiblement dégénéré ou approché par l'argument de viscosité artificielle). On considère, pour $\delta > 0$ fixé, la fonction $\zeta_\delta \, H_\epsilon[\varphi(u_\kappa) - \varphi(w_\kappa)]$, élément de $L^2\left(0,T;H_0^1(\Omega)\right)$. On convient de noter

$$\pi_\kappa = \varphi(u_\kappa) - \varphi(w_\kappa).$$

On peut donc choisir dans (4.37), $v = \varphi(u_\kappa) \pm \zeta_\delta \, H_\epsilon[\pi_\kappa]$. Par ailleurs, on considère l'égalité (4.2) vérifiée par w_κ et on la multiplie, au sens du produit de dualité H^{-1}, H_0^1, par $\zeta_\delta\, H_\epsilon\, [\pi_\kappa]$. Il vient, en remarquant que $\dfrac{\partial u_\kappa}{\partial t}$ et $\dfrac{\partial w_\kappa}{\partial t}$ sont éléments de $L^\infty\left(0, T; L^1(\Omega)\right)$ et $\psi(u_\kappa)$ et $\psi(w_\kappa)$ sont dans $H^1(Q)$ dès lors que $\psi \circ \varphi^{-1}$ est lipschitzienne,

$$
\int_0^t \int_\Omega \frac{\partial}{\partial t} (u_\kappa - w_\kappa)\, \zeta_\delta\, H_\epsilon\, [\pi_\kappa]\ dx ds + \kappa \int_0^t \int_\Omega \zeta_\delta\, H_\epsilon'\, [\pi_\kappa]\ |\nabla \pi_\kappa|^2\ dx ds
$$

$$
= -\kappa \int_0^t \int_\Omega H_\epsilon\, [\pi_\kappa]\ \nabla \zeta_\delta . \nabla \pi_\kappa\ dx ds
$$

$$
+ \frac{d}{2} \int_0^t \int_\Omega H_\epsilon\, [\pi_\kappa]\, \nabla\left(\psi(u_\kappa) - \psi(w_\kappa)\right) . \nabla p\, \zeta_\delta\ dx ds.
$$

La fonction H_ϵ est croissante et $\sqrt{\kappa}\,\pi_\kappa$ est borné dans l'espace $L^2\left(0, T; H^1(\Omega)\right)$, indépendamment de κ, ε, ψ et φ. On en déduit que,

$$
\int_0^t \int_\Omega \frac{\partial}{\partial t} (u_\kappa - w_\kappa)\, \zeta_\delta\, H_\epsilon\, [\pi_\kappa]\ dx ds
$$

$$
\leq C_\delta \sqrt{\kappa} + \frac{d}{2} \int_0^t \int_\Omega H_\epsilon\, [\pi_\kappa]\, \nabla\left(\psi(u_\kappa) - \psi(w_\kappa)\right) . \nabla p\, \zeta_\delta\ dx ds,
$$

où C_δ dépend de δ mais est indépendante de κ, ε, ψ et φ.

La fonction φ est strictement croissante, la fonction ψ est croissante et, d'après la proposition 2.2.,

$$
\nabla \psi(u_\kappa) = \nabla \psi(w_\kappa)\ ,\ \mathcal{L}^{n+1}-\text{p.p. sur}\ \{(t, x) \in Q; \psi(u_\kappa(t, x)) = \psi(w_\kappa(t, x))\}\,.
$$

Alors, par passage à la limite en ε, il vient,

$$
\int_0^t \int_\Omega \frac{\partial}{\partial t} (u_\kappa - w_\kappa)\, \zeta_\delta\, sign\, (u_\kappa - w_\kappa)\ dx ds \leq C_\delta \sqrt{\kappa}
$$

$$
+ \frac{d}{2} \int_0^t \int_\Omega sign\left(\psi(u_\kappa) - \psi(w_\kappa)\right) \nabla\left(\psi(u_\kappa) - \psi(w_\kappa)\right) . \nabla p\, \zeta_\delta\ dx ds.
$$

En appliquant à nouveau la proposition 2.2., on peut écrire

$$
\int_0^t \int_\Omega \zeta_\delta\, \frac{\partial}{\partial t}\, |u_\kappa - w_\kappa|\ dx ds
$$

$$
\leq C_\delta \sqrt{\kappa} + \frac{d}{2} \int_0^t \int_\Omega \nabla\, |\psi(u_\kappa) - \psi(w_\kappa)| . \nabla p\, \zeta_\delta\ dx ds.
$$

On obtient finalement, puisque ζ_δ vérifie (4.38),

$$
(4.39) \quad \forall t \in [0, T], \qquad \int_\Omega \zeta_\delta\, |u_\kappa(t) - w_\kappa(t)|\ dx \leq C_\delta \sqrt{\kappa}.
$$

L'estimation (4.39) est indépendante de ψ et φ; par conséquent elle demeure vraie dans le cas général en régularisant, sur l'intervalle $[0, \varphi(1)]$, la fonction continue $\gamma = \psi \circ \varphi^{-1}$ par une suite de fonctions lipschitziennes ou bien, par l'argument de viscosité artificielle, en approchant φ par la suite $\{\varphi_\beta\}$ considérée ci-dessus, p. 163.

En conséquence on peut écrire dans le cas général, pour tout $\delta > 0$,

$$\lim_{\kappa \to 0+} \sup_{t \in [0,T]} \int_\Omega \zeta_\delta \left| u_\kappa(t) - w_\kappa(t) \right| \, dx = 0.$$

En remarquant que $\left| u_\kappa(t) - w_\kappa(t) \right| \le 1$, on dispose de la relation

$$\int_\Omega \left| u_\kappa(t) - w_\kappa(t) \right| \, dx \le \int_\Omega \left(1 - \zeta_\delta \right) \, dx + \int_\Omega \zeta_\delta \left| u_\kappa(t) - w_\kappa(t) \right| \, dx.$$

Il en résulte, vu la propriété de convergence de la suite $\{\zeta_\delta\}$ vers 1, que $u_\kappa - w_\kappa$ converge vers 0 dans $C\left([0,T]; L^1(\Omega)\right)$.

On a donc précisé quand u_0 vérifie la condition (4.34) et φ est de classe C^2 sur $[0,1]$ le comportement des solutions du problème unilatéral modélisant un effet de puits, lorsque l'influence de la capillarité, cause essentielle de cet effet sélectif d'extrémité, devient négligeable. En procédant comme au point (2) de la démonstration du théorème 4.2., par utilisation des propriétés de T-contraction encore vérifiées ici, on obtient **sous les hypothèses générales** le

Théorème 4.3. La suite $\{u_\kappa\}$ converge dans $C\left([0,T]; L^1(\Omega)\right)$ vers l'unique solution faible entropique du problème hyperbolique du premier ordre défini par (4.35).

Remarque. i) On peut étendre le résultat du théorème 4.3. à toute suite $\{u_\kappa\}$ de fonctions vérifiant les conditions

$$\begin{cases} 0 \le u_\kappa \le 1, \ \mathcal{L}^{n+1} - \text{p.p. dans } Q, \ \dfrac{\partial u_\kappa}{\partial t} \in L^\infty\left(0,T; L^1(\Omega)\right), \\ \{\sqrt{\kappa}\varphi(u_\kappa)\}_\kappa \text{ est bornée dans } L^2\left(0,T; H^1(\Omega)\right), \ u_\kappa \mid_{\Gamma_e} = 0, \end{cases}$$

et l'égalité (4.2) dans $\mathcal{D}'(Q)$, quel que soit le type de conditions aux limites imposées sur la partie $\Gamma \setminus \Gamma_e$ de Γ.

Il suffit, en effet, de reprendre la même démonstration.

On peut comprendre, en examinant le problème du premier ordre défini par (4.35), l'importance de la partie Γ_-. En effet, d'après la remarque 4.3., la condition vérifiée sur Γ par la solution u du problème (P) défini par (4.35) est, $\mathcal{H}^{n-1} \lfloor \Gamma-$presque partout,

$$\forall k \in [0,1], \ (sign(\gamma u - k) + sign(k)) \left[\psi(\gamma u) - \psi(k)\right] (-\nabla p.\mathbf{n}) \ge 0,$$

ou, de manière équivalente,

$$\forall k \in [0, \gamma u], \ sign(\gamma u - k) \left[\psi(\gamma u) - \psi(k)\right] (-\nabla p.\mathbf{n}) \ge 0,$$

c'est-à-dire, par la monotonie de ψ,

$$\forall k \in [0, \gamma u], \qquad |\psi(\gamma u) - \psi(k)| \, (-\nabla p.\mathbf{n}) \geq 0.$$

En remarquant que sur $\Gamma \setminus \Gamma_-$, $(-\nabla p.\mathbf{n}) \geq 0$, on constate que la solution u vérifie, de fait, une condition de Dirichlet uniquement sur le partie Γ_- de Γ. C'est pourquoi la théorie présentée permet de prendre en compte tout problème aux limites associé à l'équation de continuité (4.2), pourvu que, sur la partie Γ_-, soit imposée la condition de Dirichlet homogène.

   ii) On peut montrer, ici encore lorsque u_0 vérifie la condition (4.34) et φ est de classe C^2 sur $[0,1]$, une propriété de régularité sur le gradient de u_κ, en introduisant une fonction ζ vérifiant (4.38), nulle sur un voisinage dans Γ de $\overline{\Gamma_l \cup \Gamma_s}$. En effet, pour le problème approché par la méthode de viscosité artificielle, les conditions aux limites étant de type mêlé, on peut seulement dire que, *a priori*,

$$\varphi(u_\kappa) \in L^2\left(0, T; H^{(3\backslash 2)-\eta}(\Omega)\right), \text{ pour tout } \eta > 0.$$

Cependant, la régularité de l'ouvert Ω, le fait que la trace de u_κ est nulle sur Γ_e et l'appartenance à $L^2(Q)$ de $\dfrac{\partial}{\partial t} u_\kappa$ permettent d'utiliser les résultats sur les problèmes elliptiques de O.A. Ladyzenskaya et N.N. Ural'Ceva [123] (théorème 10.1, p. 173). On a le

Lemme 4.5. Pour toute fonction ζ régulière sur Ω ($\zeta \in W^{2,+\infty}(\Omega)$ convient), nulle à l'extérieur d'un sous-domaine Ω' de Ω, "régulier", tel que $\overline{\partial \Omega' \cap \Gamma} \subset \Gamma_e$,

$$\zeta \varphi(u_\kappa) \in L^2\left(0, T; H^2(\Omega)\right).$$

En tenant compte de ce résultat de régularité, on peut mener des calculs, alourdis par la présence de ζ, mais analogues à ceux de la proposition 4.6., en considérant, pour le problème approché par la méthode de viscosité artificielle, la fonction

$$\Psi_i = -\frac{\partial}{\partial x_i}\left(\zeta \, H_\epsilon(w_i)\right) \text{ où } w_i = \frac{\partial \varphi(u_\kappa)}{\partial x_i}.$$

On peut se reporter aux travaux de M.J. Jasor [115] pour le détail des preuves.

Le résultat obtenu est le suivant :

$$u_\kappa \in L^\infty\left(0, T; W^{1,1}(\Omega')\right),$$

pour tout sous-domaine Ω' de Ω, "régulier", tel que $\overline{\partial \Omega' \cap \Gamma} \subset \Gamma_e$. En particulier,

$$u_\kappa \in L^\infty\left(0, T; W^{1,1}_{loc}(\Omega)\right).$$

De plus, $\{u_\kappa\}$ est une suite bornée de $L^\infty\left(0, T; W^{1,1}(\Omega')\right)$, pour tout Ω' fixé.

En conclusion, l'étude présentée dans ce chapitre est celle d'un phénomène de **perturbations singulières** puisqu'il est établi une propriété de convergence des solutions d'équations aux dérivées partielles du second ordre vers celle d'une équation du premier ordre. Il serait intéressant de comparer la solution du problème du second ordre, avec effet de puits, à la solution faible entropique du problème du premier ordre au voisinage des puits de production, c'est-à-dire, sur la partie Γ_s de la frontière de l'ouvert Ω, correspondant à la zone où peut apparaître un phénomène de **couche-limite**. Cette analyse n'est pas entreprise ici; seule une étude comparative des instants de percée du fluide mouillant déplaçant a été envisagée au §. 3.3. du chapitre 3. Il s'agit là d'une des nombreuses directions de recherches nouvelles que cet ouvrage a indiquées, en mettant en relief la nécessité d'entreprendre d'autres études théoriques pour éprouver la cohérence des modèles présentés, assurer la maîtrise des techniques numériques de simulation et encourager l'examen de modélisations plus complexes par des outils plus élaborés de l'analyse fonctionnelle et de l'analyse numérique.

BIBLIOGRAPHIE

[1] **AGUILAR VILLA G.** : *Sobre el acoplamiento de ecuaciones elípticas e hiperbólicas: un analisis basado en técnicas de perturbación singular.* Thèse, Université de Saragosse, 1992.

[2] **AGUILAR VILLA G., LISBONA F.** : *On the coupling of elliptic and hyperbolic nonlinear differential equations.* M2AN, Vol. 28, n° 4, pp. 399-418, 1994.

AGUILAR VILLA G., LISBONA F. , MADAUNE-TORT M. : *Analysis of a nonlinear parabolic hyperbolic problem.* Advances in Mathematical Sciences and Applications. A paraître.

[3] **ALLAIRE G.** : *Homogénéisation et convergence à deux échelles; application à un problème de convection-diffusion.* C. R. Acad. Sci. Paris, t. 312, I, pp. 581-586, 1991.

[4] **ALLAIRE G.** : *Homogenization and two-scale convergence.* SIAM J. Math. Anal., 23, pp. 1482-1518, 1992.

[5] **ALT H.-W., DI BENEDETTO L.** : *Nonsteady flow of water and oil through inhomogeneous porous media.* Ann. Scuola Norm. Sup. Pisa, vol. 12, 4, pp. 335-392, 1985.

[6] **ALT H.-W., LUCKHAUS S.** : *Quasilinear elliptic-parabolic differential equations.* Math. Zeitschrift, 183, pp. 311-341, 1983.

[7] **ALVAREZ L., DIAZ J.I., KERSNER R.** : *On the initial growth of the interfaces in nonlinear diffusion-convection processes. Nonlinear diffusion Equations and their equilibrium states.* Proceedings from a Conference- Held 1986, vol. 1, Springer-Verlag, W.M. Ni Editor, 1988.

[8] **AMAZIANE B.** : *Application des techniques d'homogénéisation aux écoulements diphasiques incompressibles en milieu poreux.* Thèse, Univ. Claude Bernard Lyon I, 1988.

[9] **AMAZIANE B., BOURGEAT A., EL AMRI H.** : *Un résultat d'existence pour un modèle d'écoulement diphasique dans un gisement à plusieurs types de roches.* Publication du Laboratoire d'Analyse Numérique, n° 90-17, Univ. de Pau, pp. 1-23, 1990.

[10] **AMBROSIO L., DAL MASO G.** : *A general chain rule for distributional derivatives.* Proceedings of the American Mathematical Society, Vol. 108, n° 3, pp. 691-702, 1990.

[11] **ANTONIC N.** : *Memory effects in homogenization: linear second-order equations.* Arch. Rational Mech. Anal., 125, pp. 1-24, 1993.

[12] **ANTONTSEV S.N., DIAZ J.I.** : *Space and time localization in the flow of two immiscible fluids through a porous medium : energy methods applied to systems.* Nonlinear Analysis, Theory, Methods & Applications, vol. 16, n° 4, pp. 299-313, 1991.

Energy Methods for Free Boundary Problems in Continuum Mechanics. Livre à paraître aux éditions Birkhäuser Verlag.

[13] **ANTONTSEV S.N., DIAZ J.I.** : *New results on localization of solutions of nonlinear elliptic and parabolic equations obtained by the energy method.* Soviet Math. Dokl., vol. 38, n° 3, pp. 535-539, 1989.

[14] **ANTONTSEV S.N., DIAZ J.I. et DOMANSKY A.V.** : *Stability and stabilization of generalized solutions of degenerating problems in two-phase filtration.* Dokl. Akad. Nauk. U.S.S.R., V.325, n° 6, pp. 1151-1155, 1992.

[15] **ANTONTSEV S.N., DOMANSKY A.V.** : *Uniqueness generalizated solutions of degenerate problem two phase filtration . Numerical methods mechanics in continuum medium*, Collection Sciences Research, Sbornik, t. 15, n° 6 (1984), pp. 15-28 (en russe).

[16] **ANTONTSEV S.N., KAZHIKHOV A.V., MONAKHOV V.N.** : *Boundary value problems in mechanics of nonhomogeneous fluids.* Studies in Math. and its Appl., North-Holland 22, 1990.

[17] **ANTONTSEV S.N., MONAKHOV V.N.** : *Three-dimensional problems of time-dependant two-phase filtration in nonhomogeneous anisotropic porous media.* Dokl. Akad. Nauk SSSR, 243 n°3, 1978. Soviet Math. Dokl. 19 (1978), pp. 1354-1358.

[18] **ANZELLOTTI G., GIAQUINTA M.** : *Funzioni BV e tracce,* Rend. Sem. Mat. Univ. Padova, Vol. 60, pp. 1-21, 1978.

[19] **ARONSON D.G.** : *Regularity properties of flows through porous media.* Arch. Rat. Mech. Anal., 37, pp. 1-10, 1970.

[20] **ARONSON D.G., BENILAN Ph.** : *Régularité des solutions de l'équation des milieux poreux dans* $\mathbb{R}^n$. C. R. Acad. Sci. Paris, 288, série A, pp. 103-105, 1979.

[21] **ARTOLA M.** : *Sur une classe de problèmes paraboliques quasi linéaires,* Bolletino UMI (6), 5-B, pp. 51-70, 1986.

[22] **ARTOLA M.** : *Existence and uniqueness for a diffusion system with coupling.* Recent advances in nonlinear elliptic and parabolic problems. Pittman Research Notes in Maths. 208, pp. 123-138, 1988.

[23] **ARTOLA M., TARTAR L.** : *Un résultat d'unicité pour une classe de problèmes paraboliques quasi linéaires.* (à paraître)

[24] **AURIAULT J.L., SANCHEZ-PALENCIA E.** : *Remarques sur la loi de Darcy pour les écoulements biphasiques en milieu poreux.* J. Mec. Théor. Appl., Numéro Spécial, pp. 141-156, 1986.

[25] **BAMBERGER A.** : *Etude d'une équation doublement non linéaire.* J. of Functional Analysis, vol. 24, n° 2, pp. 148-155, 1977.

[26] **BAMBERGER A.** : *Etude d'une équation doublement non linéaire.* Rapport Interne n° 4 du Centre de Mathématiques Appliquées de l'Ecole Polytechnique, 1977.

[27] **BARDOS C.** : *Problèmes aux limites pour les équations aux dérivées partielles du premier ordre à coefficients réels.* Ann. Scient. Ec. Norm. Sup., 4e série, t. 3, pp. 185-233, 1970.

[28] **BARDOS C., LEROUX A.Y. et NEDELEC J.C.** : *First order quasilinear equations with boundary conditions.* Comm. in Part. Diff. Equ., 4 (9), pp. 1017-1034, 1979.

[29] **BENILAN Ph.** : *Equations d'évolution dans un espace de Banach quelconque et applications.* Thèse de Doctorat d'Etat, 1972, Orsay.

[30] **BENILAN Ph.** : *Existence de solutions fortes pour l'équation des milieux poreux.* C. R. Acad. Sc. Paris, t. 285, Série A, pp. 1029-1031, 1977.

[31] **BENILAN Ph.** : *A strong regularity in L^p for solutions of the porous medium equations.* Contributions to nonlinear PDE, Research Notes in Math., n° 89, Pitman, pp. 39-58, 1983.

[32] **BENILAN Ph., GARIEPY R.** : *Strong solutions in L^1 of degenerate equations.* Journal of Differential Equations (à paraître), 1995.

[33] **BENILAN Ph., TOURE H.** : *Sur l'équation générale*
$u_t = \varphi(u)_{xx} - \psi(u)_x + v.$ C. R. Acad. Sc. Paris, t. 299, Série I, n°18, pp. 919-922, 1984. (*cf.* aussi réf. Touré H.).

[34] **BENSOUSSAN A., LIONS J.L. et PAPANICOLAOU G.** : *Asymptotic analysis for periodic structures.* Norh-Holland, 1978.

[35] **BERGER A.E., BREZIS H. et ROGER J.C.W.** : *A numerical method for solving the problem $u_t - \Delta f(u) = 0$.* RAIRO, Anal. Num., 13, pp. 297-312, 1979.

[36] **BETBEDER J.B.** : *Modélisation et analyse mathématique du modèle Black-oil sous-saturé en ingénierie pétrolière,* Thèse, Univ. de Pau, 1992.

[37] **BETBEDER J.B.** : *Etude d'une équation non linéaire d'évolution de type divergentiel.* Comm. in Part. Diff. Equ., 19 (7&8), pp. 1019-1035, 1994.

[38] **BETBEDER J.B., VALLET G.** : *La question de l'unicité pour une classe de problèmes d'évolution non linéaires intégro-différentiels.* C. R. Acad. Sci. Paris, t. 317, Série I, pp. 319-322, 1993.

[39] **BIA P., COMBARNOUS M.** : *Les méthodes thermiques de production des hydrocarbures; chapitre 1, Transfert de chaleur et de masse.* Revue de l'Institut Français du pétrole, pp. 359-395, mai-juin 1975.

[40] **BOCCARDO L., GIACHETTI D., DIAZ J.I., MURAT F.** : *Existence and Regularity of Renormalized Solutions for some Elliptic Problems involving Derivatives of Nonlinear Terms.* Journal of Differential Equations, vol. 106, n° 2, 1993.

[41] **BOURGEADE A., LEFLOCH Ph. et RAVIART P.A.** : *Approximate solution of the generalized Riemann problem and applications.* Nonlinear hyperbolic problems. Proceedings St Etienne 1986, C. Carasso, P.A. Raviart, D. Serre (Edit.). Lectures Notes in Math.,Springer-Verlag.

[42] **BOURGEAT A.** : *Application de l'homogénéisation périodique à des problèmes issus de la Mécanique des fluides.* Thèse d'Etat, Université Claude Bernard Lyon I, 1985.

[43] **BOURGEAT A., EL AMRI H., TAPIERO R.** : *Existence d'une taille critique pour une fissure dans un milieu poreux.* Public. de l'Equipe d'Anal. Num. de Lyon-St Etienne, n° 79, pp. 1-16, 1979.

[44] **BOURGEAT A., QUINTARD M., WHITAKER S.** : *Eléments de comparaison entre la méthode d'homogénéisation et la méthode de prise de moyenne avec fermeture .* C.R. Acad. Sci. Paris, t. 306, Série II, pp. 463-466, 1988.

[45] **BRENIER Y.** : *Averaged multivalued solutions for scalar conservation laws.* SIAM J. Anal., 21, pp. 1013-1037, 1984.
Stabilité du schéma de Glimm-Roe pour les systèmes de lois de conservation. Rapport INRIA n° 413, 1985.

Conditions d'entropie et schéma de Roe pour les lois de conservation scalaires. Rapport INRIA n° 423, 1985.

[46] **BREZIS H.** : *On some degenerate non linear parabolic equations.* Non linear Functional Analysis, Proc. Symp. Pure Math. AMS, 18, pp. 28-38, 1970.

[47] **BREZIS H.** : *Analyse Fonctionnelle. Théorie et Applications.* Masson, 1983.

[48] **BREZIS H.** : *Opérateurs maximaux monotones et semi-groupes de contraction dans les espaces de Hilbert.* North Holland Math. Studies, **5**, 1973.

[49] **BREZIS H.** : *Problèmes unilatéraux,* J. Math. pures et appl., 51, pp. 1-168, 1972.

[50] **BREZIS H., CRANDALL M.G.** : *Uniqueness of solutions of the initial-value problem for $u_t - \Delta\varphi(u) = 0$.* J. de Math. Pures et Appl., 58, pp. 153-163, 1979.

[51] **BREZIS H., KINDERLEHRER D., STAMPACCHIA G.** : *Sur une nouvelle formulation du problème de l'écoulement à travers une digue.* C. R. Acad. Sc. Paris, t. 287, Série A, pp. 711-714, 1978.

[52] **BUCKLEY S.E., LEVERETT M.C.** : *Mechanism of fluids displacements in sands.* Trans. AIME, vol. 146, p. 107, 1942.

[53] **CAFARELLI L.A., FRIEDMAN A.** : *Regularity of the free boundary for the one-dimensional flow of gas in a porous medium.* Amer. J. of Math., vol. 101, n° 6, pp. 1193-1218, 1979.

[54] **CARRILLO J.** : *Unicité des solutions du type Kruskov pour des problèmes elliptiques avec des termes de transport non linéaires.* C. R. Acad. Sc. Paris, t. 303, Série I, n° 5, pp. 189-192, 1986.

[55] **CARRILLO J.** : *On the uniqueness of the solution of a class of elliptic equations with nonlinear convection.* Contributions to nonlinear partial differential equations, Vol.II, Longman Scientific & Tecnical, Pitman Research Notes in Math. Series, n° 155, pp. 55-68, 1987.

[56] **CARRILLO J.** : *On the uniqueness of the solution of the evolution dam problem.* Nonlinear Analysis, Theory, Methods & Applications, Vol. 22, n° 5, pp. 573-607, 1994.

[57] **CARRILLO J. , CHIPOT M.** : *On some nonlinear elliptic equations involving derivatives of the nonlinearity.* Proc.Roy. Soc. Edinburgh, 100A, pp. 281-294, 1985.

[58] **CHALABI A., VILA J.P.** : *On a class of implicit and explicit schemes of Van Leer type for scalar conservation laws.* M2AN, **23**, (2), pp. 261-282, 1989.

[59] **CHAVENT G.** : *A New Formulation of Diphasic Incompressible Flows in Porous Media.* Proceedings of IMU-IUTAM Symposium, Lectures Notes in Math., vol. 503, Springer-Verlag, pp. 258-270, 1976.

The global pressure, a new concept for the modelization of compressible two-phase flow in porous media. In Flow and Transport in porous media, A. Verruijt, F.B.J. Barends eds., Balkema, Rotterdam, pp. 191-198, 1981.

[60] **CHAVENT G., COCKBURN B.** : *The local projection P^0-P^1 discontinuous Galerkin finite element method for scalar conservation laws.* M2AN, vol. 23, n° 4, pp. 565-592, 1989.

[61] **CHAVENT G., COHEN G., JAFFRE J. et LEMONNIER P.** : *Simulation du déplacement eau-huile par une méthode d'éléments finis mixtes.*

Rapport I.F.P. et IRIA-LABORIA, pp. 5-19, 1980.

[62] **CHAVENT G., JAFFRE J.** : *Mathematical models and finite elements for reservoir simulation.* Studies in Mathematics and its applications, North-Holland, vol. 17, 1986.

[63] **CHAVENT G., SALZANO G.** : *A finite element method for the 1-d water flooding problem with gravity.* J. of Comp. Phys., 45, n° 3, pp. 307-344, 1982.

[64] **CHAVENT G., SALZANO G.** : *Un algorithme pour la détermination de perméabilités relatives triphasiques satisfaisant une condition de différentielle totale.* Rapport de Recherche INRIA n°355, 1985.

[65] **CHEN G.Q.** : *The Method of Quasidecoupling for Discontinuous Solutions to Conservation Laws.* Archiv. Rat. Mech. Anal., vol. 121, n°2, pp. 131-185, 1992.

[66] **CHIPOT M. , MICHAILLE G.** : *Uniqueness Results and Monotonicity Properties for Strongly Nonlinear Elliptic Variational Inequalities.* Institute for Mathematics and its Applications. Preprint series n°347, University of Minnesota, October 1987, et Ann. Scuola Norm. Sup. Pisa, Cl. Sci., pp. 137-166, 1989.

[67] **CILIGOT-TRAVAIN G.** : *Les modèles de gisements.* Séminaire des modèles de gisements. Formation Industrie :" forage, production, gisements". S.N.E.A. (P), 1985.

[68] **COATS K.H.** : *Geothermal reservoir modelling.* Proceedings of the 52th Annual Technical Conf., Society of Petroleum Engineers of A.I.M.E., Denver (Colorado), SPE .6892, pp. 1-21, 1977.

In situ combustion model. Soc. Petr. Eng. J., pp. 533-554, 1980.

[69] **COQUEL F., LEFLOCH Ph.** : *Convergence de schémas aux différences finies pour des lois de conservation scalaires à plusieurs dimensions d'espace.* C. R. Acad. Sci. Paris, t. 310, série I, pp. 455-460, 1990.

[70] **CORRE B., EYMARD R., QUETTIER L.** : *Applications of a thermal simulator to field cases.* Proceedings of the 59th Annual Technical Conf., Soc. of Petroleum Engineers of AIME, Houston (Texas), 1984.

[71] **DAFERMOS C.M.** : *Hyperbolic systems of conservation laws.* In Systems of nonlinear partial differential equations, J.M. Ball (Ed.), NATO ASI Series, D. Reidel publishing Co., pp. 25-70, 1983.

Polygonal approximations of solutions of the initial value problem for a conservation law. J. Math. Anal. Appli., 38, pp. 33-41, 1972.

Generalized characteristics and the structure of solutions of hyperbolic conservation laws. Indiana Univ. Math. J., 96, pp. 1097-1119, 1977.

Generalized characteristics in hyperbolic systems of conservation laws. Archiv. Rat. Mech. Anal., vol. 107, pp. 127-155, 1989.

The entropy rate admissibility criteria for solutions of hyperbolic conservation laws. J. Diff. Equ., 14, pp. 265-298, 1973.

[72] **DAUTRAY R. , LIONS J.L.** : *Analyse mathématique et calcul numérique pour les sciences et les techniques.* C E A INSTN, Collection enseignement, volumes 1 à 9, Masson, 1988.

[73] **DEMENGEL F., SERRE D.** : *Nonvanishing singular parts of measure valued solutions for scalar hyperbolic equations.* Comm. in Partial Diff. Equations, 16 (2&3), pp. 221-254, 1991.

[74] **DIAZ J.I.** : *Nonlinear partial differential equations and free boundaries.* Vol. 1, Research Notes in Math., **106**, Pitman, London, 1985.

[75] **DIAZ J.I., KERSNER R.** : *On a nonlinear degenerate parabolic equation in infiltration or evaporation through a porous medium,* J. of Differential Equations, 69, n° 3, pp. 368-403, 1987.

[76] **DIAZ J.I., KERSNER R.** : *On the behaviour and cases of non existence of the free boundary in a semibounded porous medium,* J. of Math. Analysis and Appl., Vol. 132, n° 1, pp. 281-289, 1988.

[77] **DIAZ J.I., VERON L.** : *Existence theory and qualitative properties of the solutions of some first order quasilinear variational inequalities.* Indiana Univ. Math. J., Vol. 32, n° 3, pp. 319-361, 1983.

[78] **DIAZ J.I., VERON L.** : *Local vanishing properties of solutions of elliptic and parabolic quasilinear equations.* Transactions of the American Mathematical Society. Vol. 290, n° 2, pp. 787-814, 1985.

[79] **DIPERNA R.J., LIONS P.L.** : *Ordinary differential equations, transport theory and Sobolev spaces.* Invent. math., 98, pp. 511-547, 1989.

[79'] **DIPERNA R.J., LIONS P.L.** : *On the Cauchy problem for Boltzmann equations : global existence and weak stability.* Ann. of Math., (2), 130, n° 2, pp. 321-366, 1989.

[80] **DUBINSKI J.A.** : *Convergence faible dans les équations elliptiques paraboliques non linéaires.* Math. Sbornik, **67** (109), pp. 609-642, 1965, AMS Transl., 67, pp. 226-258, 1968.

[81] **DUVAUT G.** : *Mécanique des milieux continus.* Masson, 1990.

[82] **DUVAUT G., LIONS J.L.** : *Les inéquations en Mécanique et en Physique.* Dunod, Paris, 1972.

[83] **EUVRARD D.** : *Résolution numérique des équations aux dérivées partielles.* Enseignement de la physique. Masson, 3ème édition, 1994.

[84] **EVANS L.C., FRIEDMAN A.** : *Regularity and Asymptotic Behaviour of Two Immiscible Fluids in a One-Dimensional Porous Medium.* J. Diff. Equations, vol. 31, pp. 366-391, 1979.

[85] **EVANS L.C., GARIEPY R.F.** : *Measure theory and fine properties of functions.* Studies in advanced mathematics, CRC Press, London,1992.

[86] **EYMARD R.** : *Techniques numériques de simulation d'écoulements polyphasiques en milieu poreux. Applications à des cas industriels.* Thèse, Univ. de Savoie, 1987.

(avec **M. GHILANI**) : *Convergence d'un schéma implicite de type éléments finis-volumes finis pour un système formé d'une équation elliptique et d'une équation hyperbolique.* C. R. Acad. Sci. Paris, t. 319, Série I, pp. 1095-1100, 1994.

[87] **EYMARD R., GALLOUËT T.** : *Convergence d'un schéma de type éléments finis-volumes finis pour un système formé d'une équation elliptique et d'une équation hyperbolique.* M2AN, vol. 27, n° 7, pp. 843-861, 1993.

Convergence d'un schéma couplé elliptique / hyperbolique. Mémoire d'habilitation, Université de Savoie, 1991.

(avec **R. HERBIN**) : *Méthodes de volumes finis pour les équations hyperboliques non linéaires.* Cours Université Paris XIII, Institut Galilée et Université de Savoie, octobre 1993.

[88] **EYMARD R., GALLOUËT T., JOLY P.** : *Hybrid finite element techniques for oil recovery simulation.* Computer Methods in Applied Mechanics and Engineering, vol. 74, pp. 83-78, 1989.

[89] **FABRIE P.** : *Attracteurs pour deux modèles de convection naturelle en milieu poreux.* C. R. Acad. Sc. Paris, t. 311, Série I, pp. 407-410, 1990.

[90] **FABRIE P., SAAD M.** : *Existence de solutions faibles pour un modèle d'écoulement triphasique en milieu poreux.* Ann. Fac. Sc. Toulouse, vol. II, n° 3, 1993.

[91] **FEDERER H.** : *Geometric Measure Theory.* Die Grundlehren der Math. Wiss., Vol. 153, Springer Verlag, Berlin, 1969.

[92] **FEDERER H., ZIEMER W.P.** : *The Lebesgue set of a function whose distribution derivatives are p^{-th} power summable.* Indiana University Mathematics Journal, vol. 22, n° 2, pp. 139-158, 1972.

[93] **GAGNEUX G.** : *Sur des problèmes unilatéraux dégénérés de la théorie des écoulements diphasiques en milieu poreux.* Thèse de doctorat d'Etat, Univ. de Besançon, 1982.

[94] **GAGNEUX G.** : *Une approche analytique nouvelle des modèles de la récupération secondée en ingénierie pétrolière,* J. de Mécanique Théorique et appliquée, 5, pp. 3-20, 1986.

Déplacements de fluides non miscibles dans un cylindre poreux. J. de Méc., vol 19, n° 2, pp. 295-325, 1980.

Existence et propriétés du temps de percée lors de déplacements forcés eau-huile en milieu poreux. J. Mécan. théo. et appl., vol.3, n° 3, pp. 415-432, 1984.

Une étude théorique sur la modélisation de G. Chavent des techniques d'exploitation secondaire des gisements pétrolifères. J. Mécan. théo. et appl., vol. 2, n° 1, pp. 33-56, 1983.

[95] **GAGNEUX G., GUERFI F.** : *Approximations de la fonction de Heaviside et résultats d'unicité pour une classe de problèmes quasi linéaires elliptiques-paraboliques.* Revista Matemática de la Univ. Complutense de Madrid, vol. 3, n° 1, pp. 59-87, 1990.

[96] **GAGNEUX G., LEFEVERE A.M., MADAUNE-TORT M.** : *Une approche analytique d'un modèle black-oil des écoulements triphasiques compressibles en ingénierie pétrolière.* J. Mécan. théo. et appl., vol. 6, n° 4, pp. 1-24, 1987.

Modélisation d'écoulements polyphasiques en milieu poreux par un système de problèmes unilatéraux. M2AN, vol. 22, n° 3, pp. 389-415, 1988.

[97] **GAGNEUX G., MADAUNE-TORT M.** : *Sur la question de l'unicité pour des inéquations des milieux poreux.* C. R. Acad. Sci. Paris, t. 314, Série I, pp. 605-608, 1992.

[98] **GAGNEUX G., MADAUNE-TORT M.** : *Three-dimensional solutions of nonlinear degenerate diffusion-convection processes.* Eur. Jnl of Applied Mathematics, vol. 2, pp. 171-187, 1991.

[99] **GAGNEUX G., MADAUNE-TORT M.** : *Evaluation du temps de percée et influence de la capillarité sur un modèle simplifié de la récupération secondaire en ingénierie pétrolière.* C. R. Acad. Sci. Paris, t. 312, Série I, pp. 203-206, 1991.

[100] **GAGNEUX G., MADAUNE-TORT M.** : *Résultat d'unicité pour un problème unilatéral dégénéré de la Mécanique des milieux poreux.* Actes des IIèmes journées de JACA de Math. Appl., pp. 137-141, 1992.

[101] **GAGNEUX G., MADAUNE-TORT M.** : *Sur la dimension de Hausdorff de l'onde de choc pour des modèles non linéaires de la diffusion-convection.* Publication de l'U.R.A.-C.N.R.S. n° 1204, Anal. Num., Univ. de Pau, 1993.

[102] **GAGNEUX G., MADAUNE-TORT M.** : *Unicité des solutions faibles d'équations de diffusion-convection.* C. R. Acad. Sci. Paris, t. 318, Série I, pp. 919-924, 1994.

GALLOUËT T. : *cf.* **EYMARD R.** et coauteurs.

[103] **GHIDAGLIA J.M.** : *On the fractal dimension of attractors for viscous incompressible fluid flows.* SIAM, J. Math. Anal., Vol. 17, n° 5, pp. 1139-1157, 1986.

[104] **GILBARG D. , TRUDINGER N.S.** : *Elliptic Partial Differential Equations of Second order.* Springer Verlag, New-York, 1985.

[105] **GILDING B.H.** : *Continuity of generalized solutions of the Cauchy problem for the porous medium equation.* Lectures Notes n° 415, Springer Verlag, Berlin, pp. 363-367, 1974.

A nonlinear degenerate parabolic equation. Ann. Scuola Norm. Sup. Pisa, Cl. Sci., **4**, pp. 393-432, 1977.

Improved theory for a nonlinear degenerate parabolic equation. Ann. Scuola Norm. Sup. Pisa, Cl. Sci., **14**, pp. 165-224, 1989.

[106] **GILDING B.H., PELETIER L.A.** : *The Cauchy problem for an equation in the theory of infiltration.* Arch. Rat. Mech. Anal., **61**, pp. 127-140, 1976.

[107] **GISCLON M., SERRE D.** : *Etude des conditions aux limites pour un système strictement hyperbolique via l'approximation parabolique.* C. R. Acad. Sci. Paris, t. 319, Série I, pp. 377-382, 1994.

[108] **GLOWINSKI R., LIONS J.L., TREMOLIERES R.** : *Analyse Numérique des inéquations variationnelles.* Vol. 1 & 2. Méthodes Math. de l'Informatique. Dunod, Paris, 1976.

[109] **GODLEWSKI E. , RAVIART P.A.** : *Hyperbolic systems of conservation laws.* Mathém. & Applic. (S.M.A.I.), n° 3/4, Ed. Ellipses, 1991.

[110] **GOUYET J.-F.** : *Physique et structures fractales.* Masson, 1992.

[111] **GUERFI F.** : *Modélisation et approche analytique des systèmes d'écoulements triphasiques compressibles en milieu poreux.* Thèse, Univ. de Pau, 1989.

[112] **HOPF D., SMOLLER J.** : *Solutions in the large for certain nonlinear parabolic systems.* Ann. Inst. H. Poincaré, Nonlinear Analysis, **2**, n° 3, pp. 213-235, 1985.

[113] **HOUPEURT A.** : *Mécanique des fluides dans les milieux poreux. Critiques et recherches.* Editions Technip, Paris, 1974.

[114] **ISTRATESCU V.I.** : *Fixed point theory. An introduction.* D. Reidel Publishing Company, Dordrecht, 1981.

[115] **JASOR M.J.** : *Perturbations singulières d'équations non linéaires de diffusion-convection modélisant des écoulements diphasiques incompressibles en milieu poreux.* Thèse, Université de Pau, 1992.

Behaviour of a class of nonlinear diffusion-convection equations. Advances in Mathematical Sciences and Applications. Gakkōtosho, Tokyo, Vol. 5, N⁰ 2, pp. 631-638, 1995.

Perturbations singulières de problèmes aux limites non linéaires paraboliques dégénérés-hyperboliques. Annales de la Faculté des Sciences de Toulouse. A paraître.

[116] **JINGXUE Y.** : *On the uniqueness and stability of BV solutions for nonlinear diffusion equations.* Comm. in Partial Differential Equations, 15 (12), pp. 1671-1683, 1990.

[117] **JOLY P.** : *Mise en oeuvre de la méthode des éléments finis.* Mathém. & Applic. (S.M.A.I.), n° 2, Ed. Ellipses, 1990.

[118] **KAMIN S.** : *Source-type solutions for equations of nonstationary filtration.* J. Math. Anal. Appl., **64**, pp. 263-276, 1978.

[119] **KRUSKOV S.N.** : *First order quasilinear equations in several independent variables.* Math. Sbornik, t. 81(123), n°2, pp. 228-255, 1970. Math. USSR Sbornik, vol. 10, n° 2, pp. 217-243, 1970.

[120] **KRUSKOV S.N., SUKORJANSKI S.M.** : *Boundary value problems for systems of equations of two phase porous flow type: statement of the problem, questions of solvability, justification of approximative methods.* Mat. Sbornik, 33, pp. 62-80, 1977.

[121] **LABOURDETTE J.** : *Modèles et analyse mathématiques de la salinisation d'une nappe phréatique au contact d'un dôme de sel .* Thèse, Université de Pau, 1993.

[122] **LADYZENSKAJA O.A., SOLONNIKOV V.A. et URAL'CEVA N.N.** : *Linear and quasilinear equations of parabolic type.* Trans. Amer. Math. Soc., Providence, RI, **23**, 1968.

[123] **LADYZENSKAJA O.A., URAL'CEVA N.N.** : *Equations aux dérivées partielles de type elliptique.* Dunod, Paris, 1968.

[124] **LANGSETH J.O., TVEITO A. et WINTHER R.** : *On the convergence of operator splitting applied to conservation laws with source terms.* S.I.A.M. J. Numer. Anal.. A paraître.

[125] **LAX P.D.** : *Weak solutions of nonlinear hyperbolic equations and their numerical computation.* Comm. Pure Appl. Math., 7, pp. 159-193, 1954.

Shock waves and entropy. In Contributions to Nonlinear Funct. Analysis, E.A. Zarantonello (Ed.), Academic Press New York, **31**, pp. 603-634, 1971.

The formation and decay of shock waves. Amer. Math. Monthy, 79, pp. 227-241, 1972.

[126] **LEFLOCH Ph., NEDELEC J.-C.** : *Lois de conservation scalaires avec poids.* C. R. Acad. Sc. Paris, t. 301, série I, n° 17, pp. 793-796, 1985.

LEFLOCH Ph., LIU J.-G : *Discrete entropy and monotonicity criteria for hyperbolic conservation laws.* C. R. Acad. Sc. Paris, t. 319, série I, n° 8, pp. 881-886, 1994.

[127] **LEROUX A.Y.** : *A numerical conception of entropy for quasilinear equations.* Math. of Comp., 31, pp. 848-872, 1977.

Approximation de quelques problèmes hyperboliques non linéaires. Thèse d'Etat, Université de Rennes, 1979.

Convergence d'un schéma quasi d'ordre deux pour une équation quasi linéaire du premier ordre. C. R. Acad. Sci. Paris, **289**, pp. 575-577, 1979.

Convergence of an accurate scheme for first order quasilinear equations . RAIRO, **15**, pp. 151-170, 1981.

[128] **LEVERETT M.C., LEWIS W.B.** : *Steady flow of gas-oil-water mixtures through inconsolidated sands.* Trans. AIME, vol. 142, p. 296, 1941.

Flow of oil-water mixtures through inconsolidated sands. Trans. AIME, vol. 132, p. 149, 1938.

[129] **LEVI L.** : *Equations quasi linéaires du premier ordre avec contrainte unilatérale.* C. R. Acad. Sci. Paris, t. 317, Série 1, pp. 1133-1136, 1993.

Modélisation par des problèmes hyperboliques de perturbations d'écosystèmes hydriques. Thèse, Université de Pau, 1994.

Problèmes unilatéraux pour des équations non linéaires de convection-réaction. Annales de la Faculté des Sciences de Toulouse, n⁰ 3, 1995.

[130] **LEVINE H.A., PROTTER M.H.** : *The breakdown of solutions of quasilinear first order systems of partial differential equations.* Archiv. Rat. Mech. Anal., vol. **95**, n⁰ 3, pp. 253-267, 1986.

[131] **LIONS J.L.** : *Quelques méthodes de résolution des problèmes aux limites non linéaires.* Dunod, Gauthier-Villars, Paris, 1969.

[132] **LIONS J.L. , MAGENES E.** : *Problemi ai limiti non omognei (V),* Annali Scuola Norm. Sup. di Pisa, vol. **16** , pp. 1-44, 1962.

[133] **LIONS J.L. , MAGENES E.** : *Problèmes aux limites non homogènes et Applications.* Dunod, Vol. 1, 1968.

[134] **LUCIER B.J.** : *Error bounds for the methods of Glimm, Godunov and LeVeque.* SIAM J. Num. Anal., 22, pp. 1074-1081, 1985.

On nonlocal monotone difference schemes for scalar conservation laws. Math. Comp., 47, pp. 19-36, 1986.

[135] **MADAUNE-TORT M.** : *Perturbations singulières de problèmes aux limites du second ordre, hyperboliques et paraboliques non linéaires.* Thèse de Doctorat d'Etat, Université de Pau, 1981.

[136] **MADAUNE-TORT M.** : *Un résultat de perturbations singulières pour des inéquations variationnelles dégénérées.* Annali di Matematica pura ed applicata, (IV), vol. CXXXI, pp. 117-143, 1982.

[137] **MADAUNE-TORT M.** : *Un théorème d'unicité pour des inéquations variationnelles paraboliques dégénérées,* Comm. in Partial Differential Equations, 7 (4), pp. 433-468, 1982.

[138] **MARCUS M., MIZEL V.J.** : *Absolute continuity on tracks and Mappings of Sobolev spaces.* Archiv. Rat. Mech. Anal., vol. **45**, n⁰4, pp. 294-318, 1972.

[139] **MARCUS M., MIZEL V.J.** : *Every superposition operator mapping one Sobolev space into another is continuous.* Journal of Functional Analysis, **33**, pp. 217-229, 1979.

[140] **MARLE C.-M.** : *Cours de production, tome **IV**. Les écoulements polyphasiques en milieu poreux.* Ed. Technip. Paris, 1972.

[141] **MEYERS N.G.** : *An Lᵖ-estimate for the gradient of solutions of second order elliptic divergence equations,* Ann. Sc. Norm. Sup. Pisa, vol. **17**, pp. 189-206, 1963.

[142] **MIGNOT F., PUEL J.P.** : *Inéquations variationnelles et quasi varia-tionnelles hyperboliques du premier ordre.* J. Math. pures et appl., 55, pp. 353-378, 1976.

[142'] **MIGNOT F., PUEL J.P.** : *Un résultat de perturbations singulières dans les inéquations variationnelles (passage du 2eme au 1er ordre).* Lect. Notes in Math., 591, Singular Perturbations and Boundary Layer Theory, pp. 365-399, Lyon, 1976.

[143] **NECAS J.** : *Ecoulements de fluide. Compacité par entropie.* Collection Recherches en Mathématiques Appliquées, n° 10, Masson, 1989.

[144] **OLEINIK O.A.** : *On some degenerate quasilinear parabolic equations.* Inst. Naz. di Alta Math., seminari 1962-1963, vol. 1, pp. 355-371, 1965.
Discontinuous solutions of nonlinear differential equations. Ups. Mat. Nauk. (NS), **12**, pp. 3-73, 1957. Traduction anglaise in Amer. Math. Soc. Transl. Ser. 2, **26**, pp. 95-172, 1963.
Uniqueness and stability of the generalized solution of the Cauchy problem for a quasilinear equation. Ups. Mat. Nauk.(NS),**14**, pp. 165-170, 1959. Traduction anglaise in Amer. Math. Soc. Transl. Ser. 2, **33**, pp. 285-290, 1964.

[145] **OLEINIK O.A, KALASHNIKOV A.S., YUI-LIN' C.** : *The Cauchy problem and boundary value problems for equations of the nonstationary filtration types.* Izv. Akad. Nauk. SSSR, 22, pp. 667-704, 1958.

[146] **PELETIER L.A.** : *Asymptotic behaviour of solutions of the porous media equation.* SIAM J. Appl. Math., 21, pp. 542-551, 1971.

[147] **PFERTZEL A.** : *Sur quelques schémas numériques pour la résolution des écoulements multiphasiques en milieu poreux.* Thèse de Doctorat, Université Paris VI, 1987.

[148] **PIRONNEAU O.** : *Méthodes des éléments finis pour les fluides.* Collec-tion Recherches en Mathématiques Appliquées, n° 7, Masson, 1988.

[149] **PLOUVIER A.** : *Sur une classe de problèmes d'évolution quasi linéaires dégénérés.* Revista Matemática de la Universidad Complutense de Madrid, à paraître, vol. 8, núm. 1, 1995.
Sur quelques classes de problèmes d'évolution quasi linéaires. Thèse, Université de Pau, janvier 1995.

PLOUVIER-DEBAIGT A. - GAGNEUX G. : *Unicité des solutions faibles d'équations de diffusion via un concept de solutions renormalisées.* En préparation.

[150] **RASOLOFOSAON P** : *Propagation des ondes acoustiques dans les milieux poreux. Effets d'interface. Théorie et expériences.* Thèse de doctorat d'Etat, Univ. Paris VII, 1987.

[151] **RAVIART P.A.** : *Sur la résolution et l'approximation de certaines équations paraboliques non linéaires dégénérées.* Arch. Rat. Mech. Anal.,25, pp. 64-80, 1967.
Sur l'approximation de certaines équations d'évolution linéaires et non linéaires. J. Math. Pures et Appl., **46**, pp. 11-107, 109-183, 1967.
Sur une classe d'équations paraboliques non linéaires dégénérées. C. R. Acad. Sci. Paris, t. 268, pp. 21-24, 1969.

[152] **RUDIN W.** : *Analyse réelle et complexe.* Masson, 1975.

182   BIBLIOGRAPHIE

[153] **SAAD M.** : *Ensembles inertiels pour un modèle de convection naturelle, dissipatif, en milieu poreux.* C. R. Acad. Sc. Paris, t. 316, Série I, pp. 1277-1280, 1993.

[154] **SABININA E.S.** : *On the Cauchy problem for the equation of nonstationary gas filtration in several space variables.* Dokl. Akad. Nauk. SSSR, 136 (5), pp. 1034-1037, 1961.

[155] **SACKS P.E.** : *The initial and boundary value problem for a class of degenerate parabolic equations.* Comm. in Partial Diff. Equ., 8(7), pp. 693-733, 1983.

[156] **SANCHEZ J.M.** : *Une étude numérique des équations des écoulements diphasiques en milieu poreux à une et deux dimensions.* Thèse 3ᵉ cycle, Univ. de Pau, 1978.

[157] **SANCHEZ-PALENCIA E.** : *Non homogeneous media and vibration theory.* Lectures Notes in Physics, Springer Verlag, 127, 1980.

[158] **SCHWARTZ L.** : *Théorie des Distributions,* Hermann, Paris, 1966.

[159] **SERRE D.** : *La compacité par compensation pour les systèmes hyperboliques non linéaires de deux équations à une dimension d'espace.* J. Math. pures et appl., 65, pp. 423-468, 1986.

Solutions à variation bornée pour certains systèmes hyperboliques de lois de conservation. J. of Diff. Equations, 68, pp. 137-168, 1987.

[160] **STAMPACCHIA G.** : *Equations elliptiques du second ordre à coefficients discontinus.* Presses de l'Université de Montréal, 1966.

[161] **TARTAR L.** : *Memory effects and homogenization.* Arch. Rational Mech. Anal., **111**, pp. 121-133, 1990.

[162] **TARTAR L.** : *The compensated compactness method applied to systems of conservation laws.* In Systems of nonlinear partial differential equations, J.M. Ball (Ed.), NATO ASI Series, D. Reidel publishing Co., pp. 263-285, 1983.

TOURE H. : cf. aussi BENILAN Ph.

Etude des équations générales $u_t - \varphi(u)_{xx} + f(u)_x = v$ par la théorie des semi-groupes non linéaires dans L^1. Thèse de 3ᵉᵐᵉ cycle, Université de Franche-Comté, 1982.

[163] **TRUJILLO D.** : *Couplage espace-temps de schémas numériques en simulation de réservoir.* Thèse, Univ. de Pau, 1994.

[164] **VALLET G.** : *Sur des problèmes non linéaires provenant des transferts thermiques dans des systèmes dispersés subissant des changements de phases,* Thèse, Univ. de Pau, 1993.

[165] **VILA J.P.** : *Convergence and error estimates in finite volume schemes for general multidimensional scalar conservation laws.* M2AN, vol. 28, n° 3, pp. 267-295, 1994.

Systèmes de lois de conservation, schémas quasi d'ordre deux et condition d'entropie. C. R. Acad. Sci. Paris, 299, série I, n° 5, 1984.

High order schemes and entropy condition for nonlinear hyperbolic system of conservation laws. Math. Comp., 50, pp. 53-74, 1988.

An analysis of a class of second order accurate Godunov-type schemes. SIAM J. Num. Anal., 26, pp. 830-853, 1989.

[166] **VOL'PERT A.I.** : *The spaces BV and quasilinear equations.* Math. U.S.S.R. Sbornik, vol. 2, n° 2, pp. 225-267, 1967.

[167] **VOL'PERT A.I., HUDJAEV S.I.** : *Cauchy's problem for degenerate second order quasilinear parabolic equation,* Math. U.S.S.R. Sbornik, vol. 7, n° 3, pp. 365-387, 1969.

[168] **VRABIE I.I.** : *Compactness methods for nonlinear evolutions.* Pitmans Monographs and Surveys in Pure and Applied Math., n° 32, 1987.

[169] **WELGE H.** : *A simplified method for computing oil recovery by gas or water drive.* Trans. AIME, Vol. 195, p. 91, 1952.

[170] **ZEIDLER E.** : *Nonlinear Functional Analysis and its Applications.* Springer-Verlag, tome I, Fixed-points Theorie, New-York inc., 1986.

[171] **ZUNDEL (JENSEN-) C.** : *Contribution à l'analyse numérique de modèles d'écoulements polyphasiques en milieu poreux à l'aide de méthodes d'éléments finis mixtes et hybrides.* Thèse, Univ. de Pau, 1993.

INDEX

Chaque référence renvoie à la page concernée, numérotée soit en chiffres romains (avant-page), soit en chiffres arabes.